普通高等教育“十三五”规划教材

电化学储能器件及关键材料

连 芳 主编

扫描二维码查看
本书数字资源

北 京
冶 金 工 业 出 版 社
2024

内容提要

本书介绍了能源存储与转换技术的主要类别、基础理论和基本概念，系统阐述了电化学储能器件的种类、构造、工作原理、技术优势以及存在的问题，结合该领域的新发展以及实践教学积累，重点介绍了电池体系关键材料的结构、组分、性能、优化和发展。全书共分为9章，力求为广大读者构建全面系统的电化学储能器件及材料的应用基础知识体系。各章内容独立性强，在讲授和学习时可根据需要进行选择。每章设置思考题与习题，便于读者巩固和拓展学习内容。

本书适合作为材料、能源、化工和环境等学科本科生的必修课或选修课教材，也可作为研究生的学习参考书，还适合作为从事电池材料、储能及动力电池等相关领域工程技术人员的培训教材。

图书在版编目(CIP)数据

电化学储能器件及关键材料/连芳主编．—北京：冶金工业出版社，2019.7（2024.1重印）

普通高等教育“十三五”规划教材

ISBN 978-7-5024-8141-4

Ⅰ.①电… Ⅱ.①连… Ⅲ.①电化学—储能—功能材料—高等学校—教材 Ⅳ.①TB34

中国版本图书馆CIP数据核字（2019）第107740号

电化学储能器件及关键材料

出版发行 冶金工业出版社 **电　话** (010)64027926
地　址 北京市东城区嵩祝院北巷39号 **邮　编** 100009
网　址 www.mip1953.com **电子信箱** service@mip1953.com

责任编辑 夏小雪 美术编辑 彭子赫 版式设计 禹 蕊
责任校对 王永欣 责任印制 窦 唯
北京捷迅佳彩印刷有限公司印刷
2019年7月第1版，2024年1月第2次印刷
787mm×1092mm 1/16；12.5印张；301千字；190页
定价39.00元

投稿电话 (010)64027932 投稿信箱 tougao@cnmip.com.cn
营销中心电话 (010)64044283
冶金工业出版社天猫旗舰店 yjgycbs.tmall.com
（本书如有印装质量问题，本社营销中心负责退换）

前　言

可再生能源资源丰富、无污染、具有多途径利用和可持续性等优势，近年来其需求增长已成为能源总增量的重要组成。但是，可再生能源的利用往往受到时间、空间和气候变化等因素的制约，存在间歇性、不稳定性和分布不均匀性，电化学储能器件的迅速发展将改变可再生清洁能源产生、获取、利用的方式。本书介绍了电化学能量存储和转换过程涉及的热力学、动力学以及晶体结构的基础理论知识。紧密结合能源存储与转换技术及其材料的最新发展，详细介绍了包括铅酸电池、铅碳电池、镍氢电池、锂硫电池、锂氧气/空气电池、钠电池、液流电池、燃料电池、锂离子电池等电化学储能器件的构造、工作原理、技术优势和存在的问题。同时，本书系统介绍了锂离子电池体系正极材料、负极材料、隔膜、电解质等关键材料的结构、组分、性能、优化和发展。本书力求为学生和技术人员提供电化学存储技术、器件和关键材料的应用基础知识，适合初涉该领域的学生和技术人员建立知识体系框架和系统学习。

本书能够出版得益于北京科技大学新能源材料研究室的各位前辈、老师和同事们在教学和科研一线的长期工作积累。科研实践的推进和创新为我们实施研究型教学奠定了坚实的基础。感谢科技部、教育部、国家自然科学基金委、北京市科委对相关科研工作的资助，感谢电池领域的前辈、校友和朋友们在教学和科研中所给予的提携、关怀、指点和帮助。感谢北京科技大学对本教材出版的大力支持和资金资助。在教材编写过程中，连理舒怡、马磊磊、程娇扬等同学承担了大量的工作，收集和整理文献、规范图表和修改文字等，在此一并表示感谢。

尽管我们力求给读者呈现电化学能源存储和转换技术的基本概貌以及新体系和新材料的发展趋势，但由于学识有限、内容设置限制，以及近年来相关理论研究和新材料体系的迅速发展，书中难免有疏漏与不妥之处，还希望本书出版后得到相关专家与读者的批评指正。

编　者

2019 年 3 月

目　录

1 新能源时代

自原始人类首次使用火种开始，能源便成为人类生存的必需资源。木材容易获取，满足了人类初期的取暖、烹饪等基本生存需求。随着煤炭开采技术的进步，能量密度较高的煤炭逐渐得到了广泛应用，并于18世纪80年代在一次能源消费比例中超过了木柴，人类利用能源的方式完成了由木柴向煤炭的第一次重大转换。1886年内燃机的发明使油气作为高效能源需求量大幅提升，1965年油气在一次能源结构中的占比超过了50%，取代煤炭成为世界第一大能源，完成了煤炭向油气的第二次重大转换。随着经济社会对能源需求量的持续增长以及人类对绿色生态环境需求的提升，可再生能源作为新能源在一次能源结构中的比例逐渐增大，传统化石能源向新能源的第三次重大转换将成为必然。本章主要介绍能源发展的现状和趋势，能源存储的种类以及相关技术在能源可持续发展的重要作用。最后，详细介绍了机械储能、热电能量存储和超导磁储能及其工作机理。

1.1 能源发展的驱动力

能源是现代社会维持正常运行和持续发展不可或缺的根本要素，支撑着国民经济的正常运转。然而，能源作为经济发展动力因素的同时也是一种制约因素，随着经济的快速发展，我们面临着不断增长的能源需求与传统能源资源稀缺以及环境污染之间的矛盾。

（1）人类对能源需求的不断增长。能源需求的影响因素很多，如能源价格、经济发展水平、能源结构、技术水平、产业结构、人口、城市化水平、能源效率、能源管理水平、能源政策等。确定各个因素与能源需求之间的内在关系，及其对能源需求的影响程度的综合分析意义重大。

自从人类社会出现，人口的增长和能源的使用发展相辅相成。从1804年10亿世界人口增加到1927年的20亿，历时123年；再从20亿人口到1960年的30亿人口时，历时已大大缩短至33年。此后每10亿人口增加，历时逐渐缩短。联合国发布的《世界人口展望（2015年修订版）》报告预计，世界人口将在2030年之前达到73亿，2050年达到97亿，2100年达到112亿。世界人口基数庞大，人作为能源的需求者其数量激增。

世界人口的分布极不均衡、发展中国家人口比例超高，造成对能源需求量远远高于按照人口总数计算的平均值。2002年全球一次能源消费量为94.05亿吨石油当量，国际能源署（IEA）预测在近30年间一次能源需求量增幅为1.7%/年。《BP世界能源统计年鉴》显示，2014年全球化石能源消费总量为111.6亿吨油当量。与2004年相比，全球化石能源消费量增长了23.8%。其中，北美和欧洲能源消费量分别增长-2.7%和-9.7%，呈现负增长态势。2004~2014年，亚太地区化石能源消费总量由29.7亿吨油当量增加到48.2亿吨油当量，增长62.3%。其中，煤炭、石油和天然气消费量分别增长81.9%、29.5%和79.3%。2017年一次能源消费量达到135亿吨油当量，平均增长2.2%，是2013年以来的最快增速，过去十年的平均增速为 1.7%。其中，全球石油消费量平均增长了 1.8%，天然气增长了 3%，煤炭增长了 1%。同时，可再生能源发电量增长了 17%，即 69×10^6t 油当量，高于过去十年的平均增速。石油、煤炭和天然气等一次能源在能源结构中的地位不言而喻（如图 1-1 所示）。

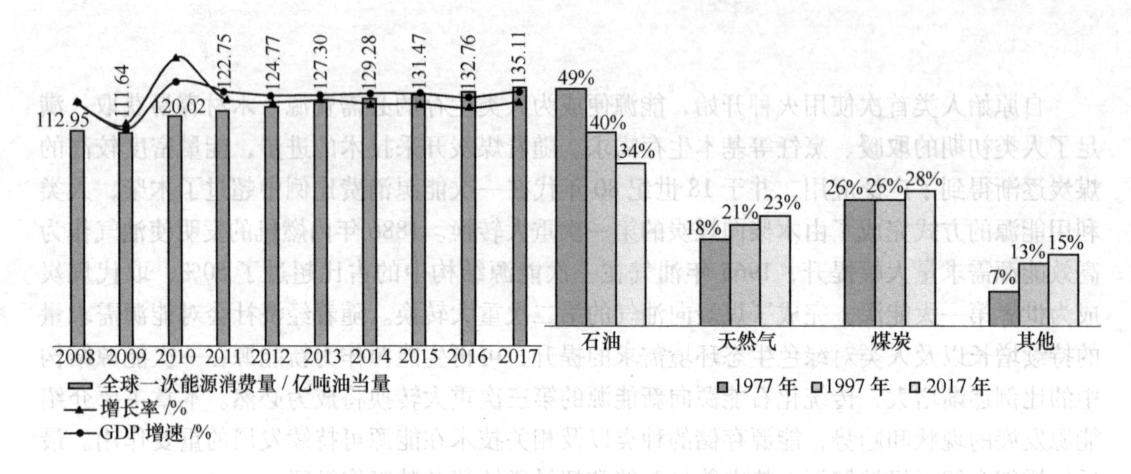

图 1-1 全球一次能源消费量以及能源消费结构

（2）化石燃料应用带来严重问题。目前，人类面临着世界人口基数增长、对能源依赖程度进一步加深、现存资源过度消耗且不可再生等问题。而且，人类对化石燃料燃烧所造成的环境污染的认识逐渐深入、更加科学。下面就以目前在国内能源结构中占比最高的煤炭为例，深入分析化石燃料在开采、加工和使用的全过程对环境的影响。

在化石燃料开采过程中，对环境影响最典型的是煤炭开采，其中包括对土地的损害、对村庄的损害以及对地表水和地下水资源的影响。据不完全统计，迄今为止平均每开发万吨煤炭，塌陷农田 0.2 公顷（1 公顷=1 万平方米），平均每年塌陷土地 2 万公顷。煤炭开采造成水资源的污染对生态环境的影响也量大面广，平均每开采 1t 煤炭需要排放 2t 污水。煤炭在加工过程中会对环境产生很大的影响。煤炭在洗选过程中要排出大量的黑色煤水。洗煤水主要含有大量悬浮的粉煤、煤泥等。焦煤的浮选洗煤水中含有油、酚、杂醇等有害物，洗煤水直接外排，不仅浪费一部分资源（流失大量煤泥），而且还染黑水域，影响自然景观，同时也淤塞河道，妨害水生物生长，影响工农业生产及人民生活。煤炭的加工尤其煤的气化和液化过程会排出大量的污染物对环境产生影响。目前，煤炭基本上作为燃料用于供暖和发电等，煤炭燃烧引起的主要污染物有二氧化硫、二氧化碳、氮氧化物（主要为一氧化氮和二氧化氮）、一氧化碳、颗粒灰尘、烃类、痕量金属，以及因不完全燃烧而产生的有机化合物及炉渣、粉煤灰等固体废物。大气中 CO_2 的过量排放加剧温室效应，引起的全球变暖成为当代气候变化最核心的问题，带来热带气旋、旱涝、龙卷风、冰雹、霜冻、夏季暖夜等极端天气事件频发。据估计，1991~2000 年的十年中，全球每年受到气象水文灾害影响的平均人数为 2.11 亿人，是因战争冲突受到影响的人数的 7 倍。而全球气候变化及相关的极端气候事件所造成的经济损失在过去 40 年里平均上升了 10 倍。除了温室气体排放，化石燃料燃烧产生的颗粒污染物的影响也逐渐被人类所认知。其中，细颗粒物指环境空气中空气动力学当量直径小于等于 2.5μm 的颗粒物。化学成分主要包括有机碳（OC）、元素碳（EC）、硝酸盐、硫酸盐、铵盐、钠盐（Na^+）等。与较粗的大气颗粒物相比，PM2.5粒径小，活性强，易附带有毒、有害物质（例如，重金属、微生物等），且在大气中的停留时间长、输送距离远，对空气质量、能见度以及人体健康等有重要的影响。

（3）能源发展的三大趋势。2016年可再生能源是所有能源中增长最快的部分，增幅达到12%。虽然可再生能源在一次能源总量中仅占4%的份额，但其增长在2016年占能源需求总增量的近三分之一。从世界能源发展总趋势来看，能源资源类型由高碳向低碳发展，生产方式由简单生产向技术生产发展，以及利用方式由直接一次向多次转化发展。

能源类型由高碳向低碳发展，即由化石能源走向非化石能源。煤炭单位热值的碳含量为26.37t/TJ，原油为20.1t/TJ，天然气为15.3t/TJ；而水电、风电、核能、太阳能等几乎不含碳。煤炭向油气、油气向新能源发展的过程中，各类型能源所产生的污染物量和碳排放量将逐渐降低，可以适应和满足生态环境绿色发展的需求。

资源生产方式由简单生产向技术生产发展。原始人类从自然界中直接获取木材为能源，从煤炭开采到油田开发越来越体现工程技术的重要性，核能、风能、太阳能等新能源资源的开发均为技术密集型产业。以油气开采为例，早期石油开采以直井为主，水平井技术和水力压裂技术的应用使大量低产井获得了有效开发，近年来水平井分段压裂技术的应用更是人类利用能源的方式在继木柴向煤炭、煤炭向油气开发，推动了一场能源领域的“页岩油气革命”。

能源利用方式由直接一次转换向多次转化发展。第一次工业革命以前，作为能源的木柴和煤炭以直接热利用为主；随着1776年蒸汽机和1875年内燃机的发明，能源利用向动力方向拓展；1831年法拉第发现电磁感应，1864年麦克斯韦建立电磁理论，1888年赫兹发现电磁波，推动了能源利用方式又向电力方向发展，开启了能源利用的电气化时代。电力成为增长最快的终端能源形式，工业的发展与生活的便利已经离不开持续供给的电力。

1.2 能源存储的种类与作用

清洁能源能够提高能源效率，减少温室气体排放，促进经济的可持续发展，储能技术是实现能源可持续发展的关键。智能电网、大规模储能、电动汽车、能源互联网等领域的快速发展是信息时代和能源结构变革有机结合的结果，正在潜移默化地改变可再生清洁能源产生、获取、利用的方式，其中储能技术是这些领域的重要组成部分和关键支撑技术。而大容量储能技术的应用将促进电网结构的优化，解决新能源发电的随机性、波动性问题，实现新能源的友好接入和协调控制。储能技术可广泛应用于电能质量与能源管理系统、交通运输等方面。先进的储能技术涉及电能、化学能、热能、机械能、太阳能、风能、水能等不同形式能量之间的相互转换和储存。不同形式的储能技术的能量转换途径不同，转换效率、技术成熟度、存储规模都不尽相同。

1.2.1 能源存储的种类

能源存储，主要是指将能源转变成可存储的形态（如化学能、势能、动能、电磁能等），使转化后能量具有空间上可转移或时间上可转移或质量可控制的特点，并且在需要的时候以原始的形态或者可以使用的形态释放出来的过程。能源可以凭借多种形式和能级存在，包括热能、化学能、机械能、动能、静压气体、电能等，因此储能不只是储电。相应的储能技术也就多种多样，包括抽水蓄能、压缩空气储能、飞轮储能、电池储能、液流电池储能、超导磁储能、超级电容储能、储氢技术及储热技术等。按类别分别是物理储能（包括抽水储能、压缩空气储能、飞轮储能、电介质储能、超导电磁储能等）、化学储能（包括铅酸电池、氧化还原液流电池、钠硫电池、钠离子电池、锂离子电池、固态锂离子电池、电化学超级电容器等）、储热储冷、储氢四大类。储能技术成为能源应用突破“时间”和“空间”限制的关键技术。如图 1-2 所示，储能系统的规模不同，技术的成熟程度也不同，这就决定了应用时的用户类型和所存储的能量等级将会有所差异，应用领域也不同（见表 1-1）。

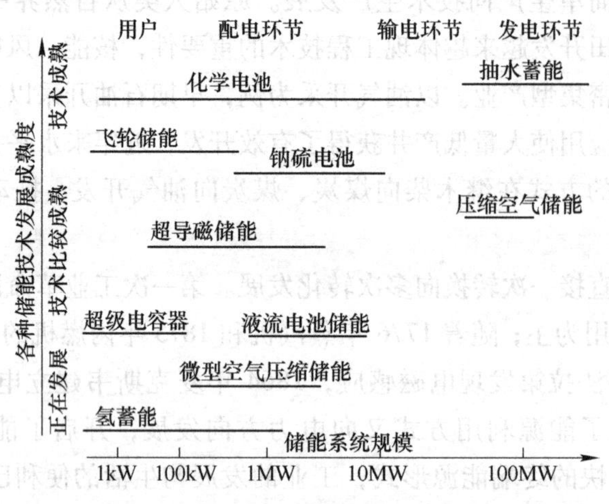

图 1-2 以供电为目的的储能系统性能比较

表 1-1 储能技术的应用领域比较

设备类型	用户类型	功 率	能量等级
便携式设备	电子设备	1~100W	1W·h
	电动工具		
运输工具	汽车	24~100kW	100kW·h
	火车、轻轨列车	100~500kW	500kW·h
静止设备	家庭	1kW	5kW·h
	小型工业和商业设施	10~100kW	25kW·h
	配电网	1MW	1MW·h
	输电网	10MW	10MW·h
	发电站	10~100MW	10~100MW·h

1.2.2 能源存储在可再生能源利用中的作用

与传统能源相比，太阳能、风能、生物能和潮汐能等可再生能源具有资源丰富、无污染、多途径利用和可持续性等特点。这些可再生能源的利用往往受到时间、空间和气候变化等因素的限制，如太阳能不能连续使用，只能在白天利用，并且太阳能分布并不均匀；风能的利用主要取决于风速的大小和稳定性，在我国风力发电的地区与高用电的地区往往距离较远。正是由于可再生能源的间歇性、不稳定性和分布不均匀性，大力发展储能技术成为解决可再生能源的“先天不足”的一个重要途径。

传统电力系统要求电能的生产、输送、分配和使用同步进行、实时平衡，这种特性决定了电力系统在规划、建设、调度运行以及控制方式上，对安全稳定、经济灵活都有较高要求。近年来，随着经济发展与特高压建设，国内中东部地区逐步形成受端电网，表现为大容量、大机组、远距离输送、负荷密集等特征，电网运行管理与实时平衡的难度在增加。从用电结构看，第三产业、居民用电比重有较大提升，最高用电负荷逐年攀升，电网峰谷差不断拉大，电网运行面临新的挑战。储能技术在未来发电系统、输配电系统、辅助服务和电力用户端等方面都起着举足轻重的作用。

（1）储能技术可以通过功率变换装置及时将系统的瞬时功率维持在平衡状态，抑制新能源电力系统中传输功率的波动性，提高供电可靠性；

（2）储能技术可以改善供电质量，满足不同用户的多种需求，从而减少因电网可靠性或者电能质量带来的损失；

（3）储能技术通过适时吸收或释放功率，低储高发，有效减少系统输电网络损耗，实现削峰填谷，获取综合经济效益；

（4）储能技术在应急系统中可以为系统提供快速重启和快速恢复的能力，降低突发事件对电力供应的影响。

电网大容量储能技术打破了发电、用电实时平衡的限制，其大规模应用可有效降低昼夜峰谷差，提升电网稳定性、灵活性和电能质量水平，促进新能源大规模接入电网，同时能有效延缓与降低电网投资成本。由此可见，大容量储能技术在电力系统中的应用已成为未来智能电网发展的一个必然趋势。

发展可再生能源是实现能源结构转型的必由之路，以分布式发电为代表的可再生能源利用方式已逐渐成为推动实现能源绿色发展的主要动力。作为集中式发电的重要补充，分布式发电（Distributed Generation，DG）主要利用太阳能、生物质能、风能、小型水能等各类分散存在的可再生能源和柴油、天然气等可以方便获取的化石类能源进行发电供能。与集中式发电的大容量不同，分布式发电的容量通常在几十千瓦到十几兆瓦之间。2016 年以来，我国政府陆续颁发了《电力发展“十三五”规划》《可再生能源发展“十三五”规划》，制定了电力和能源发展的路线图，为分布式发电的发展指明了方向，也从政策层面积极地促进了分布式发电的推广和应用。此外，得益于科学技术的进步，可再生能源单位发电价格正逐年降低。以光伏电池组件为例，2007 年我国光伏电池组件的价格约为 36 元每瓦。2014 年年底，每瓦价格已经降低到 3.8 元以下。光伏组件价格在 7 年内降低了约 90%。受此影响，近年来分布式发电得到了更加广泛的应用。此外，分布式发电系统相较于集中式发电系统还具有建设周期短、投资成本低等优点。

受可再生能源随机性大、可控性差的影响，使用可再生能源的分布式发电系统在运行过程中表现出了随机性、间歇性、不确定性以及不可调度的特点。随着分布式发电系统在输配电电网中的渗透率不断提高，在其并网工作时给传统配电网带来巨大的挑战，甚至影响系统的正常运行。此外，分布式发电系统在电力系统出现故障时通常需要切断二者之间的连接，这必然会加剧电力系统的功率不平衡，并危害系统的安全、稳定运行。如果分布式发电系统工作在离网模式下，其电力用户的电能质量又将得不到保障。若完全由分布式发电系统供电，将难以实现能源的高效利用和优化调度。这些问题都会影响分布式发电技术的推广应用。为解决上述问题，通过将分布式发电系统、储能系统（Energy Storage System，ESS）、能量转换设备、监控以及保护系统进行有机组合，构建小型发配电系统，进而形成了微电网（Micro-grid，MG）的概念。该解决方案可以通过对微电网中“发-输-配-储-用”各子系统的控制、管理，在信息科学和控制科学中各类理论、方法的基础上，制定高效、合理的能量管理及调度策略，实现对分布式能源的充分利用、提高能源使用效率。在运行过程中，通过对微电网各子系统中电力电子设备的控制，不但可以实现不同子系统间的协同增效，同时还能保证系统电压、频率稳定，实现微电网安全、稳定、可靠和高效运行。微电网具有以下几个特点：

（1）通过合理规划分布式发电系统、储能系统和电网的功率分配情况，微电网可提高系统整体的能量利用效率；

（2）通过可再生能源与储能技术的组合利用，微电网可以降低间歇性、不确定性的可再生能源发电对配电网电能质量的影响；

（3）基于分布式发电系统和储能系统的独立性，微电网可在外电网故障时为重要负载供电，提高供电可靠性；

（4）微电网有助于提升可再生能源在电力系统中的渗透率，减少碳排放和环境污染；

（5）微电网可以实现对大电网无法顾及的偏远地区的电能供给。

作为微电网中的重要组成部分，储能系统是微电网实现可再生能源优化利用的基本保障。储能系统凭借其快速存储、利用电能的特性，能够有效地调节微电网中的功率分布，实现微电网需求侧管理；它还可以在电网出现故障时作为后备电源为用户供能，增强系统供电可靠性，改善电能质量；得益于储能系统对可再生能源的不确定性具有较强的处理能力，通过储能系统与可再生能源发电系统的互补利用、协同增效，可以消除可再生能源随机性、间歇性和不确定性对微电网系统的不利影响，提高可再生能源利用效率。

1.3 机械储能

机械储能技术分为：弹性储能、液压储能、抽水储能、压缩空气储能、飞轮储能等。

（1）弹性储能。机械弹性储能以平面蜗卷弹簧为关键零部件，利用蜗卷弹簧受载时产生弹性变形，将机械能转化为弹性势能，卸载后将弹性势能转化为机械能的原理进行储能和释能，该储能方式具有储能大容量、高效率、低成本和无污染等优点。图 1-3 所示为机械弹性储能原理的示意图。该技术是利用弹簧（压簧组合体，卷簧和压簧组合体是关键核心部件）可反复曲伸的弹性物质原理，实现对电能的结构性物理储存和释放弹性能量发电。机械弹性储能系统以蜗卷弹簧储能箱为中心分为发电侧与储能侧，两侧都通过变频器连接外部电网；在储能侧，变频器连接电动机，通过联轴器连接扭力传感器与蜗簧箱，完成蜗簧储能；在发电侧，蜗簧通过联轴器带动扭力传感器与发电机，再接上变频器，完成发电并网。

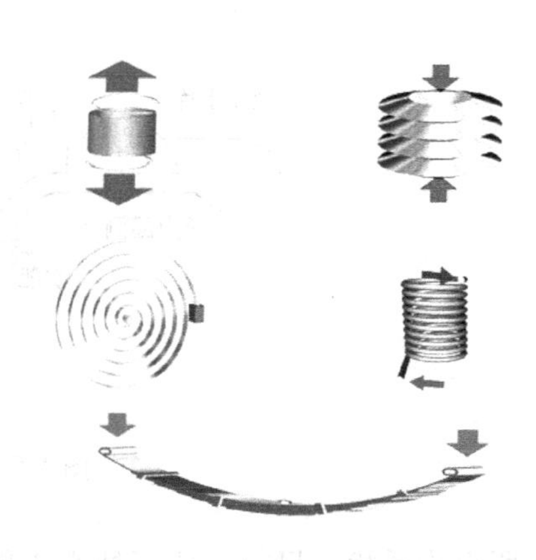
图 1-3 弹性储能示意图

（2）液压储能。液压储能系统中的重要部件是液压储能器，即蓄能器（如图 1-4 所示），是将压力流体的液压能转换为势能储存起来，当系统需要时再由势能转化为液压能而做功的容器，在保证系统正常运行、改善动态品质、保持工作稳定性、延长系统工作寿命和降低噪声等方面起着重要作用。因此，液压储能也被称为蓄能器储能。蓄能器发挥存储能量和回收能量的功能，在实际使用中可作为辅助动力源，减小装机容量，补偿泄漏，补偿热膨胀；作为紧急动力源，构成恒压油源等。液压储能技术的基本原理是，当系统压力高于蓄能器内液体或氮气的压力时，系统中的液体进入蓄能器中，直到蓄能器内外压力相等；反之，当蓄能器内液体或氮气的压力高于系统压力时，蓄能器内的液体流到系统中去，直到蓄能器内外压力平衡。

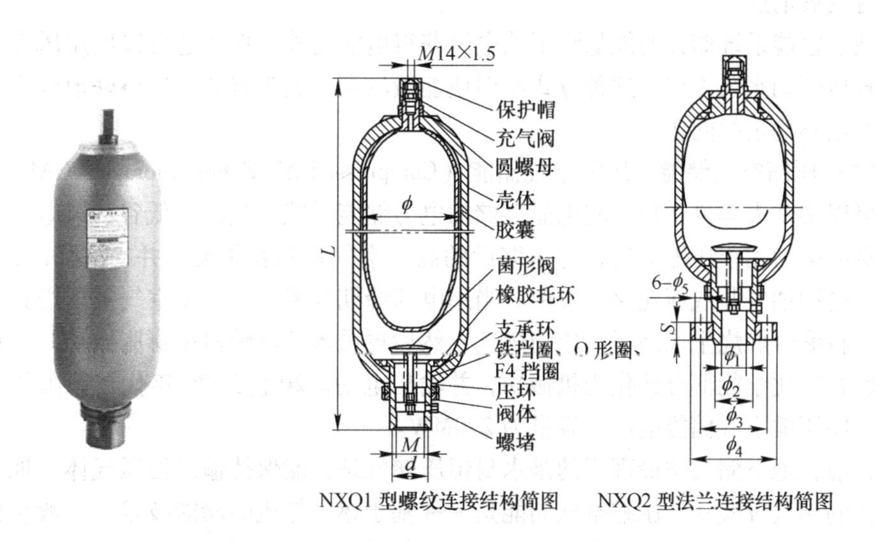

图 1-4 蓄能器的外观图和内部连接结构图

（3）抽水储能。抽水蓄能是最古老，也是目前装机容量最大的储能技术。基本原理是在用电低谷时将电能以水的势能的形式储存在高处的水库里；用电高峰时，开闸放水，驱动水轮机发电，如图 1-5 所示。第一座抽水蓄能电站于 1882 年在瑞士的苏黎世建成，从 20 世纪 50 年代开始抽水蓄能电站的发展进入起步阶段。抽水蓄能电站既可以使用淡水，也可以使用海水作为存储介质。

抽水蓄能电站高度依赖于当地的地形地貌，它的理想场所是上下水库的落差大、具有较高的发电能力、较大的储能能力、对环境无不利影响，并靠近输电线路。但是这样的理

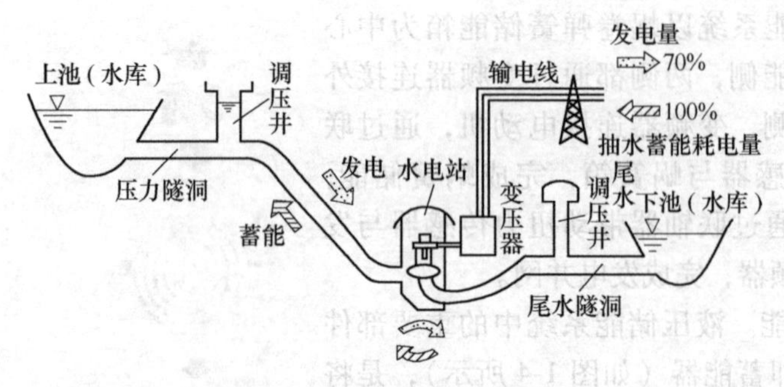

图 1-5 抽水储能系统示意图

想场所很难寻找，目前，地下抽水蓄能（UPHES）的新思路已经浮出水面。地下抽水蓄能电站与传统抽水蓄能电站的唯一区别是水库的位置。传统的抽水蓄能电站对于地质构造与适用区域有较高的要求。地下抽水蓄能电站利用地下水，建筑在平地，上水库在地表，下水库在地下。其中，重力功率模块（GPM）作为新技术受到了广泛关注。具体而言，一个由铁和混凝土制成的大活塞，悬浮在一个充满水的深井中，活塞下降到迫使水通过涡轮，带动发电机发电。与现有抽水蓄能电站相比，GPM 电厂单位存储容量的投资成本小，并且自动化程度高，占地面积小，多轴 GPM 装置也可以在市区修建，从经济性和成本上更具有发展前途。

抽水蓄能系统储存的能量除了从电网获得电能之外，现在还可以使用风力涡轮机或太阳能直接驱动水泵工作。这种方式不但使能量的利用更为有效，还很好地解决了风能和太阳能发电不稳定的问题。

（4）压缩空气储能。压缩空气储能（Compressed-Air Energy Storage，CAES）技术是另一种可以实现大容量和长时间电能存储的电力储能系统，是指将低谷、风电、太阳能等不易储藏的电力用于压缩空气，将压缩后的高压空气密封在报废矿井、沉降的海底储气罐、山洞、过期油气井或新建储气井中。当用电高峰期到来时，压缩空气被压送到燃烧室与喷入的燃料混合燃烧生成高温高压的燃气；然后再进入到汽轮机中膨胀做功，实现了气体或液体燃料的化学能部分转化为机械功，并输出电功。20 世纪 70 年代在德国的亨托夫建设了第一座压缩空气储能电厂，容量为 290MW。

目前，地下储气站最理想的是水封恒压储气站，能保持输出恒压气体，地上储气站采用高压的储气罐模式。压缩空气储能是一种基于燃气轮机的储能技术，一般包括 5 个主要部件：压气机、燃烧室及换热器、透平、储气装置（地下或地上洞穴或压力容器）、电动机/发电机（如图 1-6 所示）。其工作原理与燃气轮机不同的是，压气机和透平不同时工作，电动机与发电机共用一机。在储能时，压缩空气储能中的电动机耗用电能，驱动压气机压缩空气并存于储气装置中；放气发电过程中，高压空气从储气装置释放，进入燃气轮机燃烧室同燃料一起燃烧后，驱动透平带动发电机输出电能。由于压缩空气来自储气装置，透平不必消耗功率带动压气机，几乎全用于发电。

压缩空气储能具有容量大、工作时间长、经济性能好、充放电循环多等优点。1）规模上仅次于抽水蓄能，适合建造大型电站。压缩空气储能系统可以持续工作数小时乃至数天，工作时间长。2）建造成本和运行成本比较低，低于钠硫电池或液流电池，也低于抽

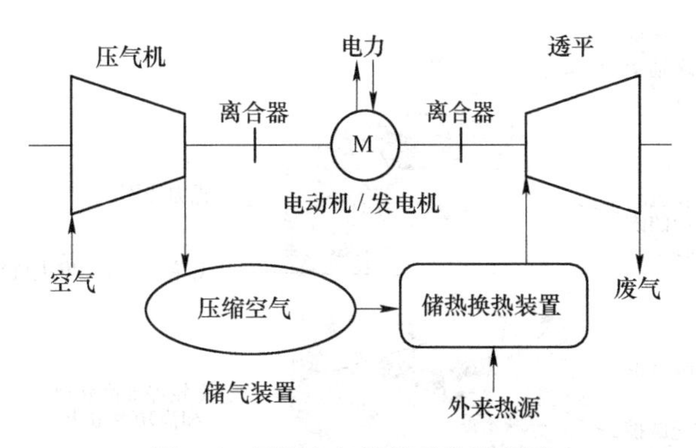

图 1-6 压缩空气储能系统示意图

水蓄能电站，具有很好的经济性。随着绝热材料的应用，仅使用少量或不使用天然气或石油等燃料加热压缩空气，燃料成本占比逐步下降。3）场地限制少。虽然将压缩空气储存在合适的地下矿井或溶岩下的洞穴中是最经济的方式，但是现代压缩空气储存的解决方法是可以用地面储气罐取代溶洞。4）寿命长，通过维护可以达到 40~50 年，接近抽水蓄能的 50 年；并且其效率可以达到 60%左右，接近抽水蓄能电站。5）安全性和可靠性高。压缩空气储能使用的原料是空气，不会燃烧，没有爆炸的危险，不产生任何有毒有害气体。万一发生储气罐漏气的事故，罐内压力会骤然降低，既不会爆炸也不会燃烧。

改进的隔热压缩空气储能系统（AA-CAES）使汽轮机不再需要额外的天然气，利用热能储存（TES）装置吸收压缩空气时产生的热量，并利用这个热量来加热空气膨胀。地下的地质状况使得这一技术的发展具有风险，人们正在开展研究促进 CAES 技术的发展，比如具有更高的效率、更低的成本。

（5）飞轮储能。飞轮储能系统是通过高速运转飞轮将能量从动能转化为电能并存储起来的装置，具有充电、放电、储能功能。其中，电力电子变换装置为电能驱动电动机提供旋转动力，在电能驱动机的带动下飞轮旋转，并将动能储存起来。当电动机外部需要电能时，飞轮带动发动机旋转，将存储的动能转化为电能，并通过电力电子变换装置转换为符合外部装置需要的电压和频率的电能。工作系统主要包括转子系统、轴承系统和转换能量系统三个部分（如图 1-7 所示）。飞轮储能系统与其他电池储能系统不同，它的输入、输出结构相互独立，因此不需要设置两台发动机，减少了整个发电系统的重量。

飞轮储能系统在运行过程中速度非常快，可以达到 50000r/min，普通的材料无法满足转动要求。飞轮是整个飞轮储能系统的关键部分，飞轮的重量对储能效果具有决定性作用。一般采用碳纤维制作飞轮，碳纤维重量轻、强度大，可以进一步减轻整个储能结构的重量和充放电过程中的能量损耗，从而达到节能的目的。飞轮储能能量：

$$E = mv^2 = J\omega^2 \tag{1-1}$$

式中，m 表示飞轮质量；v 表示飞轮边缘的线速度；J 表示飞轮的转动惯性力；ω 表示飞轮的角速度。从式中可以看出，飞轮的能量和转动惯性、飞轮的角速度平方呈正比。所以，如果要提高飞轮的储能能量，可以采用增大飞轮的转动惯性或者提高飞轮转速。由此，得到飞轮转动惯性公式：$J = mr^2$。式中，m 表示飞轮质量；r 表示飞轮转动的半径。降低飞轮的质量和体积可以提高储能效果。

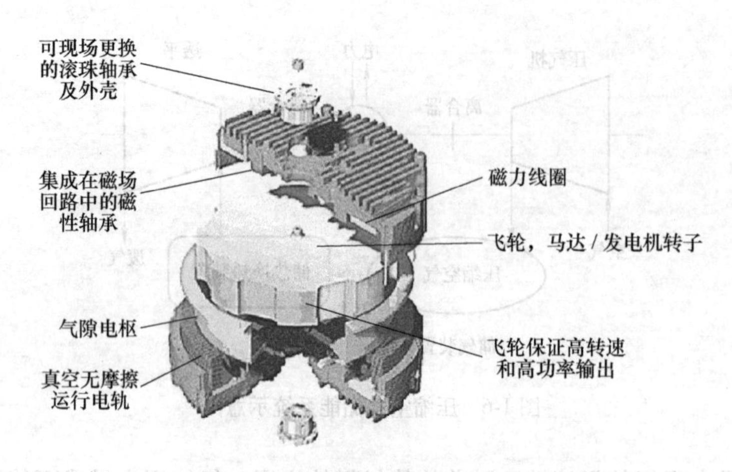

图 1-7 飞轮储能工作示意图

各种储能技术从系统的能量密度、技术特点、相对发展状况、经济成本进行了比较，见表 1-2。

表 1-2 不同类型储能技术的比较

储能技术	能量密度 /W·h·kg^{-1}	恢复效率 /%	发展情况	总成本 /欧元·kW^{-1}	优 点	缺 点
抽水蓄能	—	74~85	可用	140~680	高容量 成本较低	对当地生态 环境影响较大
压缩空气储能	—	80	可用	400	高容量 成本相对低	应用上存在问题
飞轮储能	30~100	90	可用	3000~10000	高功率	能量密度低
超导磁储能	—	97~98	开发 10MW 将 增加到 2000MW	350	高功率	大规模使用时 影响健康
储氢燃料电池	—	24~85	研究/开发 /市场化	6000~300000	能长期储存、 种类多	维护费用高

1.4 热电能量存储

热能是能量最重要的形式之一，热电能量存储是利用物质内部能量变化包括热化学、潜热、显热或它们的组合来实现能量存储和释放的储能技术。该技术具有能量密度高、装置简单、设计灵活和管理方便等特点，主要可分为潜热储热、显热储热及热化学储热。

(1) 显热储热。显热储热（SHS）是利用储热材料的热容量，通过升高或降低材料的温度而实现热量的储存或释放的过程。显热储存原理简单，材料来源丰富，成本低廉。低温范围内，水、土壤、砂石及岩石是最为常见的显热储热材料。在太阳能加热系统中，水仍然是用于液体为基础的系统的储热，而岩石床是用于空气为基础的系统的储热。

（2）潜热储热。储热材料释放热量或吸收热量，发生从固体到液体或气体的相变。利用潜热储热（LHS）就是利用储热材料的相变过程，在放电时，储热相变材料从固态到液态，释放能量；充电时，储热材料从液态到固态，吸收能量。相变储存具有储能密度高，放热过程温度波动范围小等优点，得到了越来越多的重视，应用到的储热材料主要有石蜡、盐的水合物和熔盐。

（3）热化学储热。热化学储热，是在分子水平上进行储热，利用化学键的断裂或分解反应吸收能量，然后在一个可逆的化学反应中释放能量。这种方法的优点是系统更紧凑，比显热储热和潜热储热具有更高的能量密度。此外，该系统可以在常温下储存能量，且在储存期间没有热损失。在选择热化学蓄热材料时应该考虑成本、反应速率和工作温度范围，并具有大容量充电、存储和放电性能，无毒，不易燃，耐腐蚀，高储能密度，良好的传热特性和流动特性的材料体系。

1.5 超导磁储能

超导磁储能（Superconducting Magnetic Energy Storage，SMES），是在低温冷却到低于其超导临界温度的条件下利用磁场储存能量。这项技术的概念出现在 20 世纪 70 年代，以平衡法国电力网的日负荷变化。典型的超导磁储能系统由三个部分组成，即超导线圈（磁铁），功率调节系统及低温系统。当存储电能时，风力电机的交流电经过变流器整流成直流电，激励超导线圈；发电时，直流电经逆变器装置变为交流电输出，供应电力负荷或直接接电力系统。超导储能的优点主要有：（1）储能装置结构简单，没有旋转机械部件和密封问题，因此设备寿命较长；（2）储能密度高，可做成较大功率的系统；（3）响应速度快（1~100ms），调节电压和频率快速且容易。由于超导线材和制冷的需求能源成本高。超导磁储能主要用于短期能源如不间断电源（UPS）、柔性交流输电（FACTS）。该技术在功率输送时无需能源形式的转换，可以实现与电力系统的实时大容量能量交换和功率补偿。

思考题与习题

1-1 能源是如何分类的，新能源的概念是什么？

1-2 阐述发展新能源的重要性和必要性。

1-3 能量存在的形式多样，对应的存储技术存在哪些差异？

1-4 储电是储能的重要形式，根据储能技术的特点，分析什么技术更适合大规模储电？

1-5 什么是新能源材料？阐述其在新能源开发应用中的作用。

参 考 文 献

[1] 邹才能，赵群，张国生，等．能源革命：从化石能源到新能源［J］．天然气工业，2016，36（1）：1~10.

[2] 王革华，艾德生．新能源概论［M］．第二版．北京：化学工业出版社，2012：10~20.

[3] 武骥．微电网环境下可再生能源存储与利用方法研究［D］．合肥：中国科学技术大学，2018.

[4] 李佳琦．储能技术发展综述［J］．电子测试，2015，18：48~52.

2 电化学储能基础

化学反应种类繁多，按照化学反应的基本属性分为有电子转移（元素原子化合价或氧化数变化）的氧化还原反应，以及没有电子转移（元素原子化合价或氧化数不变）的非氧化还原反应。而且，以反应物和生成物的形式特征为标准进行系统分类，化学反应包括：(1) 化合反应；(2) 分解反应；(3) 置换反应等基本形式。因此，利用化学反应进行能量存储的方式也多种多样。在第 1 章介绍的热电能量存储是将化学反应产生的热量通过化学物质储存起来，并通过逆反应放出能量，实现能量的化学热储存。本章主要介绍的是储能过程对应的氧化还原反应种类，即属于电化学的范畴，具体包括嵌脱反应、形成反应（或合金化反应）、转换反应（或置换反应）等。本章还详细介绍了将物质的化学能直接转化为电能的装置和系统——电池的发展和基本分类，需要着重学习电池的基本性能指标和常用术语。

2.1 嵌脱反应

2.1.1 嵌脱反应的结构基础

嵌脱反应是指客体（Guest，如 Li^+、Na^+、H^+）在主体基质（Host，如 C、$Li_{1-x}MO_2$、$LaNi_5$）中可逆地嵌入和脱出，而主体基质的晶格结构基本保持不变，主体基质可以为客体物质提供可达到的未占据位置，如四面体间隙、八面体间隙或者层状化合物中层和层之间存在的范德华力间隙。反应式可表达为：

$$xG + \square_x[Hs] \rightleftharpoons G_x[Hs] \tag{2-1}$$

所生成的产物为非化学计量化合物 $G_x[Hs]$，被称为嵌入化合物。

在这类反应中主体基质具有稳定的框架结构，并没有发生键的断裂，并且具有足够的空隙实现客体的进入和离开。锂离子二次电池是发生嵌脱反应的典型体系，锂离子嵌入到化合物的主体晶格中，并伴随发生相应的氧化还原反应和外部电路电子的转移和补偿。这种嵌脱型反应过程可逆，生成的嵌锂化合物在化学、电子、光学、磁学等性能方面与主体基质材料不同，但是主体基质材料具有一定的锂离子迁移的通道，允许外来的锂离子扩散进入晶体或从晶体中脱出，仅发生微小的结构变化，主体骨架和组成都保持着完整性。

嵌脱反应与一般氧化还原化学反应不同之处在于：为了保持主体晶格的结构稳定性，嵌脱反应一般只允许一定浓度（≤1，对应于 1M 的主体基质）的客体在一定电势下可逆嵌脱。在一定化学计量范围，主体基质材料的热力学性质随嵌入量 x 的变化而变化，因而表现为 x 的函数 $DHi = DHi(x)$，所生成的嵌入化合物的性质依赖于客体在主体晶格中的嵌入量、脱出量以及主体的可逆嵌脱能力。目前锂离子电池的主要电极材料，如正极材料 $LiCoO_2$、$LiFePO_4$ 以及 $LiNi_{0.5}Mn_{0.3}Co_{0.2}O_2$ 等，负极材料石墨等都是可发生嵌脱反应的主体基质，为保持主体基质结构的稳定性，每摩尔电极材料对应一个单位 Li^+ 甚至在实际脱嵌过程少于一个单位 Li^+ 的脱嵌量。同时，嵌入化合物中高价离子的平均价态变化超过 1 个单位也容易引起化合物结构的坍塌，因此主体基质的容量和电压平台都受到一定的限制。以 $LiCoO_2$ 正极为例，理论上 $LiCoO_2$ 材料在嵌脱反应时得失一个单位的电子，理论容量达到 274mA · h/g，Co 元素在+3 价和+4 价之间变化（如图 2-1 所示）。但是实际在 $LiCoO_2$ 单元最多仅可逆脱嵌 0.5 个单位锂离子，实际容量只有 140mA · h/g 左右，见表 2-1。当 $x \leq 0.5$ 时，Li_xCoO_2 发生从六方到单斜的结构转变，同时晶胞参数发生微小变化。当 $x > 0.5$ 时，Li_xCoO_2 中的钴离子将从过渡金属层迁移到锂层，在这种不稳定的结构中钴离子通过锂离子所在的平面继续迁移到表面，而亚稳态的钴（CoO_2）极易分解放出氧气，并与电解液反应造成电池起火爆炸。目前，锂离子二次电池中的主体基质主要为过渡金属氧化物如 $LiCoO_2$、$LiMn_2O_4$ 和 $LiNi_{0.5}Mn_{0.3}Co_{0.2}O_2$，在深度脱锂的状态下主体基质中的过渡金属阳离子发生氧化，这些高价态的离子如 Co^{4+}、Ni^{4+} 等都处于亚稳态，容易发生热分解。在大量放热的同时，释放的高活性氧，还可进一步引起电解液的溶剂氧化，给电池带来安全隐患。可见，主体基质的结构稳定性和化学稳定性限制了在嵌脱反应过程中客体的可逆嵌脱量，在锂离子电池中造成了正负极材料的容量和能量密度受到限制。

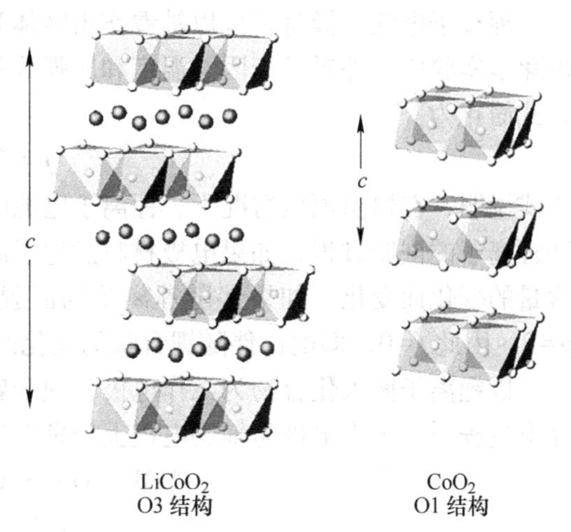

图 2-1 $LiCoO_2$ 的岩盐相 O3 结构和 CoO_2 的 O1 结构

表 2-1 锂离子电池主体基质对应的可逆脱嵌离子对比

材 料	理论容量 /mA · h · g^{-1}	实际容量 /mA · h · g^{-1}	嵌锂或脱锂产物	电子转移数
C	372	350	LiC_6	1/6
$LiCoO_2$	274	140	Li_xCoO_2	0.5
$LiMn_2O_4$	148	110	λ-MnO_2	1
$LiNi_{0.5}Mn_{1.5}O_4$	147	140	$Ni_{0.5}Mn_{1.5}O_4$	1
$LiFePO_4$	170	160	$FePO_4$	1

2.1.2 嵌脱反应热力学

在嵌脱反应过程中，主体基质中客体的浓度变化很大，影响了主体基质的结构稳定性和客体迁移速率，以及嵌脱反应的可逆性，因此，深入理解嵌脱反应的热力学和动力学对提高客体的嵌脱量和主体基质的稳定性具有重要作用。

在一个达到平衡的密闭体系中，吉布斯（Gibbs）相律的表达式为：

$$f = c - p + n \tag{2-2}$$

式中，f 是系统的自由度；c 是系统的独立组元数；p 是相态数目；n 是外界因素。

锂离子电池电极材料可以被看作由客体和主体基质组成的二元体系，$c=2$。同时，在电化学实验中，外界可变因素温度和压强等都可以被认为是不变的，因此吉布斯相律的表达式简化为：

$$f = 2 - p \tag{2-3}$$

上式说明，在恒温恒压情况下，锂离子电池电极材料的电位变化只与相态数目 p 有关。伴随锂离子的嵌脱过程，如果电极材料发生了固溶反应，此时 $p=1$，因此 $f=1$，电位将随锂含量的变化而变化。如果伴随锂离子的嵌脱过程，电极材料发生了一级相变反应，此时 $p=2$，因此 $f=0$，即电位伴随锂含量的变化而保持恒定。

以锂离子嵌入化合物为工作电极，锂金属为辅助电极和参比电极的电池研究为例，在充电过程中，工作电极与辅助电极上分别发生的电极反应如下：

$$LiM - xLi^+ - xe^- \rightleftharpoons Li_{1-x}M \tag{2-4}$$

$$Li^+ + e^- \rightleftharpoons Li \tag{2-5}$$

式中，M 为主体基质，可以是作为正极的过渡金属氧化物、过渡金属磷酸盐等，也可以是作为负极的碳材料、钛酸锂材料等。

从热力学的观点来看，嵌入脱出反应的主要特征在于客体物质的浓度是变化的，而作为其宿主的主体基质的空间群和晶格参数是不变的。因此，对于锂离子电池而言，在电化学平衡的条件下，电池电压 E 与电极材料中锂化学势之间的关系如下：

$$-zeE = \mu_{Li}^{正极} - \mu_{Li}^{负极} \tag{2-6}$$

式中，e 为电子电量；z 为电荷转移数，对于锂离子而言，$z=1$；$\mu_{Li}^{正极}$ 和 $\mu_{Li}^{负极}$ 分别为正、负极中锂的化学势。当以 Li 金属为参比电极时，$\mu_{Li}^{负极}$ 为锂金属的电极电势，在充放电过程中保持为常数，此时电极材料的电压曲线与电极内锂化学势的负数呈线性关系，即：

$$E = -\frac{1}{e}\mu_{Li}^{负极} + 常数 \tag{2-7}$$

另外，对于嵌入材料来说，锂的化学势等于材料自由能对锂含量的导数，即嵌入化合物中的锂化学势在特定的组成 x 下等于该组分下自由能 g 的斜率，即：

$$\mu_{Li} = \frac{\partial g}{\partial x} \tag{2-8}$$

式中，g 为每个 Li_xM 分子式的自由能；x 为 Li 占据的空位数。

结合式（2-7）和式（2-8），通过电压的测量可以得到与电极材料热力学性质相关的一些信息，包括锂的化学势、吉布斯自由能和其他衍生的性质，如熵的变化等。反过来说，电极材料在晶体结构和化学性质上的任何变化都会影响到材料的吉布斯自由能和锂化学势，从而造成电压变化。

电压曲线与吉布斯自由能的这种直接关系意味着由锂浓度变化造成的相转变以及相转变的性质在电压曲线上有明显的特征，如图 2-2 所示。如果嵌锂过程中电极材料生成固溶体，如 Li_xTiS_2，那么电极材料在整个锂组分变化过程中只存在一个相，如图 2-2a 所示。根据吉布斯相律，此时电位随着锂含量的变化而变化，在电压曲线上表现为一条平滑倾斜的曲线，如图 2-2d 所示。如果材料从一个贫锂相 α 转变成一个富锂相 β，锂的嵌入伴随着一个一级相变，如 Li_xFePO_4，此时自由能曲线变化如图 2-2b 所示，在局部存在两个极小值（假设主体基质保持同样的晶体结构），且存在两相共存区，即图 2-2b 中 x_1 和 x_2 之间。

因为两相混合物的自由能处于 α 和 β 相对应的自由能公切线上，此时锂化学势是一个常数，这就导致电极材料在电压曲线上出现一个平台，如图 2-2e 所示。如果材料在嵌锂过程中存在一个稳定的中间相 γ，如图 2-2c 所示，那么在对应的电压曲线上就会出现电压“突降”，如图 2-2f 中 x_2和 x_3之间。在这个稳定的中间相中，为了降低体系的能量，锂离子和空位或者有序地占据主体基质的间隙，或者优先占据其中能量较低的间隙位，如尖晶石 $LiMn_2O_4$。

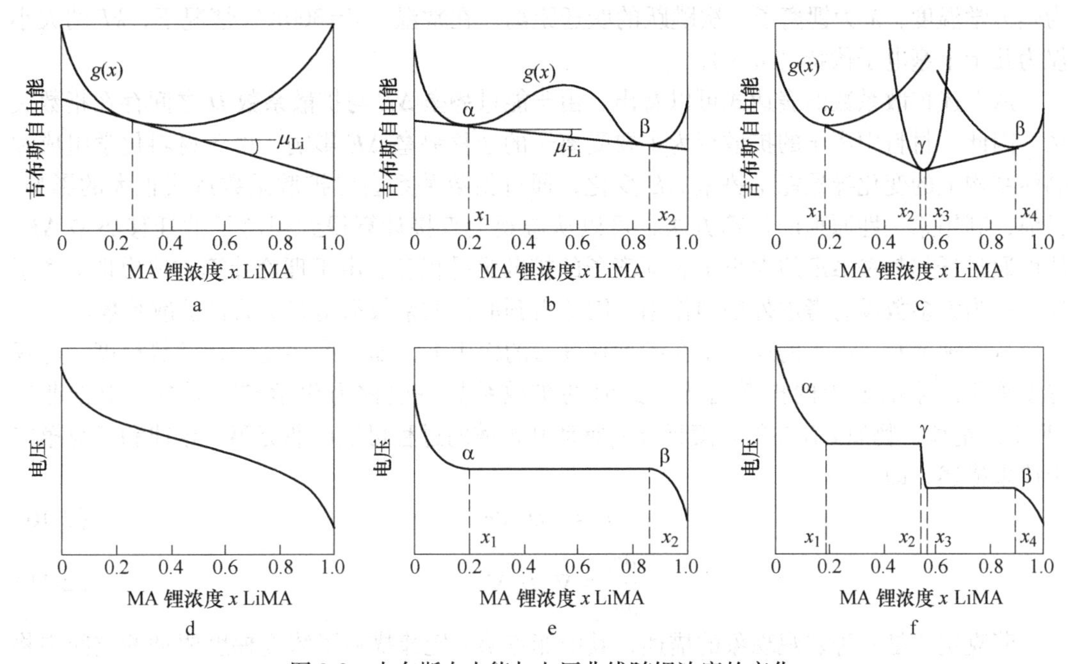

图 2-2 吉布斯自由能与电压曲线随锂浓度的变化

2.1.3 嵌脱反应动力学

尽管电压曲线可以通过材料的热力学性质获得，但是在锂离子电池中 Li 的迁移率和相转变等是决定充放电速度的动力学因素。Li^+在过渡金属材料和碳材料中的动力学性质对有效地提高锂离子电池的充放电倍率及其在高功率领域的应用非常重要。锂离子电池中的动力学反应包括电荷转移、相转变与新相产生以及各种带电粒子（包括电子、空穴、锂离子、其他阳离子、阴离子）在正极和负极之间的输运。在多数情况下，锂离子嵌脱反应的动力学过程被认为是“扩散控制”模式，也就是说，锂离子在电极中的迁移非常慢，而其他反应（包括界面电荷传输过程）要快得多，不会影响到锂离子的迁移，因此电极中锂扩散成为了锂嵌入脱出速率的决定步骤。提高电池的实际输出能量密度、倍率特性、能量效率，控制自放电率均需要准确了解和调控离子在材料中的输运特性。

2.1.3.1 离子在材料中的迁移表征

离子在材料中的迁移行为通常可以从微观和宏观两个方面考虑，主要使用扩散系数 D 进行描述。

从微观上考虑锂离子的扩散，可以准确获得锂离子迁移的本征特点。对于热力学和动力学理想的嵌入化合物，假定每个离子跃迁时的能量势垒 E_a 与周围的锂无序度无关，利用点阵气体模型可以模拟离子的扩散行为并计算扩散系数。扩散系数表达式为：

$$D_j = \rho\lambda^2\nu^* \exp\left(-\frac{\Delta E}{kT}\right) \tag{2-9}$$

式中，ρ 为一个几何因子，这个因子的数量级为 1，它与间隙位亚晶格的对称性有关；ΔE 为锂离子迁移的能量势垒；ν^* 为迁移锂离子在晶格中的振动频率；k 为玻尔兹曼常数；T 为热力学温度；λ 为锂离子一次跳跃的跃迁距离。在常温（T=300K）情况下，kT 的大小仅为几十个毫电子伏特（meV）。

从上述扩散系数的表达式可以看出，由于能量势垒 ΔE 与扩散系数 D 之间存在指数关系。因此，材料中离子的扩散行为主要受离子的迁移势垒 ΔE 影响。由于材料化学组成和晶体结构上的变化导致能量势垒 ΔE 变化，通过指数关系会对扩散系数造成很大的影响。目前，利用第一性原理的计算方法，可以从微观上直接计算得到锂离子的迁移势垒 ΔE，从而通过迁移势垒 ΔE 的大小来表征离子的扩散难易程度。由于理论计算方法模拟的离子迁移行为大多数没有考虑外场的作用，因此得到的扩散系数都是离子的自扩散系数。

从宏观上看，离子的运输是在各种梯度力的作用下，如浓度梯度、化学势梯度、电场梯度等所产生的宏观的扩散行为，此时的扩散系数一般称为化学扩散系数。根据菲克（Fick）定律，物质 i 存在的浓度梯度 c_i 驱动其扩散的过程可以由菲克第一定律和菲克第二定律来描述，即：

$$j_i = -D_i \nabla c_i \tag{2-10}$$

$$\frac{\partial c_i}{\partial t} = \nabla(D_i \nabla c_i) \tag{2-11}$$

菲克定律是一种宏观现象的描述，其中菲克第一定律描述了浓度梯度驱动的空间中物质的稳态扩散特征，物质 i 将沿其浓度场的负方向进行扩散，在单位时间内通过垂直于扩散方向的单位截面积的扩散物质流量（称为扩散通量）与该截面处的浓度梯度成正比。扩散系数 D 反映了物质 i 的扩散能力，单位是 cm^2/s。菲克第二定律描述了物质 i 在介质中的浓度分布随时间发生变化的情况下的扩散特征。根据菲克定律，在简化的假设条件下，通过电化学技术可以从理论上推导电极的化学扩散系数 D_i，从而对电极过程动力学特征进行研究。

2.1.3.2　材料中的离子自扩散

从微观上看，在一定的温度下，粒子在凝聚态物质（包括液体和固体）的平衡位置存在着随机跳跃。在一定的驱动力作用下，粒子将偏离平衡位置，形成净的宏观扩散现象。常见的固体扩散机制，见表 2-2。在晶体中，由于处于晶格位置的粒子势能最低，而在间隙位置和空位处的势能较高，一般来说，空位扩散所需要的活化能最小，其次是间隙扩散，因此离子在晶体中扩散的微观机制主要包括空位传输机制以及 Frenkel 类型的间隙位传输机制。

除了在离子浓度很低和很高的情况下，一般来说，上述微观扩散系数的表达式对于实际嵌入化合物来说是不够的。在离子浓度处于中间状态时，离子中可能存在着不同程度的短程和长程有序性，因此离子扩散更加复杂。而且，嵌入化合物特有的晶体结构特征会产生复杂的迁移机理，导致离子扩散与离子浓度之间具有很强的依赖性。在这方面，阴离子亚晶格和间隙中阳离子的分布在很大程度上都会影响离子的跃迁机理和迁移势垒。

表 2-2 常见的固体扩散机制

扩散机制		描述
空位机制（缺陷）-介质	空位	金属和置换式合金的自扩散
	双空位	通过空位聚集扩散
非空位机制（缺陷）-介质	间隙	间隙原子尺寸小于晶格原子且占据晶格中的间隙位形成间隙固溶体
	集体输运机制	间隙原子与晶格原子大小相当，扩散时涉及多个原子的同时运动
	推填子机制	集体输运机制的一种，扩散过程中至少有两个原子同时运动
	间隙位-格点位交换机制	间隙原子同时占据间隙位和格点位，通过间隙位和格点位的交换来实现扩散

Li_xTiS_2材料是最早应用于锂离子电池中的材料，该材料与目前重要的氧化物嵌脱化合物具有类似的结构特征。在室温下 Li_xTiS_2无论是层状还是尖晶石结构都表现为固溶体，这样就可以把晶体结构对锂扩散的影响与其他复杂因素分开，如相变、有序-无序转化以及更复杂的涉及电荷极化的影响。固溶体 Li_xTiS_2中 Li 离子都处于由硫负离子构成的八面体间隙，相邻的八面体之间存在着四面体间隙。根据前述的固体扩散机制，在一个阴离子紧密堆积的晶格中，空位扩散机制所需要的能量最低，因此锂离子最优的扩散路径是通过四面体间隙跃迁到邻近八面体空位，如图 2-3a 和 c 所示。在层状 Li_xTiS_2结构中，锂离子通过中间四面体间隙可以跃迁到一个独立的八面体空位中（单空位跃迁），也可以跃迁到两个相邻八面体空位中的其中一个（双空位跃迁），如图 2-3a 所示。第一性原理计算表明，当发生单空位跃迁时，因为中间四面体间隙和另一个已占有的八面体空位是共面的，这会导致跃迁过程中四面体位锂离子与该八面体位锂离子之间存在强排斥作用。而当发生双空位跃迁时，这种排斥力是不存在的，因此迁移势垒与单空位跃迁相比明显变小，如图 2-3b 所示。

在尖晶石结构的 Li_xTiS_2中，锂在相邻八面体间隙之间的跃迁也存在着类似的情况，如图 2-3c 所示。由于尖晶石材料结构是三维的，中间四面体和周围四个八面体相邻。锂不仅可以发生单空位跃迁和双空位跃迁，还可以发生三空位跃迁。随着中间四面体周围八面体空位数的增多，锂离子跃迁过程中的势垒是逐渐减小的，如图 2-3d 所示。

上述 Li_xTiS_2材料的例子说明，锂离子跃迁的机制主要是由其所在晶格周围的空位数决定：在二维层状化合物中主要发生双空位跃迁，在三维尖晶石化合物中主要发生三空位跃迁。也就是说，锂离子跃迁到空位群中的阻碍要远小于跃迁到单一空位中，这个现象意味着锂离子在材料中的扩散主要是通过空位群进行的。这种扩散机理导致即使是对于热力学理想的嵌脱化合物，锂离子的化学扩散系数与它的浓度也存在着很强的依赖性关系。通过 Monte Carlo 方法可以模拟锂离子在层状和尖晶石结构的 Li_xTiS_2材料中的扩散情况，图 2-4 给出了扩散系数随锂离子浓度的变化趋势。对于三维的尖晶石结构，随着锂离子浓度增大，晶格中空位数减少，锂离子扩散系数逐渐变小。对于二维的层状材料，由于锂离子浓度的变化还会引起晶胞参数的明显变化，也会对锂离子的扩散系数造成较大的影响。当锂离子浓度较低（$x<0.5$）时，虽然晶格中空位数较多，但是晶胞参数 c 值明显变小，这会

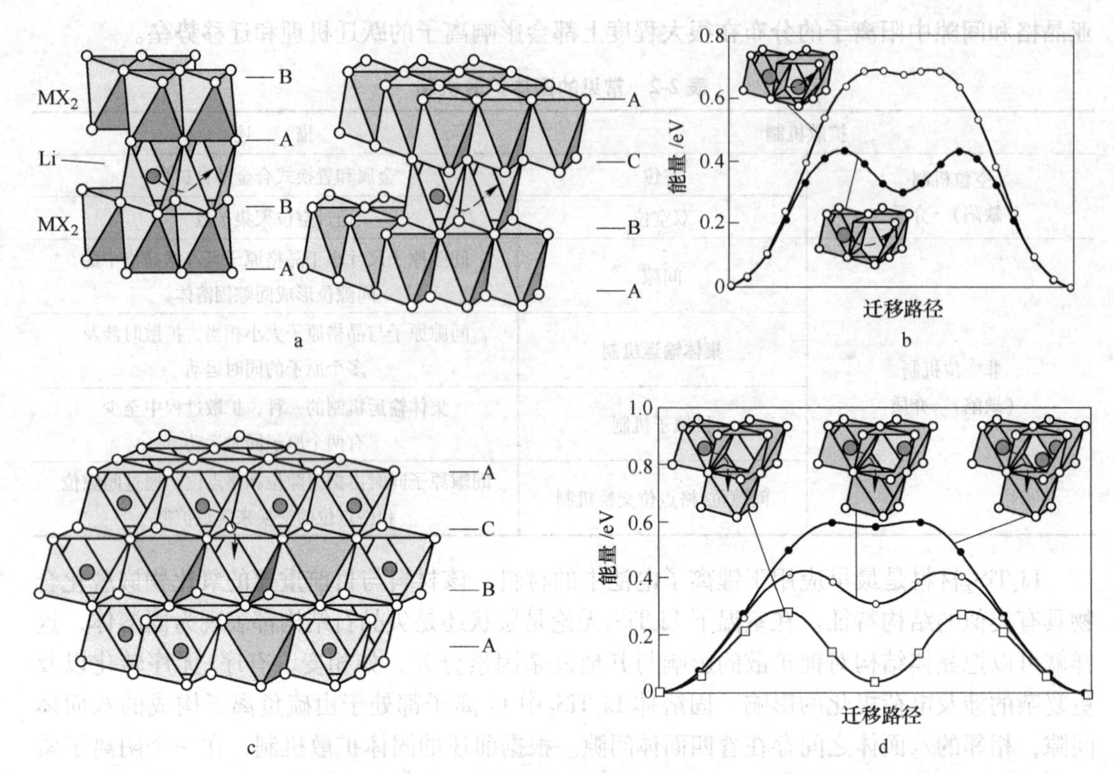

图 2-3 层状和尖晶石型 Li_xTiS_2 中锂离子跃迁路径及能量变化

a—ABAB 型和 ABCABC 型层状结构中锂离子的跃迁；b—锂离子在层状结构中不同跃迁机理对应的能量变化；c—尖晶石结构中锂离子的跃迁；d—锂离子在尖晶石结构中不同跃迁机理对应的能量变化

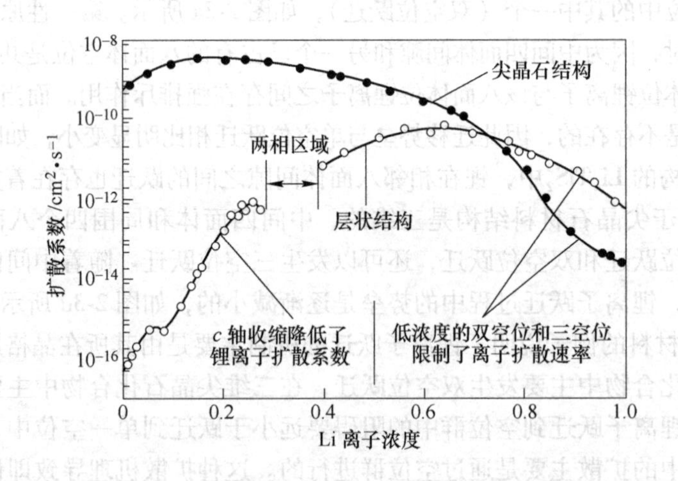

图 2-4 层状和尖晶石型结构 Li_xTiS_2 中扩散系数随锂离子浓度的变化

导致锂离子迁移势垒急剧增大，导致锂离子扩散系数降低。而在锂离子浓度较高（$x>0.5$）时，空位数的降低成为锂离子扩散系数的决定因素。这导致在层状材料中，随着锂离子浓度的变化，锂离子扩散系数呈中间高、两边低的情况。就空位群跃迁而言，由于三空位跃迁对空位数的要求更高，因此在锂离子浓度较高（$x>0.5$）的区间，三维尖晶石结构中锂离子扩散系数的减小比在二维层状结构中更为快速。

除了扩散机理差别外，锂离子扩散系数受离子浓度的影响还表现在过渡金属离子的价态上。如在层状化合物 Li_xCoO_2 和 Li_xNiO_2 中，锂离子都是通过双空位机理进行扩散的，如图2-5所示，锂跃迁通过共面的中间四面体与过渡金属离子八面体。当锂离子浓度发生变化时，会导致过渡金属离子的价态发生变化，从而影响中间四面体中锂占据位的能量。一般来说，当锂离子脱出时，过渡金属离子价态升高，会导致锂离子迁移势垒提高，从而降低锂离子扩散系数。对于一些混合过渡金属层状化合物如 $Li_x(Co_{1/3}Ni_{1/3}Mn_{1/3})O_2$ 和 $Li_x(Ni_{0.5}Mn_{0.5})O_2$，因为过渡金属离子之间电负性存在差异，情况更加复杂。如在 $Li_x(Ni_{0.5}Mn_{0.5})O_2$ 中，在 $x=1$ 时，镍离子和锰离子分别以 Ni^{2+} 和 Mn^{4+} 形式存在，因此，锂离子通过中间四面体位跃迁时，相邻的八面体可能为镍八面体和锰八面体，通常在通过与镍八面体相邻的中间四面体时，锂离子的迁移势垒要比锰八面体低些。电子效应也会导致扩散系数受到离子浓度的影响。在一些过渡金属氧化物中，随着锂离子的嵌入脱出，过渡金属离子伴随着价态的变化会发生Jahn-Teller效应，造成材料结构扭曲进而影响锂离子的迁移势垒。如对于锐钛矿型 Li_xTiO_2，由于 Ti^{4+} 的Jahn-Teller效应造成 TiO_6 八面体扭曲，低浓度（$x\approx0$）时锂离子的迁移势垒比高浓度（$x\approx1$）时要更低。

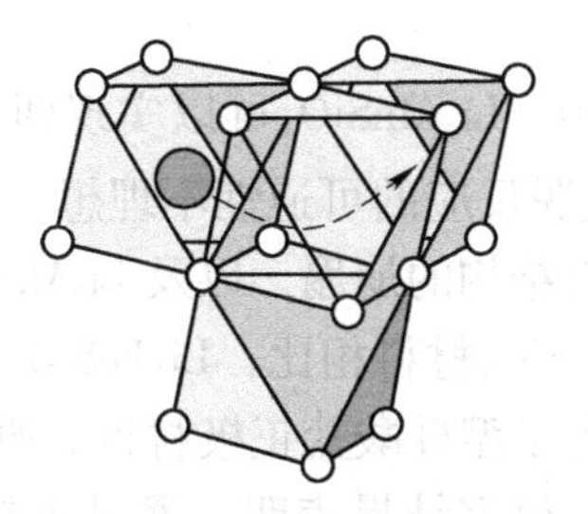
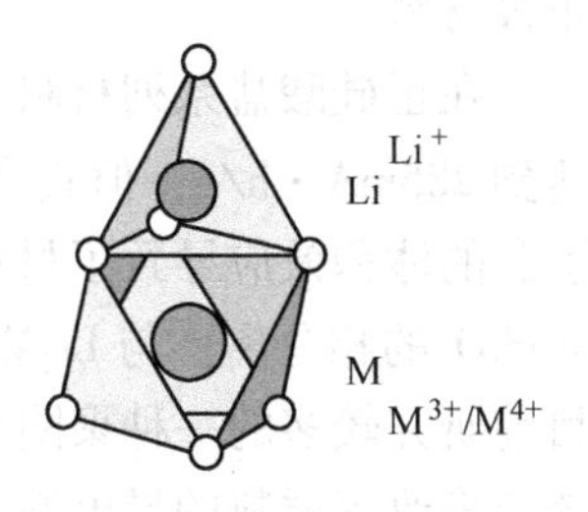

图2-5 过渡金属离子的价态对锂离子跃迁的影响

2.1.4 多电子嵌脱反应

根据法拉第定律、能斯特公式及各种电池反应的标准反应自由能数据，为了提高锂离子二次电池的比能量，构建二次电池的主体基质必须具备以下三个特征：(1) 作为主体基质正负极活性材料之间有较大的电势差，即负极材料应具有较低的电极电势，而正极材料具有较高的电极电势，以保证电池有足够高的输出电压；(2) 主体基质的分子量应尽可能小，以获得更高的单位重量比能量；(3) 主体基质发生深度嵌脱化学反应过程保持结构稳定，所涉及的电子转移数（n）要尽可能多，以成倍提高材料的能量密度。

2.1.4.1 聚阴离子型多电子体系

从周期表上看，第四周期的过渡金属元素从钛至锌以及镁、铝、硼、氮、硅、磷和硫都有两个或两个以上的变价，原则上都能实现两个或大于两个电子的转移，从而为电化学多电子反应的进行提供了可能性。在研究可替代的新型锂离子电池主体基质即电极材料的过程中，价格低廉、资源丰富、结构稳定性和化学稳定性较优异的聚阴离子型正极材料脱颖而出。聚阴离子型化合物是一类含有四面体阴离子结构单元化合物的总称。它们一般由 XO_4（X = Si、S、P、As 等）四面体通过共角或者共边连接成开放性的三维框架结构。其中，所有的氧离子都通过很强的共价键与阳离子构成稳定的（XO_4）聚阴离子基团，因此晶格中的氧不易失去，聚阴离子型化合物具有很好的结构稳定性和化学稳定性。目前，研究最多的是磷酸盐材料和正硅酸盐材料。与磷酸盐 $LiMPO_4$ 相比，正硅酸盐 Li_2MSiO_4 在形式上可以允许两个单位 Li^+ 的交换，理论比容量大于 320mA · h/g，是一种多电子嵌脱反应正极材料。

在正硅酸盐系列材料中，Li_2MnSiO_4 可以实现两个单位电子的转移，最高放电比容量达到 285mA · h/g，但其嵌脱反应的可逆性不理想，其原因可能是 Mn^{3+} 的 Jahn-Teller 效应引起的体积效应导致了材料结构的崩塌，以及 Li_2MnSiO_4 脱锂后的非晶化造成 Li_2MnSiO_4 和 $MnSiO_4$ 的相分离。与 Li_2MnSiO_4 材料相比，Li_2FeSiO_4 正极有更好的嵌脱反应的可逆性，是目前研究较多的一种聚阴离子型硅酸盐正极材料。原则上，Li_2FeSiO_4 有望通过锂位或铁位掺杂来改善材料的导电性。研究结果表明：通过水热法合成的锰掺杂 $Li_2Fe_{0.8}Mn_{0.2}SiO_4$ 正极材料在 60℃及 C/20 倍率下，首周放电容量达到 250mA · h/g，对应着 1.5 个电子的转移。

2.1.4.2 NASICON 型多电子体系

钠超离子导体（Nasicon）具有高锂离子迁移率和高放电容量，常被作为锂离子电池的正极材料进行研究。表 2-3 详细地列出了几种 Nasicon 型化合物的相关性质，性能比较优异的氧化还原离子对是硫酸盐结构中的 $Fe^{2+/3+}$ 以及磷酸盐结构中的 $Fe^{3+/4+}$。$M_2(XO_4)_3$ 结构由共角的四面体结构 $(XO_4)_n$（$X=Si^{4+}$、P^{5+}、S^{6+}、Mo^{6+} 等）以及八面体结构 M^{m+}（M=过渡金属元素）构成，碱性离子 A 可以占据两种不同的位置。在碱性离子 A 含量较低时（$A_xM_2(XO_4)_3$ 中 $x\leqslant1$），A 会有选择性地占据八面体间隙；当 $x>1$ 时，碱性离子 A 会随机地占据八面体间隙和 3 个由 8 个阴离子所围成的位置，如图 2-6 所示。这种开放三维结构允许离子 A 在两种位置之间进行简单的移动，所以材料具有非常高的离子迁移率。

表 2-3 具有 Nasicon 结构的锂离子嵌脱反应的主体基质

化合物	结构	氧化还原离子对	电势差/V	锂嵌脱量
$Fe_2(SO_4)_3$	R/M	$Fe^{3+/2+}$	3.6	2
$V_2Fe_2(SO_4)_3$	R	$V^{3+/2+}$	2.6	1.8
$LiTi_2(PO_4)_3$	R	$Ti^{4+/3+}$	2.5	2.3
$Li_{3-x}Fe_2(PO_4)_3$	M	$Fe^{3+/2+}$	2.8	1.6
$Li_{3-x}FeV(PO_4)_3$	M	$V^{4+/3+}$	3.8	1.6

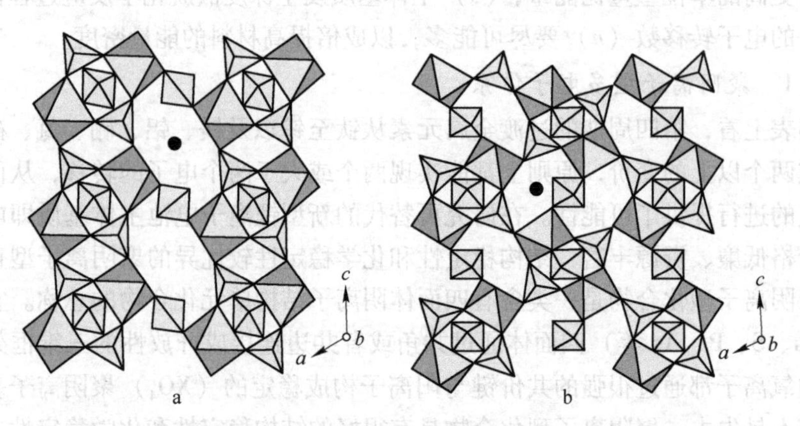

图 2-6 钠快离子导体的三方结构（a）和单斜结构（b）的示意图

嵌锂 Nasicon 型结构可转变为六方结构 $Fe_2(SO_4)_3$，其结构与同构的 $Fe_2(MoO_4)_3$ 和 $Fe_2(WO_4)_3$ 相似。这些物质中含有八面体空位的 Fe^{3+}，每个晶格中嵌入两个锂离子对应 Fe^{3+} 转化为 Fe^{2+}。$Li_xFe_2(SO_4)_3$ 具有 3.6V 开路电压（V_{oc}），而 $Fe_2(MoO_4)_3$ 和 $Fe_2(WO_4)_3$ 开路电压是 3.0V，六方结构 $Fe_2(SO_4)_3$ 与正交结构 $Li_2Fe_2(SO_4)_3$ 绝缘相之间存在结构转变，$Li_xFe_2(SO_4)_3$ 出现放电电压平台。锂离子处于多锂与少锂相之间的迁移，造成可逆容量下降。由于存在酸性更强的（XO_4）基团，V_{oc} 会随着 Fe—O 键的弱共价作用而增大，因此与 $(PO_3)^{3-}$ 相比，$(SO_4)^{2-}$ 阴离子由于其强酸性使电压上升 0.8V。

室温下 $Li_3Fe_2(PO_4)_3$ 可形成三种不同的晶体结构。依据 Byko 等人的研究，这三种结构分别是单斜 α-$Li_3Fe_2(PO_4)_3$（$P2_1/n$）、四方相 Nasicon 结构（R-3）以及正交 γ-$Li_3Fe_2(PO_4)_3$（Pcan）。这种含有互联间隙空间的聚阴离子结构是一种潜在的快离子导体，尤其是当结构中能量相等区域相互连接的时候。Goni 等人对于 α-$Li_3Fe_2(PO_4)_3$ 四方相磁化率以及 Mössabeur 效应的最新研究表明，在温度低于 $T_N=29K$ 时，磁 Fe(Ⅲ) 会经历一个反铁磁相转变。与此相似，四方相的相转变也被 Anderson 等人发现。γ-$Li_3Fe_2(PO_4)_3$ 材料可通过采用硝酸盐的溶胶凝胶法合成，其晶格参数分别为 $a=0.8827nm$，$b=1.23929nm$，$c=0.8818nm$。它的结构由八面体 FeO_6 以及四面体 PO_4 通过共角连接形成的灯笼状单元［$Fe_2P_3O_{12}$］组成。不对称的结构单元包含 3 个 PO_4 四面体以及 2 个 FeO_6 八面体。锂离子占据了 8d 位置，形成了无限 Li—O—Fe—O—Li 链，链由共边的 LiO_4 四面体和 FeO_6 八面体组成。图 2-7 所示为 Li//$Li_3Fe_2(PO_4)_3$ 电池的放电-充电曲线。Li^+ 电化学掺杂的 $Li_3Fe_2(PO_4)_3$ 可释放容量 128mA·h/g，Fe^{3+} 还原为 Fe^{2+}，从而形成 $Li_5Fe_2(PO_4)_3$。

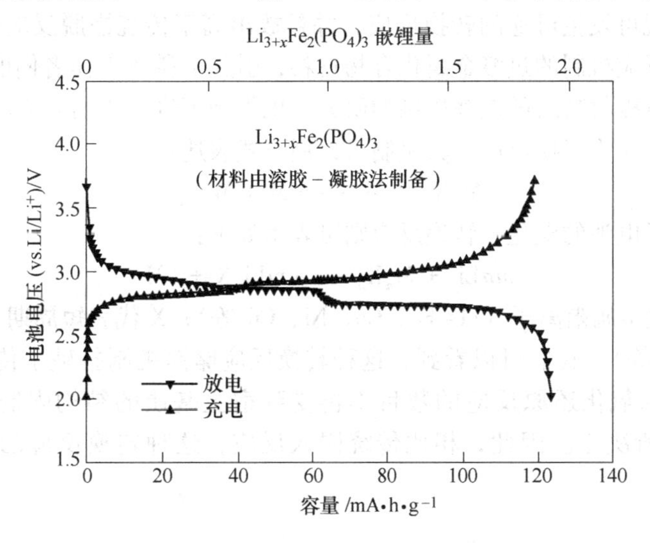

图 2-7 Li//$Li_3Fe_2(PO_4)_3$ 电池的放电-充电曲线

2.2 合金化反应

研究者们发现，锂可以与许多金属或非金属 M（M = Mg、Ca、Al、Si、Ge、Sn、Pb、

As、Sb、Bi、Pt、Ag、Au、Zn、Cd、Hg）在室温下形成金属间化合物，并且由于形成锂合金的反应通常是可逆的，因此能够与锂形成合金的金属或非金属从理论上都能够用作锂离子电池的负极材料。当这一类金属或非金属作为负极时，在放电过程中锂离子与之形成锂合金；在充电过程中，锂合金发生分解，又重新生成金属或非金属单质和锂离子，这一类反应被称为合金化反应，它是形成反应中非常重要也是最常见的一种类型。锂的合金化反应可以用下式表达：

$$xLi^{+} + M + xe^{-} \longleftrightarrow Li_{x}M \tag{2-12}$$

这一类反应最大的特点在于：锂合金中锂与其他金属的原子比例可大于1。在某些锂合金中，如锂锡、锂硅合金，x 值高达4.4。因此，这些金属或非金属负极都具有很高的理论储锂容量。硅的最大储锂容量达到了4200mA·h/g($Li_{4.4}Si$)，而锡也有994mA·h/g的可逆容量（$Li_{4.4}Sn$）。

2.3 转换反应

转换反应也被称作置换（Conversion）反应。这一概念最早是由法国人Tarascon于2000年在Nature杂志上提出来的。过去人们通常认为3d过渡金属氧化物中的金属元素不能与锂形成锂合金，如CoO、NiO、CuO、FeO等，因此它们不具备储锂性能。然而Tarascon团队制备了一系列的纳米级的金属氧化物，并发现这些氧化物可与锂离子发生多电子可逆的氧化还原反应，并获得高达700mA·h/g的比容量，他们将这一类反应称为“转换反应”。随后，一些过渡金属化合物，如氟化物、氮化物、磷化物、硫化物和硒化物等，都被陆续发现可发生可逆的转换反应，并释放出高于传统嵌脱反应数倍的储锂容量。因此，基于转换反应机制的过渡金属化合物材料，引起了科研工作者们的密切关注，对其用作锂离子电池电极材料时的储锂机制的研究，也得到了进一步的完善。

转换反应的本质为置换反应，其机制可以用下式表述：

$$M_{n}X_{m} + M' \longleftrightarrow M + M'X_{z} \tag{2-13}$$

而基于锂离子电池的电化学转换反应则可表示如下：

$$mnLi^{+} + M_{n}X_{m} \longleftrightarrow mLi_{n}X + nM \tag{2-14}$$

式中，M表示过渡金属阳离子（M=Fe、Co、Ni、Cu等）；X代表短周期B族阴离子（X=F、Cl、O、S、P等）。我们可以看到，这种转换反应储锂机制打破了传统嵌入型反应的框架，锂离子参与氧化还原反应的数目不再受到宿主基质的结构限制，而是由锂合物$Li_{n}X$中的含锂量所决定。因此，相比传统嵌入反应，这种转换反应的储锂容量可提高数倍。

2.4 其他反应机理

除去以上在储锂机理中占主导地位的嵌入、转换和合金化反应之外，近期的研究不断探索揭示了材料储锂过程更多的规律，为突破材料容量限制、进行结构和材料化学的设计提供了思路。

表层有机聚合物储锂机制。J. M. Tarascon等人在研究CoO储锂机制时发现，伴随充放电过程电极表面存在凝胶状低聚合物（CH_2CH_2O）$_n$的生成和分解，这种有机聚合物层不同于SEI膜，在循环过程中可提供一定的可逆容量。温兆银团队在研究中发现隔膜上磺酸化的还原氧化石墨涂层的磺酸根可捕获聚硫化锂，并与锂发生了可逆反应，从而提供了额外容量，其作用机理如图2-8所示。

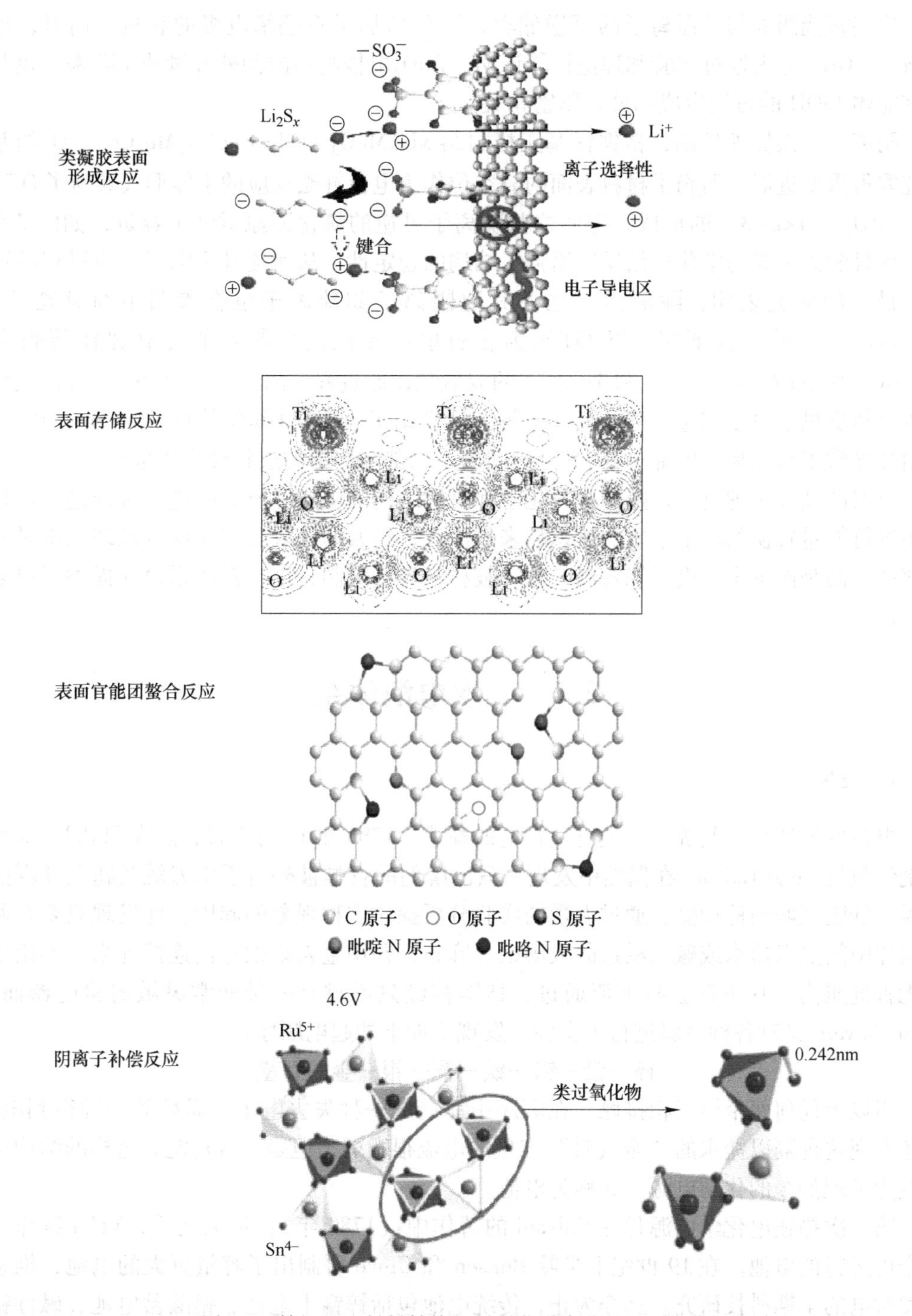

图2-8 储锂过程材料结构和材料化学变化的机理探索

表面吸附储锂机制，当材料的离子电导或电子电导足够高，而且传输速率是由移动电荷载体本身的自扩散系数决定时，在一定距离范围内会产生核电分离，分离表面吸附锂离子达到增加容量的效果，TiO_2电极材料呈现出表面可逆吸附锂离子的储锂机制。

表面官能团储锂反应机制，其中最为熟悉的材料就是掺入 O、S、N 等官能团的石墨烯，这些官能团参与了锂离子的可逆储存，明显增加了石墨烯电极的容量。而且，近期 Clare P. Grey 等人通过实验和理论计算证明，RuO_2电极材料的额外容量的主要来源也与表面官能团 LiOH 的可逆生成和分解紧密相关。

阴离子补偿储锂机制，富锂锰基正极材料 $x Li_2MnO_3 \cdot (1-x) LiNi_yMn_zCo_{1-y-z}O_2$的基础研究取得重要进展，明确了材料表面的氧空位作为电荷补偿反应的主体形式参与了 O^{2-}/O^- 或 O^{2-}/O_2^{n-}（$1<n<3$）的形成，进而这些阴离子可逆的氧化还原贡献了容量，如图 2-8 所示。而且阴离子参与电荷补偿反应增强了结构的稳定性，从而提升了电子反应过程的可逆性。最近的研究表明，除氧离子之外其他阴离子如硫离子也会参与电荷补偿反应。V. Dubois 等人的研究证实，以 $LiTiS_2$ 为靶材射频磁控溅射制备的含氧锂钛薄膜电极 $Li_{1.2}TiO_{0.5}S_{2.1}$存在 $S^{2-}/(S_2)^{2-}$和 Ti^{3+}/Ti^{4+}的双氧化还原过程，阴离子 $S^{2-}/(S_2)^{2-}$可逆氧化还原为材料提供了更多容量。M. Arsentev 等人计算结果表明，TiS_3结构中嵌入 Mg，Mg 含量的增加导致了硫化离子中部分 S—S 键的断裂，局部结构中的层状转化成带状。

材料的储锂机理复杂，随着材料化学和材料结构的可逆性研究的进一步推进，对化学电源进行能量转换的科学本质的认识越来越深入，经典的嵌入和转换反应机理也不是亘古不变的，而是向更全面更纵深发展，为突破材料容量限制、进行新体系设计提供了更多的可能性。

2.5 二次电池体系

2.5.1 发展

电池的发展最早起源于人类对生物电的疑惑。1786 年 11 月 6 日，意大利 Bologna 大学解剖学教授 Luigi Galvani 在偶然中发现一只已解剖的青蛙被外科手术刀触及腿上外露的神经时，蛙腿就剧烈地抽搐。通过大量的实验分析探讨这种现象的起因，他发现只要在两种金属片中间隔以盐水或碱水浸过的吸墨纸、麻布，并用金属线把它们连接起来，不论中间有无青蛙肌肉，其中都会有电流通过，蛙腿神经只不过是一种非常灵敏的验电器而已。Luigi Galvani 又对各种金属进行了实验，发现了如下的起电顺序：

锌—铅—锡—铁—铜—银—金—石墨

当以上任何两个金属相接触，在顺序中靠前的一种失去电子，靠后的一种得到电子。他还发现这种隔以盐水的“金属对”产生的电流很微弱，但是非常稳定。这样的结构逐渐演变为了现如今的化学电源，又称为电池。

第一次描述电化学电源是在 Galvani 的著作中（1789 年），不久之后，Volta 制作了第一个可运行的电池。在 19 世纪上半叶 Bunsen 和 Grove 研制出了容量更大的电池，推动了人类对电的早期科技研究。迄今为止，传统电池包括锌锰干电池、铅酸蓄电池、碱性锰电池、锌-汞、银-锌电池等，仍然在工业中占据重要位置。但是，为满足一些特殊用途需要的新型电池体系也已开发出来，比如登月载人飞船需要比当时电池更轻的体系，低温 H_2/O_2的燃料电池应运而生。同样，传统电池缺乏足够高的功率密度和能量密度，现代便携式电子应用设备制造商对电池性能的要求不断提高，以及电动汽车和新能源发展的应用需求，这些持续的压力促进了镍氢（Ni-MH）电池和锂离子电池等化学储能装置的开发。

2.5.2　电池的分类和基本组成

电池是一种将物质的化学能直接转化为电能的装置和系统。它种类繁多、形式多样，又因为自身独特的优点，所以有着其他能源不可替代的重要地位。化学电池的基本组成如图 2-9 所示，包括两个电极、电解质、电极隔板、电池壳体。按化学电源中的电解质种类分，可将其分为碱性电池、酸性电池、中性电池、有机电解质电池和固体电解质电池。按化学电源的工作性质及贮存方式，可将其分为一次电池、二次电池及其他电池（如图 2-10 所示）。

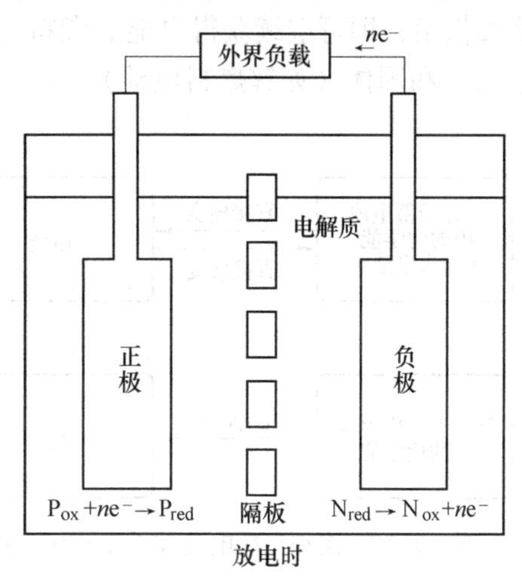

图 2-9　电池的基本构造

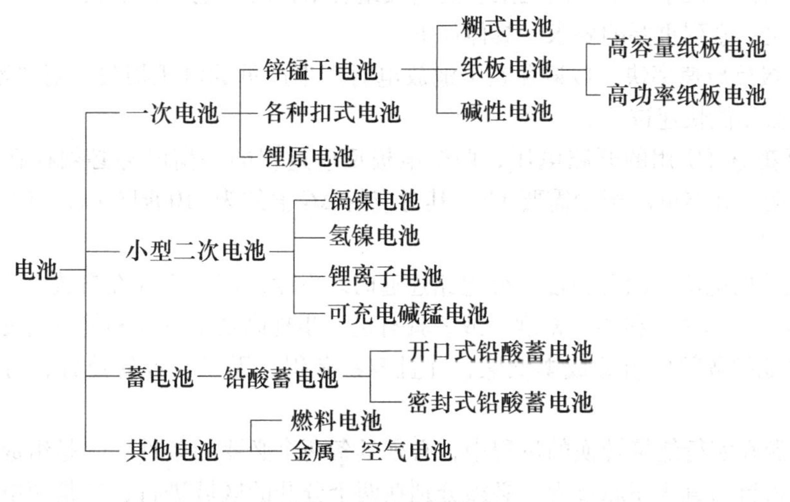

图 2-10　电池的分类

一次电池（Primary Batteries），即原电池（Nonrechargeable Batteries）。一次放电后，其内部物质便会产生化学变化而使电池终止使用，不能重复充电再使用，如锰干电池、碱锰干电池等。

二次电池（Secondary Batteries）。其中的化学反应为可逆变化，即放电时的内部物质发生变化后可以再次充电。由外部加入反方向的电流使化学变化后的物质恢复原状，重新使用。它是可以多次重复进行充电、放电使用的电池，如汽车常用的铅酸电池等。图 2-11 显示了这两类电池的区别。

以上的电池类型中，电化学活性组分是电极构造的一部分。连续电池，如图 2-12 所示的氯气/氢气电池，必须由外界向其中输入电化学活性组分（即反应物 H_2、Cl_2等），输出反应产物（HCl 等）才能连续产生电能。与传统电池相比，这类电池的优势很明显，只要有充足的燃料补充，就能连续和无限地输出电能。燃料电池（Fuel Cell）是连续电池，一种将燃料与氧化剂中的化学能直接转化为电能的发电装置，只要将燃料即化学反应物质连续供给，即可继续获得电能。燃料可分为气体（如氢氧燃料电池）、液体（如甲醇燃料电池）和固体（如锌燃料电池）。

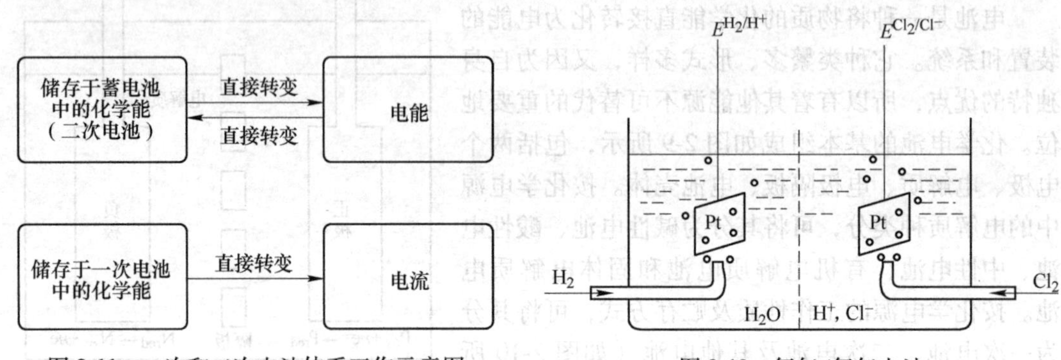

图 2-11　一次和二次电池体系工作示意图　　图 2-12　氯气/氢气电池

从理论上说，几乎可以找出无限多的电极组合来构成电池，但从技术上讲，可行的体系还需要满足一系列重要的要求。具体如下：

（1）电极反应速率快，以避免在电池放电时产生严重的电压损失。对二次电池而言，充电反应也必须能快速进行。

（2）要获得可实用的开路电压，两个电极反应过程的平衡电势必须存在足够大的差异。研究表明，开路电压至少需要 1V，其对应的 ΔG 值约为-100kJ/mol，可获得的工作电压不低于 0.5V。

（3）电池的电活性组分只能在外电路连通时才发生反应，不存在自放电现象。

（4）高的功率密度和能量密度，或者具有进一步提高功率密度和能量密度的潜力。

（5）电池的各部件组分成本低廉，并且容易获得、无毒、容易处置、对环境无负面影响。

化学电源在实行能量转换的过程中，必须具备两个必要的条件：一是组成化学电源的两个电极上进行的氧化还原过程，必须分别在两个分开的区域进行；二是两电极的活性物质进行氧化还原反应时，所需电子必须由外电路传递，这一点区别于金属腐蚀过程的微电极反应。如果在两个空间分离的电极上发生化学反应，那么就会在连接两个电极的外电路中产生电流。一般来说，假如基本化学反应的自由能变化是 ΔG，那么 $\Delta G+nFE_{cell}<0$；只有在可逆反应中才有 $\Delta G=nFE_0$，其中 E_0为开路电压。电池实现了将化学能向电能的转变。

2.5.3　电池热力学基础

化学电源是一种将化学能直接转换成电能的装置。体系在等温等压条件下发生变化时，吉布斯自由能的减少等于对外所作的最大非膨胀功，若非膨胀功只有电功，则有：

$$\Delta G^0 = -nFE^0 \tag{2-15}$$

式中，F 为法拉第常数（96486C 或 26.8A·h）；n 是电极反应所包含的电子数；E^0是电极反应的电动势。

设电池内部进行的化学反应为：

$$aA + bB \longrightarrow eE + fF$$

式中，A、B 为反应物；E、F 为生成物；a、b、e、f 为反应系数。

用 a_i 表示某个组分的活度，K 表示反应的平衡常数。根据热力学等温方程式，有：

$$\Delta G = - RT + RT\ln \frac{a_E^e g a_F^f}{a_A^a g a_B^b} \tag{2-16}$$

2.5.4 容量

电池的容量是电池性能的重要指标之一，单位质量的正负极活性物质能放出的电量即是电池的理论容量。它表示在一定的放电条件下可以从电池中获得的电量，通常以安培·小时（A·h）为单位。电池在工作时，通过正极和负极的电量总是相等的。实际电池的容量决定于容量较小的那一个电极，而不是正极容量与负极容量之和。电池容量可分为理论容量、标称容量、额定容量和比容量。

由法拉第定理知，在电极上，参加化学反应的物质的量与通过的电量成正比，即电池的电量和反应物的克当量数成正比，每个电极或整个电池反应的比容量 C_{th} 的理论值为：

$$C_{th} = \frac{nF}{M} \tag{2-17}$$

式中，M 是电活性组分的相对分子质量。

那么，理论容量以 A·h/kg 表示，得到：

$$C_{th} = m/q \tag{2-18}$$

式中，m 是活性物质完全反应的质量；q 为活性物质的电化当量，g/(A·h)。

标称容量是指在一定放电条件或放电制度下，电池实际放出的电量。放电制度包括电池的放电电流强度、温度和终止电压等。

恒电流放电时：

$$C = I \times T \tag{2-19}$$

恒电阻放电时：

$$C = \int_0 TI\mathrm{d}T = 1/R\int_0^T V\mathrm{d}T \tag{2-20}$$

近似计算公式为：

$$C = 1/RV_{平}T \tag{2-21}$$

式中，I 为放电电流；R 为放电电阻；T 为放电至终止电压的时间；$V_{平}$ 为电池的平均放电电压。

额定容量是指设计和制造电池时，规定电池在一定的放电条件下放电到一定终止电压的容量。通常情况下，实际的容量比厂家保证的最低限度容量高出 5%~15%。

为了对不同的电池进行比较，常常引入比容量这个概念。比容量是指单位重量或单位体积的电池（或活性材料）所给出的容量，分别称为重量比容量（A·h/kg）或体积比容量（A·h/m^3）。

2.5.5 电压

电动势是电池电压的最高限度，电化学反应 Gibbs 自由能的变化与电池体系的电动势之间符合能斯特（Nernst）方程，不同电极组成的电池的电动势是不同的。开路电压是指电池没有负荷的情况下正负极两端的电压。工作电压是指电池工作时实际输出的电压，其大小随电流密度和放电程度不同而变化。恒电流或恒电阻负载条件下进行放电时，电池电压随时间的变化叫做放电特性。理想情况下，电压应在可用的电活性组分耗尽前保持恒定，然后突然降为零。但是，实际情况如图 2-13 所示，电压随时间而衰减，这种衰减源于两个主要因素：

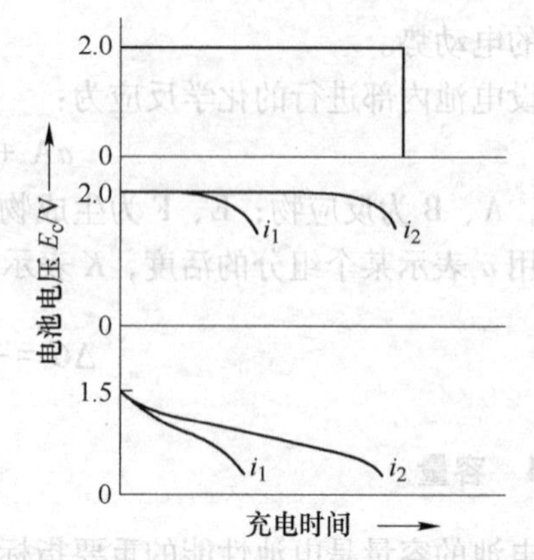

图 2-13 在恒定电流载荷下，电池的理想放电特性曲线（上）、铅酸蓄电池在两组不同电流下放电时的特性曲线（中，$i_1=2i_2$）和锌锰干电池的放电特性曲线（下）

（1）随着电极中活性组分的消耗，其可用的有效表面积降低，在恒电流条件下放电时，对应的实际电流密度就会增加，结果导致电荷转移阻抗增加并产生浓差极化。

（2）放电反应最初主要在电极的外表面进行，物质传输较快。然而，随着放电反应的进行，电极反应逐步向电极结构内部转移，从而导致扩散电阻的增加。这一现象在铅酸蓄电池中尤为显著，其中反应产物 $PbSO_4$ 要占据比金属铅高 3 倍和比 PbO_2 高 1.5 倍的体积，导致多孔电极结构的孔径变窄，极化增大。

由于电极活性组分的消耗以及随放电电流的提高，导致电池电压的下降。而且，电池中除去活性组分外，还包含电极中的非活性组分、电极集流器、隔板、电解液溶剂、电池外壳等，因此根据电池的实际使用条件，实际上通常只能获得理论能量密度的10%~25%。

铅酸蓄电池在恒电流情况下的充电电压随时间变化的规律，如图 2-14 所示。在电流恒定情况下，当充电过程接近完成时，充电电压会迅速升高，最终将高到足以分解电解液的程度。如果电解液的分解电压只比完成充电所需的电压略高，那么将很难防止电解液在一定程度上发生电解反应。

2.5.6 能量与功率

电池的能量，指可逆电池在恒温恒压下所做的最大功。

$$W_{th} = C_{th}E_0 \tag{2-22}$$

功率是在一定的放电制度下，单位时间内电池输出的能量，单位通常为瓦（W）或千瓦（kW）。单位重量或单位体积的电池输出功率为比功率，单位为 W/kg 或 W/L。理论上，电池的功率可以表示为：

$$P_{th} = \frac{W_{th}}{t} = C_{th}\frac{E_0}{t} = It\frac{E_0}{t} = IE_0 \tag{2-23}$$

式中，W_{th}是电池的理论能量；t 是放电时间；C_{th}是电池的理论容量；I 是恒定电流。而实际功率：

$$P = IV = I(E - IR_{内}) = IE - I^2R_{内} \tag{2-24}$$

式中，$I^2R_{内}$是消耗于电池全内阻上的功率，这部分功率对负载是无用的。

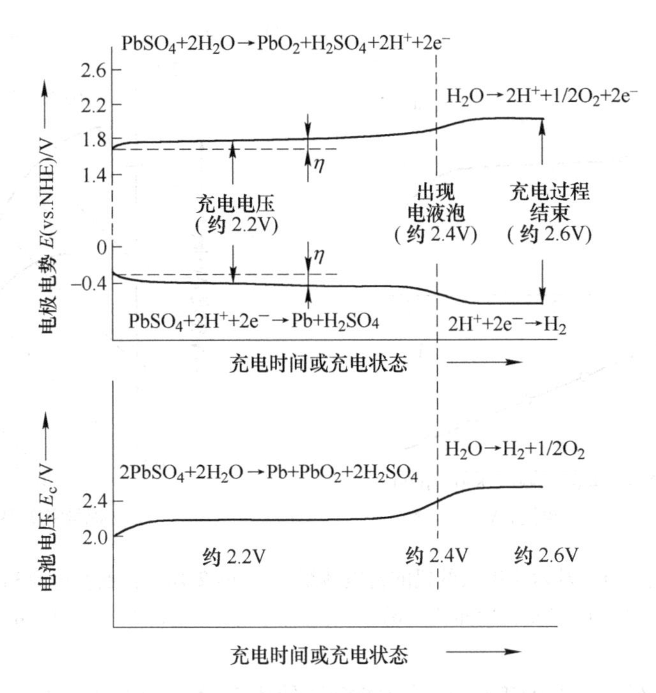

图 2-14 铅酸蓄电池的充电特性曲线
（图中所示为电极电势和电池电压在 5h 恒电流充电时间内随时间的变化关系）

将上式对 I 微分，令其微商等于 0，可求出电池输出最大功率的条件：

$$\frac{dy}{dx} = E - 2IR_{内} = 0 \tag{2-25}$$

因为：
$$E = I(R_{内} + R_{外}) \tag{2-26}$$

所以：
$$E - 2IR_{内} = I(R_{内} + R_{外}) - 2IR_{内} = 0 \tag{2-27}$$

即：
$$R_{内} = R_{外} \tag{2-28}$$

而且 $d^2P/dI^2 < 0$，所以 $R_{内} = R_{外}$是电池功率达到极大的必要条件。

电池功率密度单位质量或单位体积的功率，它的单位是 W/kg 或 W/L。功率通常存在一个最大值，实际上，如果 E 和 I 之间存在线性关系，那么最大功率 P_{max}将出现在 $E = E_{c,0}/2$ 位置。如图 2-15b 中的 12V 铅酸蓄电池 $P_{max} = 3.6\text{kW}$，对应的功率密度为 250W/kg，远高于锌锰干电池功率密度（约为 10W/kg），但比起内燃机而言（约为 1000W/kg）还是低很多。铅酸蓄电池的最大功率出现在大电流即放电时间很短的情况下，如图 2-16 所示，但在如此高的放电电流下电池的能量密度相对较低。

2.5.7 效率与寿命

库伦效率即电流效率是放电过程与充电过程中流过的电荷总数之比，通常采用电池的放电容量与充电容量的百分比来表示，可以表征二次电池充放电可逆性，是决定电池寿命的重要参数。库伦效率的大小与电极材料的结构稳定性以及电极/电解液的界面稳定性有关。一般而言，电极材料结构的破坏以及电解液的分解都会导致库伦效率降低。

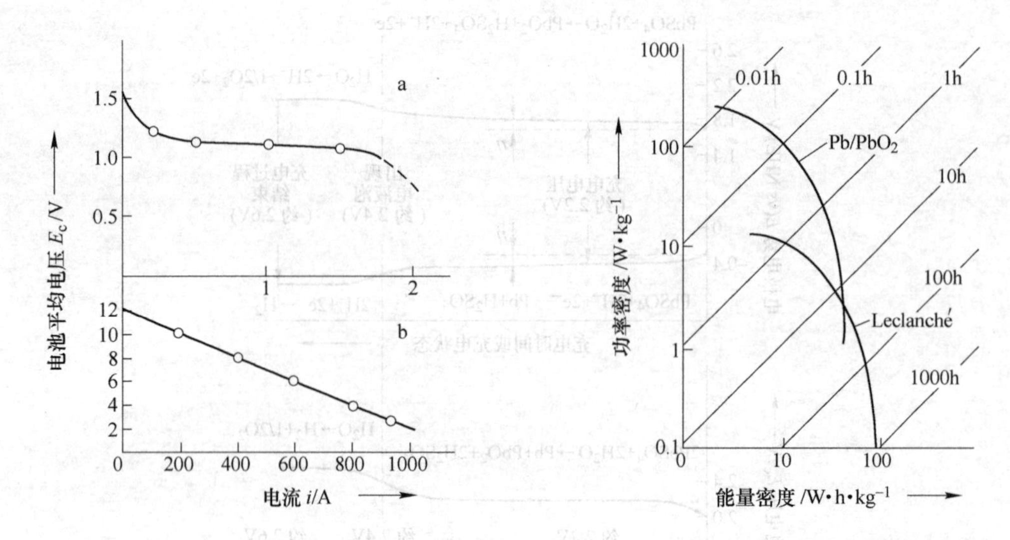

图 2-15　锌锰干电池（a）及六个串联的铅酸蓄电池组（12V，45A·h）的伏安特性曲线（b）

图 2-16　铅酸蓄电池和锌锰干电池的功率密度及与之相应的能量密度关系

对于一次电池而言，电池寿命主要是指搁置使用寿命，即在没有负荷的条件下电池放置后达到所规定的性能指标所需的时间。电池寿命与自放电和电池的使用条件有关，如工作电流、温度。对二次电池来说，电池寿命除了搁置使用寿命外，更重要的是充放电循环寿命（Cycle Life），其中，电池的库伦效率大小在很大程度上决定了二次电池的循环寿命。除此之外，使用寿命（Calendar Life）也通常被应用于衡量电池的寿命。电池的寿命与多方面因素有关：在电极方面，反复的充放电使电极活性表面积减小，极化增大；活性材料结构发生变化，部分活性材料失去活性；随着循环的进行，活性材料和集流体会发生腐蚀；活性材料之间的接触变差，部分活性颗粒从集流体上脱离。在电解质溶液方面，电解液或锂盐发生分解使离子电导性变差，在电极与电解液的接触界面上沉积大量的复分解产物，阻碍锂离子扩散，增大电池阻抗。可见，电池的库伦效率和寿命是电池内部电化学反应性能的综合表现。

思考题与习题

2-1　电化学体系中电子导体和离子导体是如何形成电流回路的?

2-2　电池体系中除经典的脱嵌反应、合金化反应和转换反应之外，目前的研究进展中新提出了哪些新型的能量存储和转化的可逆反应机理?

2-3　电池在生活中各个方面应用广泛，请举例说明属于不同类别的电池的名称。

2-4　写出电池 Zn | $ZnCl_2$(0.1mol/L, $\gamma_{\pm}$=0.5) | AgCl(s) | Ag 的电极反应和电池反应，并依据标准电极电势计算该电池在25℃时的电动势。

2-5　设计 10A·h 的电池，其中采用的正极材料是 $LiNi_{1/3}Co_{1/3}Mn_{1/3}O_2$、负极是石墨，计算至少需要正极和负极材料各多少克?

2-6　电池的寿命可以从哪些角度进行考量，这些指标有什么区别?

参 考 文 献

[1] 黄华奇，陈福盛，黄荣．基本化学反应形式的系统分类［J］．大学化学，2016，31（10）：89~94.

[2] 艾新平，杨汉西．高比能电池新材料与安全性新技术研究进展Ⅱ．基于多电子反应的高能量密度电极材料［J］．电化学，2010，16：239.

[3] Gao X P, Yang H X. Multi-electron reaction materials for high energy density batteries [J]. Energ Environ Sc., 2010, 3: 174.

[4] 杨勇．电化学丛书：固态电化学［M］．北京：化学工业出版社，2017：268~280.

[5] Chebiam R V, Prado F, Manthiram A. Soft Chemistry Synthesis and Characterization of Layered $Li_{1-x}Ni_{1-y}Co_yO_{2-\delta}$ ($0 \leq x \leq 1$ and $0 \leq y \leq 1$) [J]. Chem. Mater., 2001, 13: 2951.

[6] Dahn J R, Fuller E W, Obrovac M, et al. Thermal stability of Li_xCoO_2, Li_xNiO_2 and λ-MnO_2 and consequences for the safety of Li-ion cells [J]. Solid State Ionics, 1994, 69: 265.

[7] Christian Julien, Alain Mauger, Ashok Vijh, et al. Lithium Batteries Science and Technology [M]. Springer International Publishing Switzerland, 2016: 75~80.

[8] Van der Ven A, Aydinol M K, Ceder G, et al. First-principles investigation of phase stability in Li_xCoO_2 [J]. Phys. Rev. B, 1998, 58: 2975.

[9] Winter M, Besenhard J O, Spahr M E, et al. Insertion electrode materials for rechargeable lithium batteries [J]. Adv. Mater., 1998, 10: 725.

[10] Broussely M, Biensan P, Simon B. Lithium insertion into host materials: the key to success for Li-ion batteries [J]. Electrochim. Acta, 1999: 45: 3.

[11] Wang J, Raistrick I D, Huggins R A. Behavior of Some Binary Lithium Alloys as Negative Electrodes in Organic Solvent-Based Electrolytes [J]. J Electrochem. Soc., 1986, 133: 457.

[12] Besenhard J O, Hess M, Komenda P. Dimensionally Stable Li-Alloy Electrodes for Secondary Batteries [J]. Solid State Ionics, 1990, 40-1: 525.

[13] Poizot P, Laruelle S, Grugeon S, et al. Nano-sized transition-metaloxides as negative-electrode materials for lithium-ion batteries [J]. Nature, 2000, 407: 496.

[14] Cabana J, Monconduit L, Larcher D, et al. Beyond Intercalation-Based Li-Ion Batteries: The State of the Art and Challenges of Electrode Materials Reacting Through Conversion Reactions [J]. Adv. Mater., 2010, 22: E170.

[15] Song H K, Lee K T, Kim M G, et al. Recent Progress in Nanostructured Cathode Materials for Lithium Secondary Batteries [J]. Adv. Funct. Mater., 2010, 20: 3813.

[16] Pérès J P, Perton F, Audry C, et al. A new method to study Li-ion cell safety: laser beam initiated reactions on both charged negative and positive electrodes [J]. J. Power Sources, 2001, 97~98: 702.

[17] Spotnitz R, Franklin J. Abuse behavior of high-power, lithium-ion cells [J]. J. Power Sources, 2003, 113: 81.

[18] Dimesso L, Förster C, Jaegermann W, et al. Developments in nanostructured $LiMPO_4$ (M = Fe, Co, Ni, Mn) composites based on three dimensional carbon architecture [J]. Chem. Soc. Rev., 2012, DOI: 10.1039/C2CS15320C.

[19] Hautier G, Jain A, Ong S P, et al. Phosphates as Lithium-Ion Battery Cathodes: An Evaluation Based on High-Throughput ab Initio Calculations [J]. Chem. Mater., 2011, 23: 3495.

[20] Gong Z, Yang Y. Recent advances in the research of polyanion-type cathode materials for Li-ion batteries [J]. Energ. Environ. Sci., 2011, 4: 3223.

[21] Arroyo-de Dompablo M E, Armand M, Tarascon J M, et al. On-demand design of polyoxianionic cathode

materials based on electronegativity correlations: An exploration of the Li_2MSiO_4 system (M=Fe, Mn, Co, Ni) [J]. Electrochem. Commun., 2006, 8: 1292.

[22] Armstrong A R, Lyness C, Ménétrier M, et al. Structural Polymorphism in Li_2CoSiO_4 Intercalation Electrodes: A Combined Diffraction and NMR Study [J]. Chem. Mater., 2010, 22: 1892.

[23] Kokalj A, Dominko R, Mali G, et al. Beyond one-electron reaction in Li cathode materials: Designing $Li_2Mn_xFe_{1-x}SiO_4$ [J]. Chem. Mater., 2007, 19: 3633.

[24] Li Y X, Gong Z L, Yang Y. Synthesis and characterization of Li_2MnSiO_4/C nanocomposite cathode material for lithium ion batteries [J]. J. Power Sources, 2007, 174: 528.

[25] Dominko R. Li_2MSiO_4 (M = Fe and/or Mn) cathode materials [J]. J. Power Sources, 2008, 184: 462.

[26] Dominko R, Sirisopanaporn C, Masquelier C, et al. On the Origin of the Electrochemical Capacity of $Li_2Fe_{0.8}Mn_{0.2}SiO_4$ [J]. J. Electrochem. Soc., 2010, 157: A1309.

[27] 卡尔·H·哈曼，安德鲁·哈姆内特，沃尔夫·菲尔施蒂希．电化学[M]．陈艳霞，夏兴华，蔡骏译．北京：化学工业出版社，2016：336~343.

3 电池储能技术

电池储能是将电能以化学能的形式进行存储和释放，具备快速响应、精确控制、稳定输入输出等特性，在发电优化、削峰填谷、调频调峰、改善电能质量、可再生能源并网、微网管理方面将发挥越来越重要的作用。本章主要介绍了电池储能技术的优势和应用前景，着重学习电池储能对应电化学反应的热力学基础，掌握电池的主要种类包括铅酸电池、镍氢电池、锂硫电池、锂空气/氧气电池、液流电池和钠电池的基本构成、工作原理、关键材料和技术发展趋势。

3.1 电池储能技术应用前景

相对于传统的抽水蓄能和火电机组，电池储能技术在调频、调峰上正在逐步表现出颠覆性的能力，具体包括：

（1）提高发电机组效率。在火力发电厂安装电池储能系统，可以在负荷快速波动时启动储能装置，保持出力平稳，使火电机组运行在比较经济的出力区间，提高机组效率，在一定程度上降低煤耗，减少煤炭燃烧对环境的污染，在相同发电量的情况下促进增效减排，提高发电厂的经济效益。另外，可利用储能装置变流控制器设计虚拟同步机（AGC），方便发电机组并网管理。

（2）电网负荷削峰填谷。在电网接入电池储能电站，可以在电源端供电和用户端用电不均衡时提供额外电力消纳和供应，防止用电紧张或供电冗余。在用户负荷侧接入电池储能电站，在节省容量投资的同时，确保电能质量，提高用电可靠性。用户利用峰谷价差，低谷充电、高峰放电，不仅可以减少购电费用，客观上也帮助电网降低峰谷差，改善了负荷特性，减少了系统备用容量的需求与输电网的潮流压力，进而提高输配电设备的利用率，延缓或减少电网的设备投资。

（3）优化可再生能源并网。风力发电、光伏发电站建设快速推进，但由于新能源发电的间歇波动特性以及电网消纳能力限制，有些地区出现了弃风和弃光的现象，甚至每年达到465 亿 kW·h。电池储能技术可以提高新能源发电输出功率的可控性与稳定性，提高电能质量，从而帮助风力发电、光伏发电等能被电网平滑接入，全额消纳。

（4）参与电力辅助服务。大规模电池储能（100MW·h 以上）因其响应速度快和控制精准以及具有双向调节等特性，在电网调频/调峰、改善电能质量等电力辅助服务方面，具有巨大应用前景与价值，独立的可被电网直接调度的电池储能电站不仅可以保证电网的供电安全，也可以提高局部地区电能质量。大规模电池储能应用于电力辅助服务将有望颠覆传统的电网设计理念和运行规则，推动电池储能技术的快速发展。

（5）优化分布式发电及微电网系统并网。分布式发电及微电网系统具有能独立运转或者并网、接近电力消费终端、容量相对较小（家用kW 级到园区几十 MW 级）等特点。近年来，家用分布式光伏发电快速发展，园区微网建设逐步启动，电池储能单元可起到抑制系统和输出功率的扰动、用于短时过渡供电、调峰填谷、保持电压频率稳定、提供可靠备用电源、提高系统并网运行可靠性和灵活性等作用。

（6）电动汽车电池响应电网调用。由于电动汽车较长时间处于停止状态，车载动力电池作为储能单元，与电网的能量管理系统建立通信，可实现电动汽车与智能电网能量转换互补，简称 V2G 技术。随着电动汽车规模不断扩大，V2G 技术将使电动汽车有可能在电网系统调峰调频、电能质量保证和备用电源等应用上发挥不可忽视的作用。

3.2　铅酸电池

铅酸电池有超过百余年的发展历史，自从被发明以来，因其价格低廉、原料易得、性能稳定、宽工作温度范围等优势，已成为世界上用途最广泛的蓄电池品种，占据着固定储能市场的主导地位。同时，在发展过程中不断更新技术，现已被广泛应用于汽车、通信、电力等各个领域。

3.2.1　基本构成和工作原理

铅酸电池是由法国物理学家 French Gaston Plante 于 1859 年发明的，是第一种商业化应用的可逆电池。铅酸电池主要组成包括正极板、负极板、板栅、电解液以及电池壳和盖板，其结构如图 3-1 所示。其中，正极的活性物质是过氧化铅 PbO_2，负极的活性物质是海绵状铅，稀硫酸为电解液。电池符号为：

$$(-)Pb \mid H_2SO_4(\rho=1.2\sim1.31) \mid PbO_2(+)$$

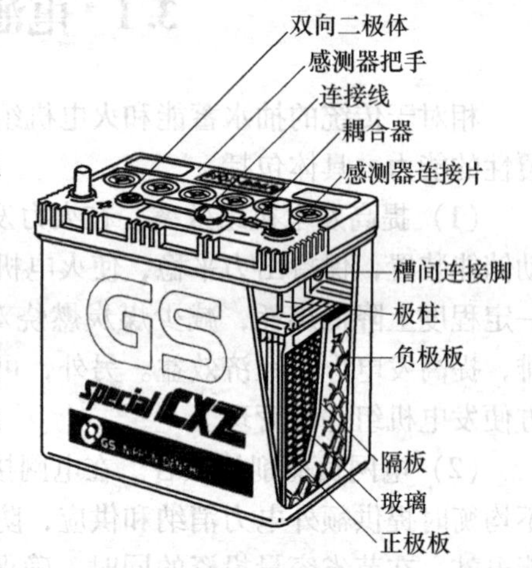

图 3-1　铅酸蓄电池的基本构造

1882 年，J. H. Glandstone 和 A. Tribe 提出了解释铅酸电池成流反应的“双硫酸盐化”理论，至今仍广为应用，并得到了实验的证实。铅酸电池充放电过程中发生的成流反应如下：

$$PbO_2 + Pb + 2H_2SO_4 \longrightarrow 2PbSO_4 + 2H_2O \tag{3-1}$$

铅酸电池的基本工作原理如图 3-2 所示。铅酸电池放电时，负极板上每个铅原子放出两个电子，生成的铅离子与电解液中的硫酸根离子反应，在极板上生成难溶的硫酸铅（见式（3-2））。在电池的电位差作用下，负极板上的电子经负载进入正极板形成电流，正极板的铅离子得到来自负极的两个电子转变为二价铅离子，并与电解液中的硫酸根离子反应，在极板上生成难溶的硫酸铅（见式（3-3））。正极板水解出的氧离子与电解液中的氢离子反应，生成稳定物质水。电解液中存在的硫酸根离子和氢离子在电场的作用下分别移向电池的正负极，形成回路，电池向外持续放电。反复放电过程中硫酸浓度不断下降，正负极上的硫酸铅增加，由于硫酸铅不导电，电池内阻增大，电解液浓度下降，电池电动势降低。

铅酸电池充电过程，在外接直流电源，使正、负极板在放电后生成的物质恢复成原来的活性物质，并把外界的电能转变为化学能储存起来。在正极板上，在外界电流的作用

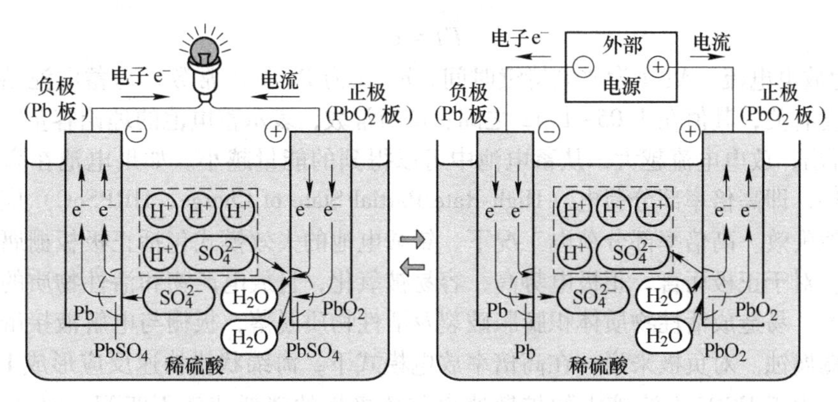

图 3-2 铅酸电池的基本工作原理示意图

下，硫酸铅被离解为二价铅离子和硫酸根负离子，正极板附近游离的二价铅离子被氧化成四价铅离子，并与水继续反应，最终在正极极板上生成二氧化铅。在负极板上，在外界电流的作用下，硫酸铅被离解为二价铅离子和硫酸根负离子，由于负极不断从外电源获得电子，则负极板附近游离的二价铅离子被中和为铅，并以绒状铅附在负极板上。电解液中，正极不断产生游离的氢离子和硫酸根离子，负极不断产生硫酸根离子，在电场的作用下，氢离子向负极移动，硫酸根离子向正极移动，形成电流。

$$Pb+SO_4^{2-}\underset{充电}{\overset{放电}{\rightleftharpoons}}PbSO_4+2e^- \tag{3-2}$$

$$PbO_2+4H^++SO_4^{2-}+2e^-\underset{充电}{\overset{放电}{\rightleftharpoons}}PbSO_4+2H_2O \tag{3-3}$$

在传统铅酸电池的基础上发展出两种结构新式的铅酸电池，分别是卷绕式铅酸电池与水平铅酸电池。卷式电极铅酸电池，是由美国的 XIDE 公司和瑞典的 OPTIMA 公司分别研制，近些年来其性能参数得到了很大的提高：容量可为 1A · h～20kA · h，质量比能量为 30～45W · h/kg，体积比能量为 80W · h/L，循环使用寿命可达到 250～1600 次，没有记忆效应。单元电池选用拉网板栅，按照卷绕的曲率半径不同，极耳在板栅上呈不等距分布，用玻璃棉隔板将正负极隔开，并在一定组装压力下将它们紧密缠绕在一起。因为极板非常薄，采用压延铅合金的方式制成，并卷绕成圆柱状的极群，所以大幅度增加了电池的比功率。由于电极的表面积大，充放电时电极上的电流密度变小了，降低了电化学极化。极板间较高的压力可以维持电极间较低的接触电阻，降低放电过程中的欧姆压降。卷绕式铅酸电池循环使用寿命长、耐冲击、耐振动，给铅蓄电池提供了更大的发展空间。

水平铅酸电池具有比能量高、功率大与充电速度快等优点，它的结构设计为新型板栅材料（铅布）和准双极性电池构成，满足了电动自行车的要求。铅布作为铅酸电池的板栅材料，是将玻璃纤维外的包覆金属铅进行挤压、拉丝、编织后成型。它具有电阻率低、抗拉强度高、耐腐蚀性强等特征，并且能够缓冲活性物质伴随循环而产生的形变。玻璃纤维的强度大，在增强铅布强度的同时，还能降低铅布的质量。因为以纤维丝为核心，所以极板尺寸较为稳定，无需再用锑、钙或其他合金来提高极板的机械强度，选用纯铅或铅合金来代替，可以降低充电时产生的析气，减少正极板栅的腐蚀。

3.2.2 铅酸电池的失效机理

铅酸电池的性能可以用普克特（Peukert）方程来描述：

$$I^n t = C \tag{3-4}$$

式中，I为放电电流，A；t为放电持续时间，h；n为 Peukert 常数，与蓄电池结构，特别是极板厚度有关，其值在 1.05~1.42 之间；C为常数，表示蓄电池的理论容量。由式（3-4）可以看出，放电电流越大，从蓄电池中可以得到的能量越小。如果电池在高电流密度条件下循环，即高倍率部分荷电（High-Rate Partial State of Charge，HRPSoC）应用，很容易导致电池失效。高倍率部分荷电工况下，铅酸电池的失效模式包括正极板栅腐蚀、负极硫酸盐化。对于正极而言，正极电势高，容易被氧化，且放电产物和活性物质的摩尔体积相差比较大，易造成活性物质体积膨胀破裂及活性物质脱落，板栅与电解液接触，从而导致正极板栅腐蚀。对负极来说，在高倍率放电模式下，海绵状铅快速反应形成 $PbSO_4$，见式（3-5）。由于 HSO_4^- 在溶液中的扩散速率与负极板的消耗速率不匹配，HSO_4^-来不及供应，导致成核速率大于生成速率，生成的 $PbSO_4$会在海绵状铅以及已经沉积的硫酸铅表面结晶，形成 $PbSO_4$紧密堆积层，这将减少电子转移的有效表面积，同时进一步阻碍 HSO_4^- 与活性物质铅接触，如图 3-3a 所示。当进行充电时，$PbSO_4$晶体溶解，Pb^{2+}迁移到金属表面，电子从金属表面转移到 Pb^{2+}形成 Pb 原子，Pb 原子生长并嵌入到不断长大的 Pb 晶体晶格内，成为海绵状铅，见式（3-6）。由于 $PbSO_4$为不良导体，$PbSO_4$堆积层内部的硫酸铅反应不完全。而较大的充电电流下负极板电位快速增加，在内部 $PbSO_4$反应前，容易造成负极上水参与反应，即水中的氢离子还原为氢气，如图 3-3b 所示，限制了硫酸铅的完全转化。随着大电流充放电循环次数的增多，将加速硫酸铅在负极表面的堆积，最终导致负极板充电接受能力下降，电池失效。铅酸电池在储能和动力汽车应用领域的失效模式主要在于负极的硫酸盐化。

$$Pb + HSO_4^- + 2e^- \xrightarrow{\text{溶解}} Pb^{2+} + SO_4^{2-} + H^+ \xrightarrow{\text{沉积}} PbSO_4 \tag{3-5}$$

$$Pb + HSO_4^- \xleftarrow{\text{沉积}} Pb^{2+} + SO_4^{2-} + H^+ + 2e^- \xleftarrow{\text{溶解}} PbSO_4 \tag{3-6}$$

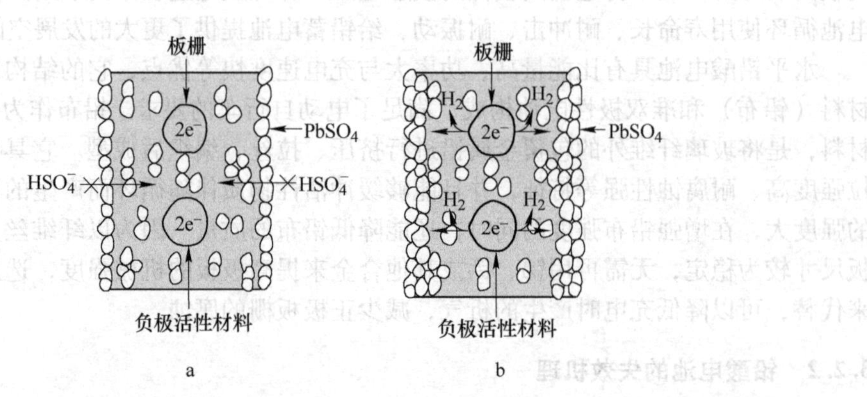

图 3-3　在高倍率放电（a）和充电（b）条件下铅酸电池负极的失效机理示意图

3.2.3 铅碳电池

尽管铅酸蓄电池具有性能优势，是目前世界上用途最广泛的蓄电池。但是，依然存在尺寸大、比能量较低的明显问题。而且，处于放电态的长期保存会导致电极的不可逆硫酸盐化，缩短电池的使用寿命，更严重会导致电池中腐蚀性的硫酸液溢出，造成环境污染。尤其在智能电网、混合动力车的实际应用中，电池必须在不同的充电状态下应用，特别是在高倍率部分荷电模式下容易导致电池失效。为了改善富液和阀控式密封铅酸蓄电池（Valve-Regulated Lead-Acid，VRLA）在高倍率部分荷电模式下的充放电循环性能，抑制放电过程中负极板表面 $PbSO_4$不均匀堆积以及伴随充电时的早期析氢现象，传统的方法是在铅酸电池组外并联一个超级电容器。澳大利亚联邦科学及工业研究组织（Commonwealth Scientific and Industrial Research Organisation，CSIRO）发展了这一系统，2000 年在混合动力汽车（Hybrid Electric Vehicle，HEV）进行了示范，从再生制动吸收能量，由电子控制器控制电容器和电池组之间的能量和功率变化。但是系统复杂，需要复杂的算法，且价格昂贵。后来，CSIRO 能源技术（CSIRO Energy Technology）研发出将电容器碳材料与铅酸电池负极复合的内并式超级电池（UltraBattery），以替代复杂、高成本的超级电容器/铅酸电池系统，铅碳电池技术应运而生。

铅碳电池是由铅酸电池和超级电容器组合形成的新型储能装置，该装置包含了至少一个铅负极、至少一个二氧化铅正极和至少一个电容器电极。该超级电池的电池部分由铅负极和二氧化铅正极形成，非对称电容器部分由电容器电极和二氧化铅正极形成，全部负极连接到负极母线，全部正极连接到正极母线，基本结构如图 3-4 所示。根据其结合方式，铅碳电池可分为不对称电化学电容器型和铅碳超级电池（Advanced VRLA）。不对称电化学电容器型铅碳电池是将铅酸电池和 PbC 不对称电容器在内部集成到一个单元，电池负极铅板和超级电容器并联，共用一个 PbO_2正极，形成“内并式”铅碳电池。采用这种设计，总电流为电容器电流与铅负极板电流之和。因此，电容器电极可以作为铅酸电池负极板的电流缓冲器，分担铅酸电池负极板的充放电电流，由电容器提供高功率，在需要高倍率充放电时对电池加以保护，缓冲部分大电流，防止铅电极表面发生硫酸盐化，从而在高倍率

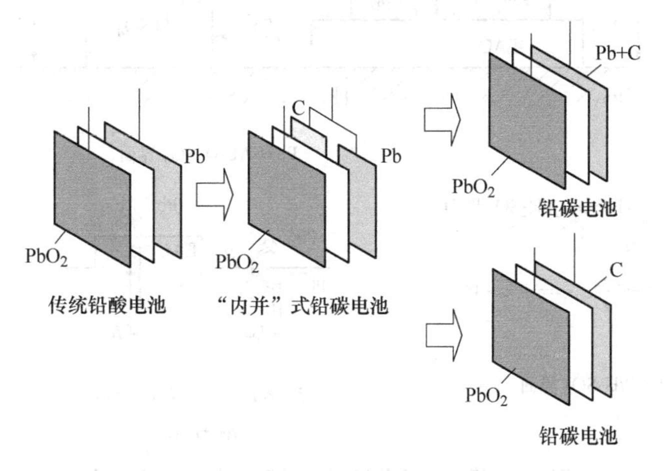

图 3-4 铅碳电池基本结构示意图

部分荷电条件下具有良好的循环寿命和较高的功率密度。铅碳超级电池，碳作为负极板的添加物直接添加到传统铅酸电池中，与铅产生协同效应，制作成既有电容特性又有电池特性的铅碳复合电极，然后铅碳复合电极再与 PbO_2 匹配组装成碳修饰改性的铅碳电池。或者由标准的铅蓄电池正电极和采用活性炭制成的超级电容器负电极直接组合而成。由于无需改变当今成熟的铅酸电池生产工艺，因此易于实现规模生产，符合储能电池长寿命、高安全、低成本的发展方向。

在高倍率部分荷电状态下，$PbSO_4$ 的溶解和形成过程同时存在可逆和不可逆的反应。活性物质微孔中的 Pb^{2+} 浓度高，由于小的 $PbSO_4$ 晶体易溶解，这个过程可逆；部分 Pb^{2+} 离子进入大的 $PbSO_4$ 颗粒中，大的 $PbSO_4$ 颗粒不易溶解并还原成 Pb，这是一个不可逆过程，这两种反应的占比关系决定了电池在高倍率部分荷电状态下的循环次数。在铅碳电池中由于碳粒子在硫酸铅中形成了导电网络，活性炭表面形成新的活性中心，降低了极板充电过程中的极化，并抑制硫酸铅颗粒长大，有利于硫酸铅还原（如图 3-5 所示），抑制了硫酸铅晶体在负极表面的累积，减缓硫酸盐化的趋势，电池循环寿命显著增加。引入碳材料产生的效果可以采用“平行机理（Parallel Mechanism）”进行解释，如图 3-6 所示。Pb^{2+} 扩散到最邻近的 Pb 和电化学活性炭（Electrochemically Active Carbon，EAC）表面上的 $PbSO_4$ 晶体附近，然后在其表面沉积生长，溶液中 Pb^{2+} 的浓度取决于 $PbSO_4$ 产物的溶解度。充电时，Pb^{2+} 还原为Pb 的反应同

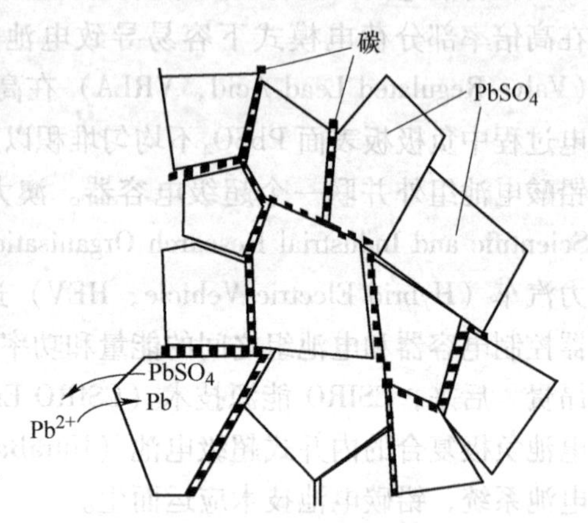

图 3-5 铅碳电池负极板中碳导电网络

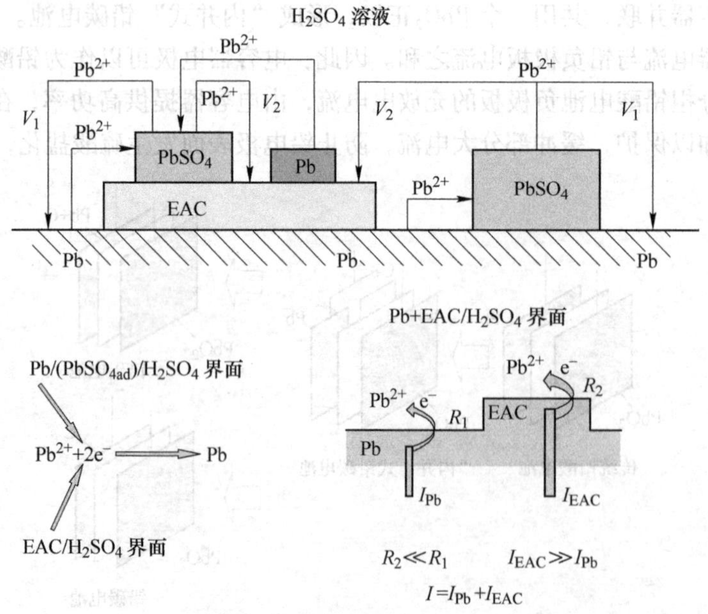

图 3-6 铅碳电池负极板的平行反应机理示意图

时发生在铅表面和碳颗粒表面，Pb^{2+}在 Pb 表面的还原速率为 V_1，在 EAC 表面的还原速率为 V_2。电化学反应在两个不同性质的表面同时进行，电极电位取决于速率较高的反应，负极的极化电位由速率 V_2确定。除扩展的分子层外，由于酸浓度较高，单层 $PbSO_4$分子会吸附在 Pb 表面（$PbSO_{4\ ad}$），Pb/H_2SO_4界面吸附层的电荷转移电阻非常高。而在 EAC/H_2SO_4界面则没有上述阻挡层的形成，电子通过该界面转移阻力较小（$R_2 \ll R_1$），流经 EAC/H_2SO_4界面的电流比 Pb/H_2SO_4界面大很多（$I_{EAC} \gg I_{Pb}$），在碳颗粒表面反应的速度要远快于在铅表面的反应速度。因此，表面吸附的电化学活性炭颗粒在电子转移方面起着重要作用，加速了 Pb^{2+}的电化学还原反应。碳添加到负极板可以作为电荷反应的电催化剂，同时也影响了负极活性物质的微观结构和平均孔径。负极引入碳后，硫酸铅颗粒明显减小，可以形成孔隙，增强离子迁移。可见，活性炭的加入提高了负极的充电接受能力，改善了负极活性物质充放电反应的可逆性，提高了电池的循环寿命。

铅碳电池中引入碳材料的类型可以是炭黑、活性炭、石墨、碳纳米管、碳纳米纤维、石墨烯或它们的混合物。石墨是六角形网格层面规则堆积而成的晶体，属六方晶系，具有耐高温性、良好的导电导热性以及化学稳定性等特性。膨胀石墨除具有石墨的热稳定性好、耐高温及耐腐蚀、高热导率和低热膨胀率等特点外，还具有丰富的网络状孔隙结构，为电解液迅速进出电极提供通道，有利于电子的传输和离子的扩散，并且膨胀产生的新鲜表面的活性较高，具有一些独特的物理与化学性能。因此，膨胀石墨常加到电池负极中提高活性物质的导电性和表面积，改善电池的充电接受能力和循环性能。炭黑是由准石墨结构单元组成的碳材料，准石墨片层（Graphene-Like Layer）之间排列比较混乱。炭黑具有良好的导电性、较高比表面积和一定的比电容，而且分散性好、吸附能力强，是合适的铅碳超级电池负极添加剂。

铅碳超级电池和传统铅酸电池的性能比较，见表 3-1。铅碳电池通过使铅酸蓄电池极板部分或者全部具有超级电容器特性，并用这种极板部分或者全部代替铅酸蓄电池中的负极板而形成新的储能装置。该装置将铅酸电池和超级电容器有效结合在一起，兼具电池与超级电容器的优势，铅碳电池抑制了放电过程中负极板表面硫酸盐的不均匀分布和充电时较早的析氢现象，具有铅酸电池高能量和超级电容器高功率的优点，能够有效抑制负极硫酸盐化，在部分荷电的大功率充放电状态下具有较高的循环寿命，适合高倍率循环和瞬间脉冲放电等工作状态。铅碳超级电池作为传统铅酸电池应用领域的拓展及铅酸电池行业新的增长点，具有高比能量、大比功率、使用寿命长等优点，未来市场需求空间巨大。

表 3-1 铅碳超级电池和传统铅酸电池的性能对比

性能指标	铅碳超级电池	传统铅酸电池
工作电压/V	2.0	2.0
能量密度/$W \cdot h \cdot kg^{-1}$	30~60	30~40
循环寿命/次	1000~4500	600~1000
储能电站度电成本/元·$(kW \cdot h)^{-1}$	600~1200	400~800
全周期度电成本/元·(kW·h·次)$^{-1}$	0.2~0.4	0.4~0.6
自放电/%·天$^{-1}$	0.1~0.3	0.1~0.3
电池回收	可回收再生	可回收再生

续表 3-1

性能指标	铅碳超级电池	传统铅酸电池
充放电效率/%	>90	80~90
优点	循环性能好、性价比高、一致性好、可回收性好	成本低、可回收性好
缺点	比能量小、对环境腐蚀性强	比能量小、不适应快速充电和大电流放电、使用寿命短、容易污染环境
最佳应用场景	启停型混合动力汽车、风光储能	通信设备、电动工具、电力控制机车、电动自行车

3.3　镍氢电池

3.3.1　工作原理

镍氢电池（Nickel Metal Hydride Batteries，Ni/MH）是一种以质子为电子转移载体在正负极之间转移来实现充放电的电池。基本构造如图 3-7 所示，镍氢电池由氢氧化镍正极、储氢合金负极、隔膜纸、电解液、钢壳、顶盖和密封圈等组成。在圆柱形镍氢电池中，正负极是用隔膜纸分开卷绕在一起，密封在钢壳中；在方形镍氢电池中，正负极则是由隔膜纸分开后叠成层状，密封在钢壳中。

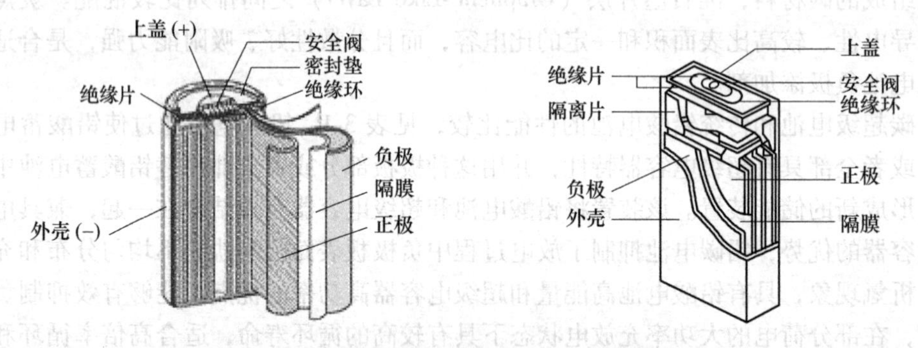

图 3-7　圆柱形和方形镍氢电池基本结构剖面图

1984 年，荷兰 Philips 解决了 $LaNi_5$ 氢化物电极在充放电循环过程中的容量损失，实现了利用贮氢合金作为负极材料的镍氢电池的设计。在充电过程中 $Ni(OH)_2$ 的 Ni 被氧化失去一个电子成为+3 价，同时羟基脱去一个 H^+，其在正极材料与电解液界面处电解液中的结合生成水。同时在负极材料表面，水分子被催化还原成为一个氢原子和一个 OH^-。氢原子吸附在合金表面成为吸附氢，随后通过扩散作用进入合金中形成金属氢固溶体，电化学反应式见式（3-7）~式（3-9）。放电时，负极中固溶的氢原子扩散到合金表面，与电解液中的 OH^- 发生电化学反应生成水。同时正极材料中三价镍被还原成为二价，由水解离产生的 H^+ 进入正极材料晶格，最终 NiOOH 被还原为 $Ni(OH)_2$，反应式见式（3-10）~式（3-12）。整个充放电过程中电极表面均无金属析出，质子以碱液为介质在正负极之间转移。镍氢电池的工作原理如图 3-8 所示。

充电时：

正极反应 $$Ni(OH)_2 + OH^- \longrightarrow NiOOH + H_2O + e^- \tag{3-7}$$

负极反应 $$M + H_2O + e^- \longrightarrow MH + OH^- \tag{3-8}$$

总反应 $$M + Ni(OH)_2 \longrightarrow MH + NiOOH \tag{3-9}$$

放电时：

正极反应 $$NiOOH + H_2O + e^- \longrightarrow Ni(OH)_2 + OH^- \tag{3-10}$$

负极反应 $$MH + OH^- \longrightarrow M + H_2O + e^- \tag{3-11}$$

总反应 $$MH + NiOOH \longrightarrow M + Ni(OH)_2 \tag{3-12}$$

其中，MH 为吸附了氢原子的储氢合金。

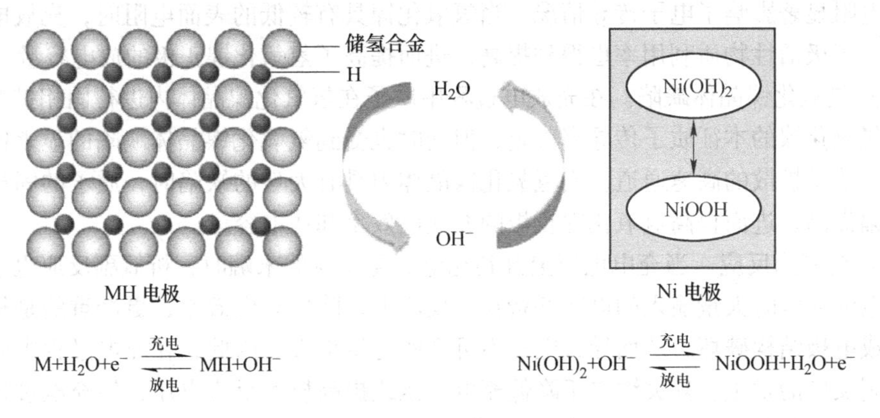

图 3-8 镍氢电池工作原理示意图

电解液为强碱性混合溶液，通过质子与氧氧根结合成水以及水重新解离为质子和氢氧根，是质子在正负极之间来回移动发挥载体作用。隔膜是正极与负极之间的物理隔段，同时对于抑制充放电过程中的副反应有重要作用。因此，在镍氢电池的充放电过程中，正极是质子源，负极是质子储存体，电解液是质子传递载体，其中正极材料和负极材料中容量较低的决定整个电池的容量。

镍氢电池的工作状态可划分为三种：正常工作状态、过充电状态和过放电状态，在不同的工作状态下，镍氢电池内部发生的电化学反应都是不同的。如果充电不当，镍氧电池发生过充电，诱发电极副反应的产生，其中正极发生析氧副反应，反应式如下所示：

$$4OH^- \longrightarrow 2H_2O + O_2 + 4e^- \tag{3-13}$$

由于析出的氧气在电极内发生聚集，因此造成局部内压过高容易使正极发生结构破坏，因此即使是较轻微的析氧反应也会给电池容量带来不可逆的损失，严重影响了镍氢电池的使用性能。在过充电过程中，负极发生析氢副反应，其反应式如下所示：

$$2H_2O + 2e^- \longrightarrow H_2 + 2OH^- \tag{3-14}$$

析出的氢气不断吸附到负极储氢合金中，当储氢合金吸附氢达饱和之后，氢就会在电池内聚集从而造成内压增高，同时饱和吸附的储氢合金粉化可能性剧增，极大损害了电极的寿命。正极析出的氧气与负极析出的氢气还会通过电解质扩散，在电解质中发生复合同时放出大量的热，使电池温度急剧升高，进一步加剧析氧析氢反应，产生恶性循环，从而有发生起火和爆炸的危险，为电池带来极大的安全隐患。

一般情况下，镍氢电池的容量由正极限制，负极的容量被设计过剩，以保证过放电状态下正极产生的氢气可以顺利到负极去反应，而电池内压不会有明显的升高。对于镍氢电池正极材料氢氧化镍，在充放电过程中主要涉及两个传质过程，分别为电子在氢氧化镍表面的传导和质子在氢氧化镍内的固相扩散。而氢氧化镍作为一种P型半导体，无论电子传导率和质子传导率都偏低，因此这两种传质作用在充放电过程中往往都处于受阻状态，导致有部分氢氧化镍无法参与到充放电反应中，进而导致正极活性物质的利用率不高，从客观上造成了正极容量的损失。因此，氢氧化镍正极材料对镍氢电池容量的主要影响因素是以下三个方面：

（1）氢氧化镍表面电阻。在充放电过程中电子只在氢氧化镍的表面传导，因此氢氧化镍表面电阻显著影响了电子传导情况。当氢氧化镍具有较低的表面电阻时，充放电效率得到提高，正极活性物质利用率也得到提高，进而提高了氢氧化镍正极的放电容量。

（2）氢氧化镍晶体缺陷。在充放电过程中质子在氢氧化镍晶体内进行固相扩散，扩散速率由氢氧化镍的本征质子传导率决定，但同时也受到氧氧化镍晶体缺陷的显著影响。晶体缺陷是质子扩散的高速通道，当氢氧化镍晶体内具有大量的缺陷时，质子的固相扩散速率将大幅提高，进而提高氢氧化镍正极的充放电效率和放电容量。

（3）析氧副反应。当充电电压上升到充电氧化反应的末端时，析氧副反应也会同时发生。其电池充电时大量输入的电能耗费在副反应上，降低充电效率，更严重的是析氧副反应会造成电极结构破坏，从而导致电极不可逆的容量损失。因此，在充电过程中要尽量避免析氧副反应的发生，其关键在于降低充电电压或提高析氧反应电压，使充电过程中两个反应的发生充分分离。

3.3.2 负极材料——储氢合金

镍氢电池的负极材料是储氢合金，储氢合金具有很强的吸氢能力，在一定的温度和压力条件下，与氢气反应生成金属负极氢化物，同时放出热量。该氢化物在一定压力条件下，又会将储存在其中的氢释放出来。储氢合金单位体积储氢的密度，是相同温度、压力条件下气态氢的1000倍，也高于液态氢的密度。储氢合金作为镍氢电池的负极材料，需要满足以下条件：在碱液中合金组分的化学性质相对稳定；储氢容量高，平衡氢压适中；氢的扩散速率快，具有良好的电催化活性及高倍率放电能力；具有较高的抗氧化、抗吸氢粉化能力，循环寿命长。

（1）储氢合金的热力学特性。作为镍氢电池的负极材料，储氢合金要求具有高的储氢容量和适中的氢化物稳定性。通常情况下，合金的这些特性可以通过压力-成分-温度（*PCT*）曲线得到。图3-9所示为储氢合金的典型 *PCT* 曲线。

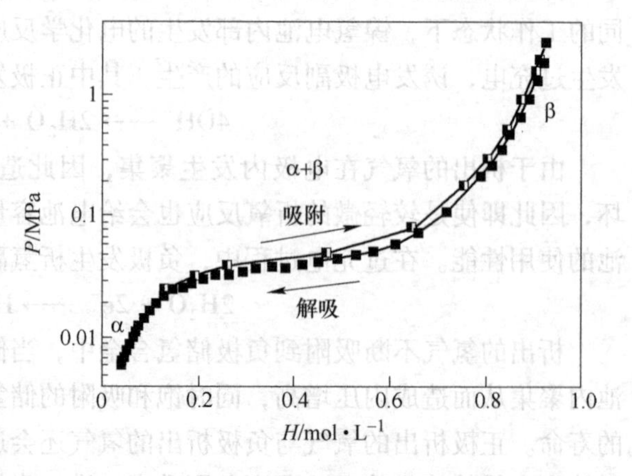

图3-9 储氢合金的典型 *PCT* 曲线

平衡氢压可以预测储氢合金电极的电化学平衡电势，通过式（3-15）和式（3-16），根据平衡氢压的平台长度估算镍氢电池中储氢合金的理论容量。

$$E = -0.9324 - 0.0291 \times \lg P_{H_2}(\text{vs. Hg/HgO}, 20℃, 6\text{mol/L KOH}) \tag{3-15}$$

$$C = 6 \times 26800[(H/M)_5(H/M)_{0.1}]/M_W \tag{3-16}$$

式中，P_{H_2}是脱氢平衡压；$(H/M)_5$和$(H/M)_{0.1}$分别是储氢合金在5MPa和0.1MPa的压力下的氢含量；M_W是储氢合金的摩尔质量，即合金的实际可逆容量与储氢合金通过气相方法在45℃条件下和0.1~5MPa压力变化范围内的储氢量密切相关。因此，作为镍氢电池电极材料的储氢合金必须在这个压力范围内得到最高的可逆存储容量。同时，还要考虑金属氢化物的稳定性，氢化物的稳定性太高，氢不会被完全释放出来，氢化物的稳定性太低，不能形成稳定的氢化物。金属-氢之间的结合能一般在25kJ/mol和50kJ/mol之间，该结合能可以根据*PCT*曲线，通过Van't Hoff方程（3-17）计算得到。

$$\ln P_{H_2} = -\Delta H/RT + \Delta S/R \tag{3-17}$$

式中，ΔH是焓变；ΔS是熵变；R是气态常量；T是绝对温度。

储氢合金的*PCT*曲线与Van't Hoff方程的关系，如图3-10所示。

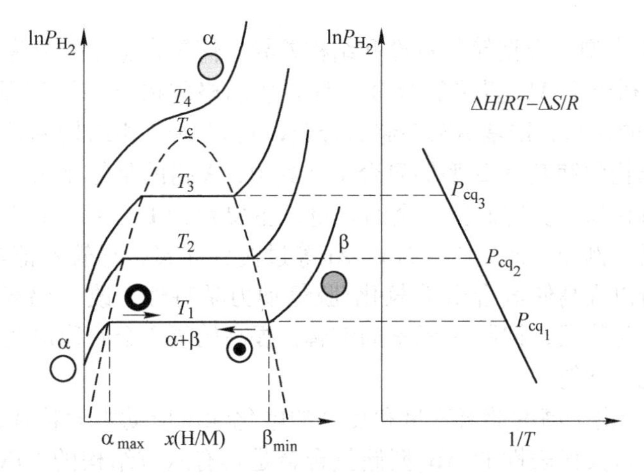

图3-10 储氢合金的*PCT*曲线与Van't Hoff方程的关系

（2）储氢合金的电化学动力学特性。影响储氢合金实际应用的重要因素除了热力学特性，还有储氢合金/电解质界面的电化学反应动力学和合金内部的氢原子扩散动力学。通常情况下，合金的电催化活性可以用电荷转移电阻（R_{ct}）和交换电流密度（I_0）表征，氢原子扩散速度可以用极限电流密度（I_L）和氢原子扩散系数（D_H）评估。

储氢合金电极的R_{ct}可由交流阻抗图谱（EIS）拟合得到。通常情况下，对镍氢电池来说，其氢化物电极的典型EIS图谱由高频区的两个半圆和低频区的一条直线组成。高频区的半圆表征的是合金颗粒之间、合金颗粒与集流器之间的接触电阻（R_c），中频区的半圆表征的是氢化物电极在电化学反应过程中的R_{ct}，低频区的直线表征的是与扩散有关的Warburg阻抗。用等效电路拟合的方法，通过非线性最小二乘法拟合，可以定量得到R_c和R_{ct}的值。通常情况下，交换电流密度I_0表征的是电极在近乎平衡状态下的电化学反应速度的快慢。当过电位η在小的电势范围内变化时（$\eta \leq 10$mV），I_0可以通过公式（3-18）进行计算。

$$I_0 = RTI_d/(F\eta) \tag{3-18}$$

式中，R 是气态常量；T 是绝对温度；I_d是施加的电流密度；F 是法拉第常数。由于在固定的温度下，RT/F 是一个常量，η 与 I_d存在线性关系，I_0的值便可以通过直线的斜率计算得到。

极限电流密度 I_L和氢扩散系数 D_H表征氢原子由合金内部向电极表面的扩散速度，二者可以通过阳极极化曲线和电势阶跃曲线分别得到。在阳极极化曲线中，电流密度随着过电位的增加而增大，直至达到最大值，该最大值即为 I_L。对于电势阶跃曲线，由于施加了高的过电位，在起始阶段，电极表面吸附的氢原子快速被氧化，氢原子浓度急剧下降，电流密度急剧减小。随着时间的延长，电流密度减小的速度变缓，并且呈线性下降，因为此时电化学反应的控速步骤是合金内部的氢原子向表面的扩散。根据球形扩散模型，D_H根据公式（3-19）的线性部分计算得到：

$$\lg i = \lg\left[\frac{6FD_H}{da^2}(C_0 - C_s)\right] - \frac{\pi^2 D_H}{2.303a^2}t \tag{3-19}$$

式中，i 是扩散电流密度，A/g；d 是储氢合金的密度，g/cm^3；a 是合金颗粒的半径；C_0、C_s、t 分别是合金本体的初始氢浓度（mol/cm^3），合金颗粒表面的氢浓度（mol/cm^3）和放电时间（s）。

（3）储氢合金类型。根据储氢特性和结构差异，储氢合金主要分为以下几种类型：具有 $CaCu_5$相结构的稀土系 AB_5型储氢合金，具有超晶格的稀土-镁-镍基 AB_3型储氢合金，具有 Laves 相结构的钛基、锆基 AB_2型储氢合金，具有 CsCl 相结构的钛铁 AB 型储氢合金和具有 Mg_2Ni 相结构的镁基 A_2B 型储氢合金。其中，A 指的是氢化物形成元素，即可与氢反应形成稳定的氢化物，决定储氢合金的容量，主要包括 La、Ce 等稀土元素；B 指的是非氢化物形成元素，例如：Ni、Co、Mn、Al 等过渡族元素，尽管不能与氢反应形成稳定的氢化物，但是可以提高储氢合金的氢化/脱氢动力学特性，改变储氢合金的平衡氢压，可以形成致密的氧化物层，抑制 A 元素的溶解，提高储氢合金的稳定性。A 和 B 共同决定了储氢合金的电化学性能。

AB_5型储氢合金由于高的储氢容量和良好的电化学反应动力学特性，成为最早商业化的储氢合金。其中最具代表性的 AB_5型储氢合金是具有六方结构的 $LaNi_5$合金，其晶体结构如图 3-11 所示，其每个晶胞具有三个八面体间隙和三个四面体间隙。一个 $LaNi_5$最多可

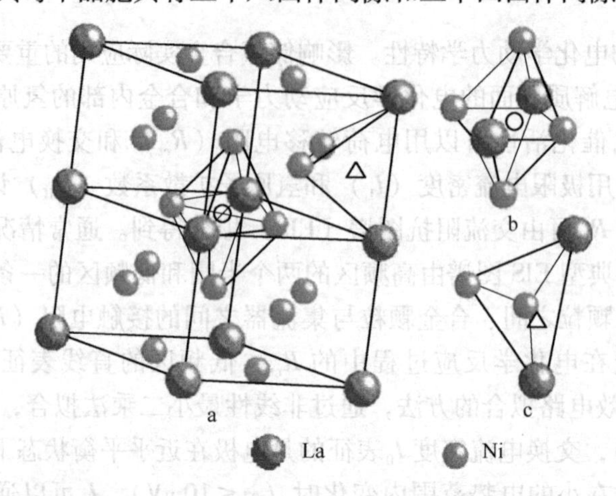

图 3-11 $LaNi_5$合金的晶体结构（a）和分别为氢占据的八面体间隙（b）与四面体间隙（c）

以吸收 6 个氢原子，形成 $LaNi_5H_6$，对应的理论容量是 372mA·h/g。但是，$LaNi_5$吸氢后具有较大的体积膨胀，易发生粉化和腐蚀，而且在碱溶液中容易氧化生成 $La(OH)_3$和 $Ni(OH)_2$，因此 AB_5型储氢合金的循环稳定性差。

1984 年，Willems 采用了 Co 和 Si 部分代替 AB_5中的镍，较好地抑制了合金的粉化和氧化问题，才使 AB_5型合金有了突破性进展。此后，为了进一步降低材料成本，采用富 La 系或者富 Ce 系混合稀土代替 $LaNi_5$中的 La，并对 B 采用多元化组分，形成的典型合金有 $MNi_{3.55}Co_{0.75}Mo_{0.4}Al_{0.3}$和 $MNi_{3.45}(CoMnTi)_{1.55}$。通过对 AB_5型合金的组分设计优化，以及采用表面处理等方法，可以改善合金的综合电化学特性。控制合金粉末的颗粒直径，改良其表面的光滑度，也能提高合金的耐久性。AB_5型混合稀土合金由于具有电化学容量适中、优良的活性、高倍率放电、自放电较小及良好的循环性能，已经成为镍氢电池的主要负极材料。

改善 AB_5型储氢合金的循环稳定性、高倍率放电性能（High Rate Discharge，HRD）等电化学性能的主要措施包括：（1）元素替代，采用 La、Ce、Pr、Nd 等调节储氢合金的储氢量，Ni 元素改进合金的电催化性能，Co 减小合金吸放氢前后的体积膨胀、提高合金的循环稳定性，Mn 调整合金的平衡氢压、改善合金的电化学动力学性能，Al 降低平衡氢压、提高合金的抗腐蚀性能，Fe、Cu 改善合金的循环稳定性，Mo、W 提高合金的表面电导性、提高 HRD。（2）改进热处理工艺，提高合金成分的均匀性，减少大块枝晶，提高合金的利用率和放电容量，改善循环稳定性。（3）非化学计量比，有利于合金中第二相的形成，增加晶界，提高合金内部氢原子的扩散速度，降低氢化物的稳定性，提高氢化物电极的电催化活性，提高 HRD。（4）将储氢合金与高电导或高电催化活性的添加剂（石墨、石墨烯、碳纳米管等）进行机械混合来提高电极的导电性能，加快电子和离子的传输速度，提高电极电化学反应动力学性能。（5）将合金纳米化以减小氢在其内部的扩散距离，提高氢扩散动力学性能。（6）采用表面改性处理（氟化处理，酸、碱处理、化学镀 Ni、Ni-P、聚苯胺等涂层）溶解掉合金表面氧化物层，提高电极表面导电性，加快电子的传输速度，增大电极的比表面积，促进合金电极与电解液的接触，加快离子传输速度，提高氢化物电极的 HRD。

AB_2型 Laves 相储氢合金有锆基和钛基两大类。锆基合金是一类正在研究开发的高容量储氢合金电极材料，与 AB_5型混合稀土型合金相比具有以下优势：电化学比容量高（理论比容量为 482mA·h/g）；抗氧化腐蚀能力强，在碱液中合金表面形成一层致密的氧化膜，能有效地阻止电极的进一步氧化，因此合金具有更好的循环性能。但是 AB_2型 Zr 基合金存在活化困难、高倍率性能较差、自放电率大、成本较高等问题。针对以上问题，通常采用多元合金化及其表面处理来改善其性能。AB_2型 Laves 相钛基储氢合金主要有 Ti-Mn 和 Ti-Cr 系，通过掺入 Mg、Ti、Zr 等可以提高合金的吸氢量；掺入 Mn、V、Zr 等可以调整金属-氢键强度；掺入 Al、Mn、Co 等可以提高合金的电催化活性。

AB 型钛系储氢合金的典型代表是 TiFe。TiFe 合金活化后在室温下能可逆地吸收放大量的氢，理论值为 1.86%（质量分数），平衡氢压在室温下为 0.3MPa。TiFe 合金价格便宜，资源丰富，但是活化相对困难。TiFe 合金对气体杂质如 CO_2、CO、O_2等比较敏感，活化的 TiFe 合金很容易被这些杂质毒化而失去活性。因此，在实际应用中，TiFe 合金的使用寿命受到氢源纯度的限制。为了克服 TiFe 合金的缺点，通常利用 Al、Zr、Ni、V 等替代部分 Fe 元素，从而制备易活化、储氢特性好的合金。

A_2B 型镁基合金与 AB_5 和 AB_2 型合金相比，具有重量轻、价格低、储氢量大和资源丰富等优点。以 Mg_2Ni 为代表的镁基储氢合金，其储氢能力按 Mg_2NiH_4 计算，理论比容量为 1000mA · h/g，被认为是最有发展前途的储氢材料。但镁基合金为中温型储氢合金，过于稳定，吸放氢的动力学性能较差，在 300℃、2MPa 下才与氢反应生成 Mg_2NiH_4，而且在循环过程中 Mg 的氧化物导致电极容量衰减较快。因此，通过添加第三种合金元素可以改善 Mg_2Ni 合金的性能，包括降低氢吸收温度和改善吸放氢动力学性能。目前常采用合金元素有 Zr、V、Zn、Cr、Mn、Co 及多种镧系元素替代 Mg_2Ni 合金中的部分镍，从而降低反应的热效应和放氢温度。此外，通过使镁基合金非晶化，利用非晶合金表面的高催化活性改善镁基合金的吸放氢动力学和热力学性能，提高电化学吸放氢能力。

3.3.3　正极材料——氢氧化镍

目前在电池中最广泛使用的正极材料为 β-$Ni(OH)_2$，其属于六方晶系，P3m1（No. 164）空间群，点阵参数分别是 a = 0.3126nm，c = 0.4605nm。β-$Ni(OH)_2$ 呈层状结构，其结构可描述为呈六方最密堆积的 OH^- 层沿 c 轴方向堆积，两个 OH^- 层之间有八面体间隙。这些八面体间隙或完全被 Ni^{2+} 填充，或完全空缺。通常把其间八面体间隙中充满 Ni^{2+} 的两个 OH^- 层与其中填充的 Ni^{2+} 一起称为 NiOH 层，NiOH 层内 Ni^{2+} 与 OH^- 的比值为 1∶2，NiOH 层中 O—H 键与 c 轴方向平行。β-$Ni(OH)_2$ 的堆垛结构如图 3-12 所示，其晶体结构为以 ABAB 形式紧密堆积的氧原子层组成，层间间距较小约为 0.46nm，无插入离子。在充放电过程中，质子在层间进行移动，减少了质子扩散的阻力，从而使材料的电化学反应较易发生。

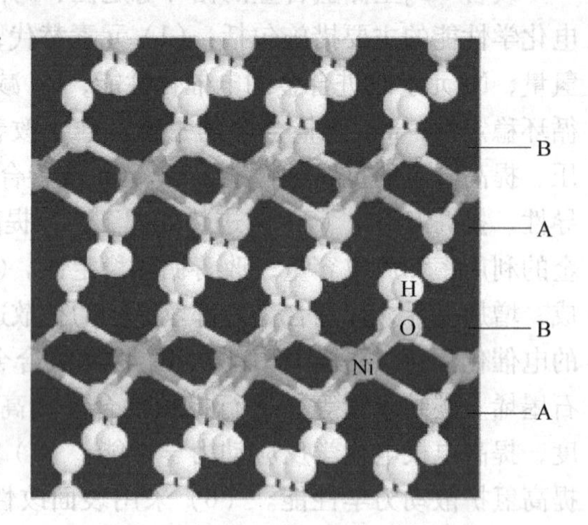

图 3-12　β-$Ni(OH)_2$ 的堆垛结构 T1（ABAB）示意图

除了 β-$Ni(OH)_2$ 以外，氢氧化镍还有一种晶型为 α-$Ni(OH)_2$，为水镁石结构。α-$Ni(OH)_2$ 层间靠氢键键合，层间间距较大约为 0.8nm，且各层的层间距并不完全一致。另外，各层沿 c 轴平行堆积时取向具有随机性，层与层之间呈无序状态的湍层（或紊层）结构，一般称之为二维乱层（Turbostratic）结构。α-$Ni(OH)_2$ 由于存在以 c 轴为旋转轴的二维乱层结构，晶体结构排列往往不规则，由具有缺陷的 $Ni(OH)_{2-x}$ 层堆垛而成，层间常插入 H_2O、NO^{3-}、CO_3^{2-} 等粒子。α-$Ni(OH)_2$ 也有两种形态，可分别表示为 α-$3Ni(OH)_2 \cdot 2H_2O$（晶胞参数为 a=0.308nm，c=0.809nm）和 α-$Ni(OH)_2 \cdot 0.75H_2O$（晶胞参数为 a=0.3081nm，c=2.345nm）。

氢氧化镍电极材料在正常充放电情况下，充电时失去一个电子被氧化成 NiOOH，同时给出一个 H^+，H^+ 与溶液中的 OH^- 发生中和反应，生成 H_2O。放电时为上述过程的逆过程，活性物质是在 β-$Ni(OH)_2$ 与 β-NiOOH 之间的转变，但是当过充时却生成了 γ-NiOOH。α-$Ni(OH)_2$ 在碱液中不稳定，会自动转变为 β-$Ni(OH)_2$。对 β-$Ni(OH)_2$、α-$Ni(OH)_2$、β-NiOOH 与 γ-NiOOH 的堆垛结构以及相互转换规律最初是由 Bode 等人提出，如图 3-13 所示。β-NiOOH 以 AABBCC 形式排列，其层间间距约为 0.47nm，层间一般无离子插入，结构示意图如图 3-14 所示。γ-NiOOH 与 β-NiOOH 同样为层状堆垛结构，层间间距约为 0.7nm，其层间常插有 K^+、SO_4^{2-}、NO_3^-、H_2O 等粒子。

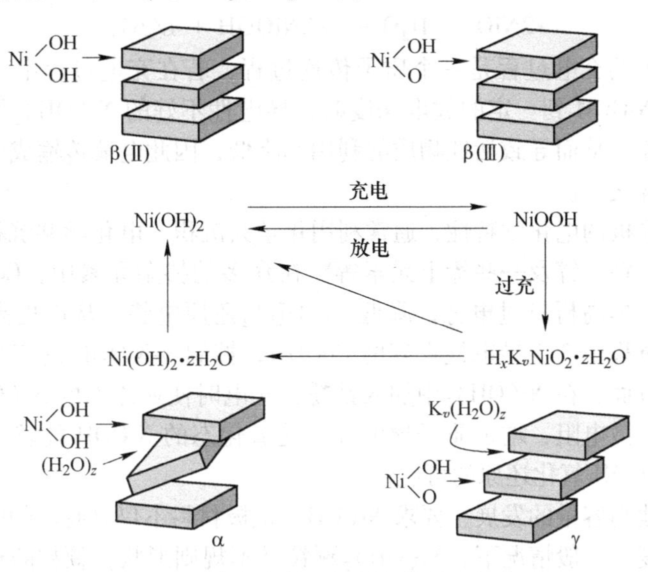

图 3-13 氢氧化镍电极材料的晶型转化

伴随过充过程 $Ni(OH)_2$ 发生以上晶型转变之外，还发生了析氧副反应，见式（3-13）。对其电极过程进行详细剖析，发现首先 OH^- 在电极上被氧化生成原子态氧，见式（3-20）；原子态氧会氧化 NiO(aq) 而生成 NiO_2，见式（3-21）；由于 NiO_2 具有强氧化性，它又与 NiO(aq) 作用，见式（3-22），因此总反应可写成式（3-23）。充电过程中一方面是由于极化的存在，另一方面 NiO 转变成 Ni_2O_3 时，并非是直接进行的，而是经过高电势的 NiO_2，因此 $Ni(OH)_2$ 电极电势比 Ni_2O_3 的电势还要高。

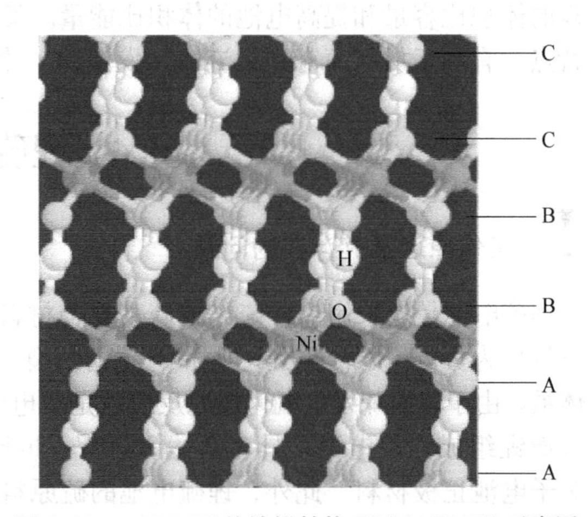

图 3-14 β-NiOOH 的堆垛结构 P3(AABBCC)示意图

$$2OH^- \longrightarrow H_2O + O + 2e^- \tag{3-20}$$

$$NiO(aq) + O \longrightarrow NiO_2 \tag{3-21}$$

$$NiO_2 + NiO(aq) \longrightarrow Ni_2O_3(aq) \tag{3-22}$$

$$2NiO(aq) + 2OH^- \longrightarrow Ni_2O_3(aq) + H_2O + 2e^- \tag{3-23}$$

在氢氧化镍电极中，2NiO(aq)、NiO_2、Ni_2O_3 三者共存，可视为三者的共熔体。其电势初期由 NiO(aq) 生成 NiO_2 反应的难易程度决定，后期则由 Ni_2O_3 生成 NiO_2 反应决定，在活性物质中，NiO_2 的浓度越高，电极电势也就越高，氧的析出量也越多。$Ni(OH)_2$ 电极在充电的情况下，电极电势为 0.6V（相对于标准氢电极，室温，2.8mol/L KOH）。如不立即放电而静置一段时间，电势会自动降低。初始的高电势是因为高价镍以 NiO_2 的形式存在，但由于 NiO_2 不稳定，将会发生反应，见式（3-24）。随着 NiO_2 浓度的减少，电极电势下降，同时有 O_2 析出。

$$2NiO_2 + H_2O \longrightarrow 2NiOOH + 1/2O_2 \tag{3-24}$$

氢氧化镍电极的充电过程是一个质子传递过程，若在充电过程中二价镍不能充分氧化，放电过程中 NiOOH 到一定的放电深度时，导电性不好的 $Ni(OH)_2$ 增多，导致三价镍不能充分发生还原，从而导致活性物质的利用率降低，因此电荷传输成为氢氧化镍电极充电过程的控制步骤之一。

为了改善镍电极的电化学特性，通常利用化学共沉积、电化学共沉积、表面包覆、掺杂等方式引入钙、钴、锌及一些稀土元素等。在众多的掺杂元素中，Co 的引入能够增加电极电子电导性、提高析氧过电势，降低 $Ni(OH)_2$ 还原电势，从而提高电极反应的可逆性。在电池活化过程中产生导电性良好的 CoOOH，抑制 γ-NiOOH 的产生，防止正极的膨胀和脱落。另一方面，在 $Ni(OH)_2$ 中加入钴粉，充电时使还原态的 $Ni(OH)_2$ 更充分氧化，而放电时可降低扩散电阻，增加质子导电性，使氧化态的 NiOOH 能够充分被还原，从而提高 $Ni(OH)_2$/NiOOH 氧化还原的可能性。

随着镍氢电池高容量的发展，要求 $Ni(OH)_2$ 正极材料不仅具有高的电化学活性，而且要有高的振实密度。一般情况下，$Ni(OH)_2$ 颗粒呈不规则形状，颗粒的粒度分布较宽，振实密度约为 $1.6g/cm^3$。制备具有类球形形貌的 $Ni(OH)_2$，可以有效提升振实密度，增大电极的体积比容量和提高电池的体积比能量。类球形的正极材料还具有活性高、流动性好等特点，有利于材料填充到集流体（发泡镍）中，提高单位体积内的活性物质填充量。

3.4 锂硫电池

3.4.1 工作原理及其存在的问题

锂硫电池是指采用单质硫（或硫基复合材料、含硫化合物）作为正极，金属锂（或储锂材料）为负极，以转换反应即 S—S 键的断裂/生成来实现电能与化学能相互转换的一类电池体系。由于单质硫发生氧化还原反应时是双电子得失，其理论比容量可达 1675mA · h/g，与金属锂组成锂硫电池，具有高达 2600W · h/kg 的理论比能量，远高于嵌脱反应类型的锂离子电池正极材料。此外，锂硫电池的硫原料来源丰富，制造成本低廉；使用不含氧元素的硫正极不存在析氧等危险的副反应，安全性较好；硫电极材料本身和使用过程中基本不会产生对环境有害的物质，绿色环保。因此，锂硫电池发展潜力巨大，极具研究价值，近年来得到了业内的广泛研究与关注。

锂硫电池的电化学工作原理如图 3-15 所示，这是一个包含多步骤的氧化还原反应，同时伴随着各种硫化物的复杂相转化。在放电时，硫得到电子并与 Li^+ 结合逐步生成多硫化物中间体 $Li_2S_n(4 \leqslant n \leqslant 8)$，其易溶于电解液，于是逐渐从正极结构中脱出，进而向电解液中扩散；随着放电程度的加深，多硫化物进一步被还原，最终生成 Li_2S_2 或 Li_2S，这些硫化物在电解液中溶解度极低。在充电过程中，放电产物 Li_2S_2 和 Li_2S 失去电子，逐步被氧化成多硫化物中间体，并最终重新生成单质硫。如果单质硫按照上述过程 100%转化为 Li_2S，则其理论放电比容量可达 1675mA · h/g。

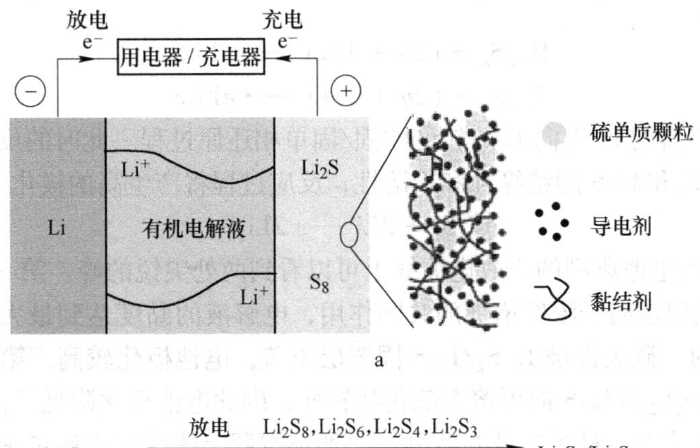

图 3-15 锂硫电池充放电原理示意图

基于硫的多步骤反应机理，锂硫电池的放电过程具体拆分为四个阶段，如图 3-16 所示。

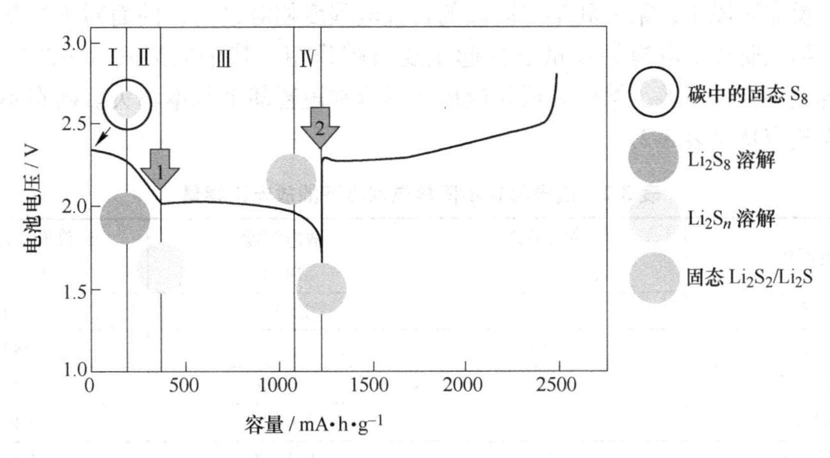

图 3-16 锂硫电池典型的首次充放电曲线

第一阶段：单质硫 S_8 向 Li_2S_8 转变的固/液两相还原过程，对应放电曲线中在 2.2~2.3V 区间的高电位平台。此时，生成的 Li_2S_8 溶解于电解液中，变成一种液态电极，从而在正极中留下大量空余的孔洞。反应式如下：

$$S_8 + 2Li \longrightarrow Li_2S_8 \tag{3-25}$$

第二阶段：Li_2S_8 向短链 Li_2S_n 转变的液/液单相间还原过程。此时，放电电压持续下降，生成的多硫化物中 S—S 链长度逐渐减小，但数量不断增加，导致电解液黏度增大，在第二阶段末期达到最大值。反应式如下：

$$Li_2S_8 + 2Li \longrightarrow Li_2S_{8-n} + Li_2S_n \tag{3-26}$$

第三阶段：溶解的短链 Li_2S_n 向不溶的 Li_2S_2 和 Li_2S 转变的液/固两相还原过程，对应放电曲线在 1.9~2.1V 区间的低电位平台。反应式见式（3-27）和式（3-28），此时存在两者的相互竞争。

$$2Li_2S_n + (2n+4)Li \longrightarrow nLi_2S_2 \tag{3-27}$$

$$Li_2S_n + (2n+2)Li \longrightarrow nLi_2S \tag{3-28}$$

第四阶段：不溶的 Li_2S_2向 Li_2S 转变的固/固单相还原过程。此时的反应动力学非常缓慢，同时由于 Li_2S_2和 Li_2S 的绝缘性和不溶性，反应过程将产生高的极化。反应式如下：

$$Li_2S_2 + 2Li \longrightarrow 2Li_2S \tag{3-29}$$

在图 3-16 锂硫电池典型的充放电曲线上可以看到两处尖锐的峰。第一处峰是由于 S—S 键长度变化以及聚硫离子浓度增加的共同作用，电解液的黏度达到最大，产生动力学极化。在放电状态时，碳表面被 Li_2S_2/Li_2S 固态层覆盖，电池极化较高。第二处峰则反映了充电状态时不溶 Li_2S_2和 Li_2S 向可溶多硫化物转变，因此电池极化降低了。

实际，在锂硫电池中硫的转化过程并不是严格按照上述反应式逐步进行的，具体反应过程非常复杂。例如，在电解液中还存在着多硫化物离子的复杂化学反应，这是由多硫化物离子本身的特性所决定，并受电解液的种类、多硫化物离子浓度、环境温度等因素的影响。这些反应可归纳为如下反应式：

$$Li_2S_n + Li_2S \longrightarrow Li_2S_{n-m} + Li_2S_{1+m} \tag{3-30}$$

$$Li_2S_n \longrightarrow Li_2S_{n-1} + 1/8S_8 \tag{3-31}$$

在上述四个反应阶段中，第一和第二阶段的自放电程度相对最高，因而对电池整个容量的贡献较少。第三阶段对电池的容量发挥起主要贡献作用，其中如果式（3-28）占主导地位，电池容量将释放更多，第四阶段相应地变得非常短暂甚至基本消失。硫在不同放电深度下的放电比容量见表 3-2。

表 3-2　硫电极在不同放电深度下的放电比容量

放电产物	转移电子数 n /mol · mol^{-1} · s	放电深度 DOD	放电比容量 q /mA · h · g^{-1}
$S_8 \rightarrow S_8^{2-}$	0.25	12.5%	210
$S_8 \rightarrow S_6^{2-}$	0.33	16.7%	280
$S_8 \rightarrow S_4^{2-}$	0.5	25.0%	420
$S_8 \rightarrow Li_2S_2$	1	50.0%	840
$S_8 \rightarrow Li_2S$	2	100.0%	1680

然而，锂硫电池虽然理论上有非常高的能量密度，但目前可实现的容量并没有那么高，同时还存在电池在循环过程中容量衰减较快、循环寿命短的问题。其中，锂硫电池中多硫化锂的飞梭效应是影响电池库伦效率和容量衰减的关键问题。飞梭效应的主要过程如下：锂硫电池的正极中间产物多硫化锂（Li_2S_n，$n \geqslant 3$）容易溶解在液态电解液中，这部分多硫化锂会部分脱离正极材料的导电骨架，迁移扩散到本体电解液中；在充电时，长链多硫离子由于浓差扩散进入到负极区，与金属锂反应生成 Li_2S_2、Li_2S 和短链多硫化物，短链多硫离子由于电场力的作用又重新迁移回正极区，再次被氧化为长链多硫离子（如图 3-17 所示），由此导致多硫化物在电池正负极间的反复迁移，产生“飞梭”效应。飞梭效应是电场和浓度场共同作用的结果，特别是对于长链的多硫化锂，因为其电荷密度低于短链的多硫化锂，所以其受电场力的作用也弱于后者，而受浓度场的作用相对明显，被认为是造成飞梭效应的主要原因。飞梭效应一方面会引起电池的自放电，造成活性物质利用率

低、库伦效率低。另一方面，会对锂负极造成腐蚀，影响电池循环稳定性；同时不溶产物Li_2S_2、Li_2S沉积在锂负极表面，导致负极极化增大。因此，如何抑制多硫化锂从正极迁移到负极并与锂片直接接触，是锂硫电池亟须解决的关键科学问题。

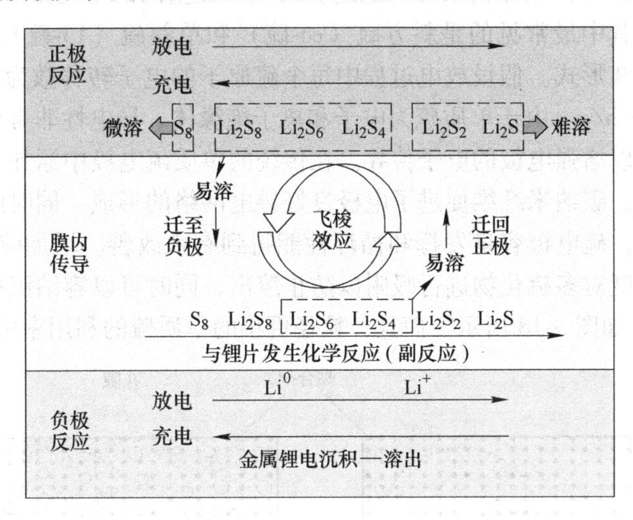

图 3-17 锂硫电池中多硫化锂飞梭效应示意图

除多硫化锂飞梭效应的严重影响之外，锂硫电池还存在以下几个方面的问题：

（1）单质硫的导电性很差，室温下是电子和离子绝缘体（电导率为5×10^{-30}S/cm），因此，作为电极活性材料活化困难、利用率低。

（2）多硫化物易溶于电解液中，由于将多硫化物氧化为单质硫的反应速度十分缓慢，随着循环的进行，大量活性物质以多硫化物形式存在，因此多硫化物向单质硫转化（$S_8\to S_n^{2-}$）的这部分容量发生损失，活性物质的容量贡献降低。而且多硫化物溶解电解液中会造成电解液的黏度增大、离子导电性降低。

（3）不溶放电产物Li_2S_2和Li_2S会从电解液中析出、不均匀沉积在正极中，一方面造成正极的导电性变差，部分活性物质与导电相分离而失去活性，造成不可逆容量损失；另一方面形成较厚的绝缘层，阻碍了电荷传输而且改变了电极/电解质的界面状态。

（4）充放电过程中多硫化物从正极脱出溶入电解液，放电产物又在正极表面沉积，由此发生一系列的沉淀/溶解反应，正极活性物质在固液两相反复进行相转移，正极结构不断的发生收缩和膨胀，逐步被破坏甚至失效。

（5）负极金属锂表面的不均匀性也会导致产生锂枝晶等安全性问题，同时部分锂在充放电过程中逐步失活，成为不可逆的死锂。

因此，硫正极材料、有机电解液、锂负极材料等关键材料的改性工作成为改善锂硫电池的电化学性能，进一步提高电池的比容量、循环、倍率、安全等特性的关键。

3.4.2 正极材料

锂硫电池与其他电化学储能装置不同，正极须额外具有以下三个方面的功能：（1）提供电化学反应场所；（2）抑制多硫化物的脱出；（3）容纳沉积的不溶产物。后两个功能对锂硫电池性能的提升作用更大。

3.4.2.1 单质硫电极

单质硫是一种非金属化学元素，通常是黄色的晶体，其在自然界中有超过30种同素异形体，从结构上来看，以环状S_8最为稳定。以S_8环在空间的不同排列顺序，可以形成几种硫的单质晶体，其中最常见的是斜方硫（cc-硫）和单斜硫（13-硫）。斜方硫是硫在室温下唯一稳定的存在形式。假设放电过程中每个硫原子的电子转移数为2，则S_8的理论比容量可达1675mA·h/g。由于单质硫为电子和离子绝缘体、导电性非常差，因此需要匹配合适的导电材料，以增强电极的电子传导。在传统的单质硫电极中添加一部分碳纳米纤维作为辅助导电组分，碳纳米纤维促进了电极良好导电网络的形成，同时阻止了活性硫和不溶固态产物的团聚，硫电极容量发挥和循环性能得到有效改善。增加硫电极的孔隙空间，有利于电极更大程度对多硫化物进行吸附以防止溶出，同时可以容纳沉积的不溶固态产物（Li_2S_2、Li_2S等），如图3-18所示。而且，粒径更小的单质硫的利用率更高。

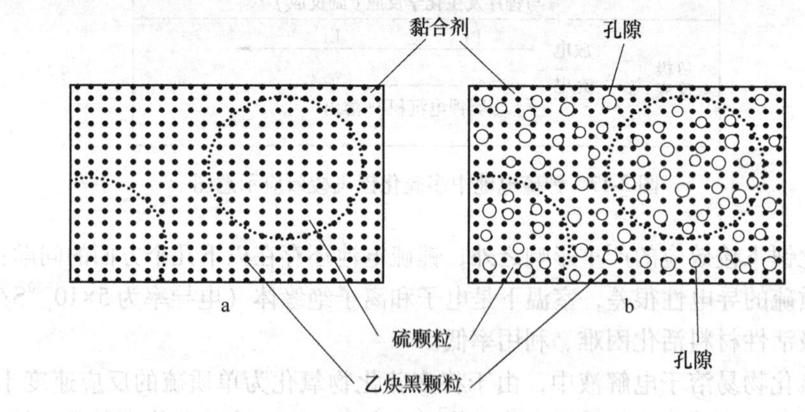

图3-18 硫电极不同结构设计示意图
a—常规结构；b—多孔结构

另外，黏结剂的种类对硫电极的性能也有较大的影响。传统锂离子电池的黏结剂主要作用在于将活性物质和导电剂等的黏合，并防止从集流体上脱落；而在锂硫电池中，良好的黏结剂除了黏合作用外，还能对活性物质和多硫化物产物进行包覆，从而抑制多硫化物的溶解、降低容量损失。目前，研究较多的黏结剂材料有聚偏氟乙烯（PVDF）、聚酰亚胺（PEI）、明胶、聚氧化乙烯（PEO）等。例如，以PEO做黏结剂，制备孔隙结构更为丰富的电极，电池的放电比容量提高，循环稳定性得到加强。缩甲基纤维素钠（CMC）与丁苯橡胶（SBR）组成的水溶性黏结剂体系不仅具有强力黏合效果，还能改善单质硫和导电炭黑的分散状态，确保电极组分的良好电接触；同时，加强了循环过程中电极结构的稳定性，循环性能得到明显提升。

3.4.2.2 硫/碳复合材料

单质硫与导电剂经过简单混合依然存在电极容量较低、循环不够稳定等缺陷。为了更有效提高活性硫的利用率、促进容量发挥和改善循环性能，目前最普遍采用的方法是将导电碳材料与硫进行复合。复合方式主要分为两类：一种是利用碳材料的高导电、高比表面积以及与硫之间的强物理吸附等特性，作为复合材料传输电子的导电骨架，同时提供电化学反应界面，增大了活性反应区域，这种“硫包碳”型复合材料中硫与碳的良好分散性还能够有效减少反应中“死”硫化锂的形成；另一种是主要采用具有丰富孔结构的碳材料作为载体，单质硫填充在碳材料内部的孔道中，尺寸被限制在纳米级，形成了类似“碳包硫”型复合材料，表现出极好的反应活性和高的利用率，碳材料提供的刚性骨架，不仅是电子传输的通道，还能减少反应中活性物质体积变化对电极结构的破坏，同时抑制中间产物多硫化物的溶解与迁移、降低不可逆容量损失。

碳材料种类繁多，包括导电炭黑、多孔碳、碳纳米管、碳纳米纤维、石墨、碳气凝胶等，选择合适的碳材料以及合适的复合制备方法是一个复杂的工作。多孔碳是指具有不同孔结构的碳材料。根据孔径可分为微孔（小于 2nm）、介孔（2~50nm）和大孔（大于 50nm）三类。而根据孔道结构特点，又可以将其分为无序多孔碳和有序多孔碳两种。无序多孔碳的孔道长程无序，孔道形状不规则，孔径分布范围较宽，活性炭（主要由微孔组成）可作为典型代表；有序多孔碳具有孔道有序性，孔道形状和孔径尺寸可以得到很好的控制，且孔径分布范围窄，目前研究比较多的是有序介孔碳（如 CMK-3 等）。如图 3-19 所示，CMK-3 与硫在 155℃进行高温处理，使硫渗入到 CMK-3 的孔道内制备硫碳复合材料（含硫量 70%）。MK-3 导电骨架提供了便利的离子嵌入/脱出通道，有利于电化学反应的进行，碳的强吸附能力限制了反应中多硫化物的溶解与扩散。单质硫渗入介孔孔道内，保证了导电相与绝缘硫的良好接触，而且能够缓解电极体积变化带来的影响。另外，一定程度下增加电解液盐浓度可以减少多硫化物的溶解，改善电池性能，但盐浓度过高时，基于粒径较大或孔径较小的活性炭制备的复合材料会产生高的极化导致可逆容量降低。

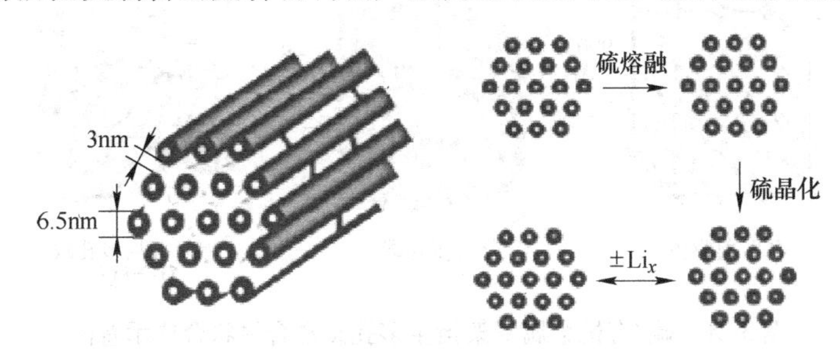

图 3-19 CMK-3/S 复合材料的结构和氧化还原过程

碳纳米管（Carbon Nanotubes，CNTs）或碳纳米纤维（Carbon Nanofiber）具有较大的比表面积、优异的导电性、良好的吸附能力和力学性能，用其作为单质硫的载体，可以有效提高电极的导电性和反应活性，同时增强材料结构的稳定性，因此在锂硫电池正极材料中得到广泛应用。如图 3-20 所示，采用溶剂交换法将单质硫均匀包覆在经表面修饰后的多壁碳纳米管（MWCNT）上，表面修饰后的 MWCNT 存在的羟基、羧基、羰基等官能团，可以作为沉淀硫的生长点，以有效阻止硫的团聚，同时增加硫与碳之间的紧密接触，因而改善了复合材料的电化学性能。多孔 CNTs 薄膜有效改善了硫电极的导电性，为 Li^+ 提供了快速的三维传输通道，S 与 CNTs 之间形成的强共价键作用也确保了电极在充放电过程中的结构稳定性，同时还具备良好的倍率性能。

以有机金属框架（MOF）为模板制备的碳材料由于具有较大的比表面积和特殊的孔结构而受到越来越多的关注。例如，利用 ZIF8 为模板制备的微孔多面体碳材料具有 $849m^2/g$ 的比表面积和独特的微孔结构。作为硫的导电载体，不仅可改善单质硫的电化学活性，而

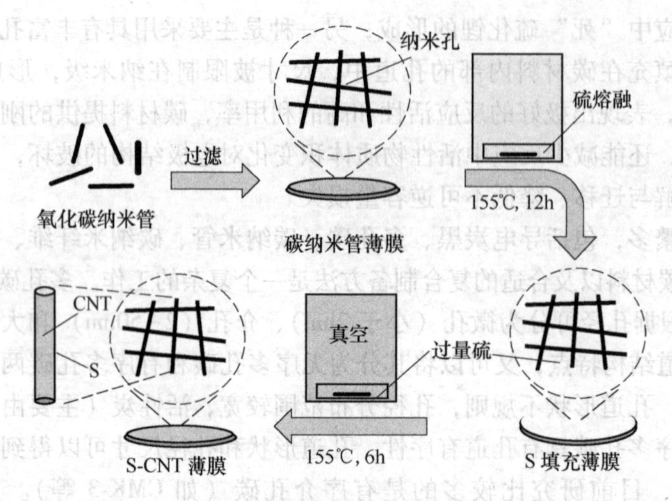

图 3-20 S/CNTs 薄膜电极的结构模型与制备原理

且其微孔结构可有效抑制多硫化物在电解液中的扩散。如图 3-21 所示，碳材料的微孔结构（< 2nm）有利于提高复合硫正极材料的循环稳定性；介孔结构（2~50nm）则有利于提高复合材料的首次放电容量。设计并制备具有特殊结构和功能化的 MOF 材料及其衍生多孔碳材料将为今后寻找合适的硫载体提供途径。

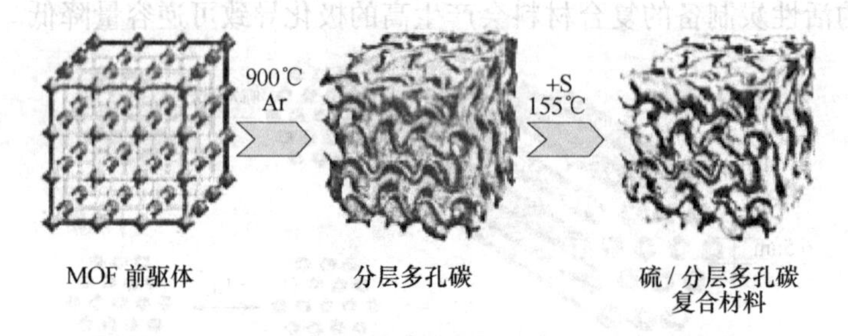

图 3-21 硫/有机金属框架衍生多孔碳复合材料合成示意图

3.4.2.3 硫/导电聚合物复合材料

导电聚合物具有非定域的 π-电子共轭体系，通过掺杂获得导电性。常见的导电聚合物有聚吡咯（PPy）、聚苯胺（PANi）、聚噻吩（PTh）、聚丙烯腈（PAN）等。将导电聚合物与单质硫材料复合可以获取以下作用：（1）克服单质硫绝缘的缺点，提高电极材料的导电性；（2）稳定电极结构、改善循环性能；（3）吸附硫及其还原产物、抑制多硫化物的溶解，提高活性材料利用率。此外，导电聚合物还能作为活性物质提供一部分的容量。

PPy 是当前被广泛研究的导电聚合物材料之一。通过化学聚合法制备的 S/PPy 复合材料，PPy 纳米颗粒均匀包覆在硫表面，提高了电池的放电比容量，同时改善了循环性能，PPy 发挥了导电剂、活性剂和多硫化物吸附剂的三重作用。采用高温处理法将单质硫填充到 PPy 纳米线的孔洞中，PPy 起到良好的导电和分散作用，同时高比面积特性对多硫化物形成吸附，减少了其在电解液中的溶解。通过一步球磨法制备的“树枝状”纳米结构 S/PPy 复合材料，其中硫包覆在 PPy 材料表面。这种复合材料降低了电极的电荷传递阻抗，而且树枝状结构产生的丰富孔隙能够控制硫在充放电过程中的体积变化，阻止多硫化物溶解。

具有特殊核-壳结构的S/PANi复合材料如图3-22所示，单质硫不再被聚合物材料紧紧包裹，而是在内部具有空间，给活性硫在充放电过程中的体积膨胀提供了缓冲作用。而且，外部的聚合物包裹层也不易被破坏，壳体结构更加稳定，活性硫和多硫化物被固定在壳体内，不再发生在电解液中的溶解，因此容量、循环和库伦效率等电化学性能比传统核-壳结构材料的更优异。聚合物壳对多硫化物的物理限制，聚合物杂环原子与Li—S的化学键作用这两方面在提高电极循环稳定性上发挥重要作用，而聚合物的导电性很大程度决定了硫电极的倍率性能。

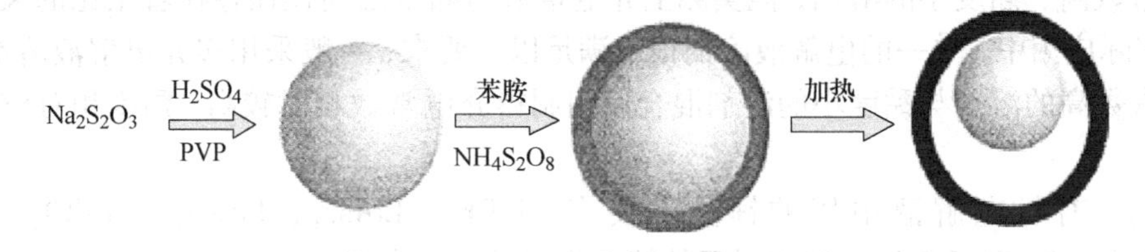

图3-22 具有核-壳结构S/PANi复合材料的结构示意图

3.4.2.4 硫-氧化物复合材料

多孔氧化硅SBA-15具有大的比表面积、孔容及稳定的孔结构，更重要的是其表面的Si—O基团具有亲水性及正电荷，有利于吸附极性的多硫化物阴离子并通过扩散控制机制对其进行可逆的释放。SBA-15可通过物理混合的方式嵌入到硫/碳复合材料中，发挥多硫化物储存器的作用。另外，SBA-15的添加可以放宽对碳载体孔结构的要求，具有大孔结构的碳材料可显著增加复合材料的振实密度，从而增加电池的体积能量密度。例如，以平均孔径为12.5nm、粒径为10μm的介孔碳为硫的载体，如图3-23所示，通过复合SBA-15可使含硫70%的复合材料在电解液中的硫含量降低至23%。

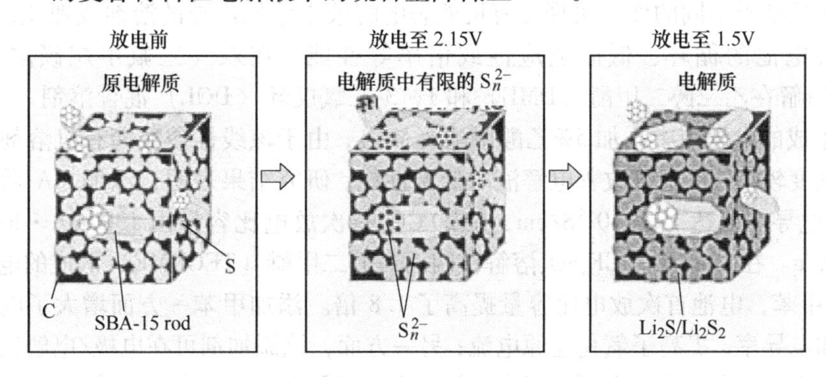

图3-23 多孔氧化硅SBA-15放电机理示意图

3.4.3 锂硫电池电解质

3.4.3.1 电解质

电解质作为电池的重要组成部分，在正、负极之间发挥输送离子的作用。选择合适的电解质是保证化学电源具有高能量及高功率密度、低自放电率、长循环寿命和良好安全性能的关键。电解质主要由锂盐、溶剂和功能添加剂组成，按照其组成可以分为有机液体电解质、离子液体电解质、聚合物电解质、陶瓷电解质以及复合电解质。

有机液态电解质是把锂盐溶解于极性非质子有机溶剂得到的电解质，这类电解质电化学稳定性好，室温离子电导率高（10^{-1}~10^{-3}S/cm），可以在较宽的温度范围内使用，是目前在锂硫电池中使用最普遍的电解质体系。但有机液体电解质的使用也存在着局限性：易泄漏，电池产品必须使用坚固的金属外壳，型号尺寸固定，缺乏灵活性；易燃，使电池的安全性变差。在空间上便于枝晶的产生和生长，易导致电池短路失效。溶剂是影响电解质性能的关键因素。为配制电导率高、黏度低且使用温度范围宽的电解质，理论上应倾向于选择介电常数高、黏度小的溶剂，但实际上介电常数与黏度之间往往存在着正比的关系。因此，在实际应用中，单一的电解液溶剂很难满足以上要求，一般采用多元电解液溶剂体系，将介电常数高的溶剂与黏度小的溶剂混合使用制得介电常数相对较高，黏度相对较小的电解液。

目前，有机电解液中用的锂盐主要有：$LiPF_6$、$LiAsF_6$、$LiClO_4$、$LiAlCl_4$、$LiBF_6$、$LiCF_3SO_3$和$LiN(CF_3SO_2)_2$，按离子间的缔合作用进行排序有：

$$LiCF_3SO_3 > LiBF_6 > LiClO_4 > LiPF_6 > LiN(CF_3SO_2)_2 > LiAsF_6$$

锂盐离子间缔合作用越强，在相同溶剂和相同电解质浓度的电解液中的载流子数越少，电导率就越低。锂盐电解质阴离子体积的大小也会影响电解液的电导率，阴离子体积越大，电荷分布越分散，阴阳离子间缔合程度越小，电导率越高。从离子间缔合作用看，$LiAsF_6$是最佳的电解质盐的选择，但是由于As具有较大的毒性和昂贵的价格，因此无法被广泛应用于电解液中。$LiClO_4$发挥锂盐功能的同时，在循环过程中迅速反应形成钝化膜，降低电荷传递电阻，有效地提高库伦效率及循环性能。但$LiClO_4$中由于ClO_4^-的存在，其氧化性较强，会导致电池的安全性能下降。$LiCF_3SO_3$和$LiN(CF_3SO_2)_2$等含氟锂盐因具有稳定性好、阴离子半径大和离子电导率高等优点，近些年来在电池中的应用逐渐普遍。

添加剂是基于不同的作用机理在有机液态电解液中添加额外的溶剂或锂盐，可在一定程度上改善电池的循环、低温适应性或倍率等性能。在双（三氟甲烷磺酰）亚胺锂（LiTFSI）溶解在乙二醇二甲醚（DME）和1，3-二氧戊环（DOL）混合溶剂（50∶47.5，体积比）组成的电解液中添加5%乙酸甲酯（MA），由于该线性羧酸酯有机溶剂的凝固点较低，且黏度较小，可有效改善电解液的低温性能，研究结果表明，添加MA后电解液在-10℃下的电导率可达1.2×10^{-4}S/cm，在20℃的首次放电比容量由1307mA·h/g提高到1342mA·h/g。在1mol/L $LiCF_3SO_3$溶解在四乙二醇二甲醚（TEGDME）形成的电解液体系中加入5%甲苯，电池首次放电比容量提高了1.8倍。添加甲苯一方面增大了电解液的离子迁移率和电导率，提高了氧化还原电流；另一方面，该添加剂可在电极/电解液界面间形成一层稳定多孔的传导膜，有利于提高电极和电池的循环性能和使用寿命。

3.4.3.2 锂硫电池对电解质的要求

电导率是评价电解质物理性质很重要的一个指标，而且电解质应具备较高的稳定性，包括热稳定性、化学稳定性和电化学稳定性三个方面。热稳定性高，是指在较宽的温度范围内不发生分解、燃烧，与电池的安全性能紧密相关；化学稳定性高，是指与电极材料、隔膜、集流体等具有良好的相容性；电化学稳定性高，是指在较宽的电位范围内既不发生分解也不与电极材料发生反应，即具有较宽的电化学窗口。

仅从锂硫电池的工作平台电压（在 3V 以下）来看，多数有机溶剂在此电压窗口内都具有电化学稳定性，因此采用常用的醚类或碳酸酯类溶剂，匹配商业化的锂盐，基本上都可以满足锂硫电池对工作电压的要求。本节主要介绍锂硫电池对电解质的特殊要求，以及有针对性的有机液态电解质的改性。

（1）高离子电导率。锂硫电池的正极活性物质单质硫在有机电解液中的电化学氧化还原过程为多电子传递步骤，其放电曲线具有两个放电平台，其中由扩散步骤控制的高放电平台对总放电容量的贡献率远远大于由化学步骤控制的第一个低放电平台，因而锂硫电池要求电解质的电导率应在 $1\times10^{-3}\sim2\times10^{-2}$ S/cm 之间，具有较高的离子电导率，有利于锂离子的迁移扩散，有利于低电压放电平台容量的增加，并降低电子电导率，以防止隔膜被击穿。

（2）抑制多硫化锂、单质硫和最终产物 Li_2S 的溶解。这是锂硫电池电解质区别于其他储能装置如锂离子电池电解质最重要的性能评价指标。锂硫电池的中间产物多硫化锂、单质硫和最终产物 Li_2S 在有机溶剂中具有一定的溶解度，但过量的溶解，一方面会使电解质黏度过大从而增大电池的内阻；另一方面，活性物质在电解质中扩散并与负极锂发生反应，导致活性物质利用率降低、极化电流加大，从而最终导致硫正极容量的迅速衰减。研究人员多认为可以采用提高溶剂给体数（D. N.）的方法使 Li_2S 溶解在电解质中，从而能够消除钝化膜提高电池的循环效率。但随着溶剂给体数的增加，其对锂负极的腐蚀性也加强，同时无法形成稳定的固体电解质相界面膜（简称 SEI 膜），同样会导致电池容量的快速衰减。因而，在适合溶剂体系的选择上要兼顾正负极材料的兼容性。

以下以有机液态电解质为主，阐述针对锂硫电池的具体要求进行的电解质改性。

（1）有机溶剂改性。常规碳酸酯类溶剂可与单质硫发生反应，如图 3-24 所示，从而降低活性物质的利用率，增大反应阻抗。此外，反应中间产物在碳酸酯类溶剂中的溶解性能差，可阻碍氧化还原反应的顺利进行，因此并不适用于以单质硫为活性物质的锂硫电池体系。而线形或环形醚类物质如四氢呋喃（THF）、乙二醇二甲醚（DME）、四甘醇二甲醚（TEGDME）和 1，3-二氧戊环（DOL）等都具有较高的多硫化物溶解能力，且并不与单质硫发生反应，因而非常适用于单质硫为活性物质的锂硫电池体系。

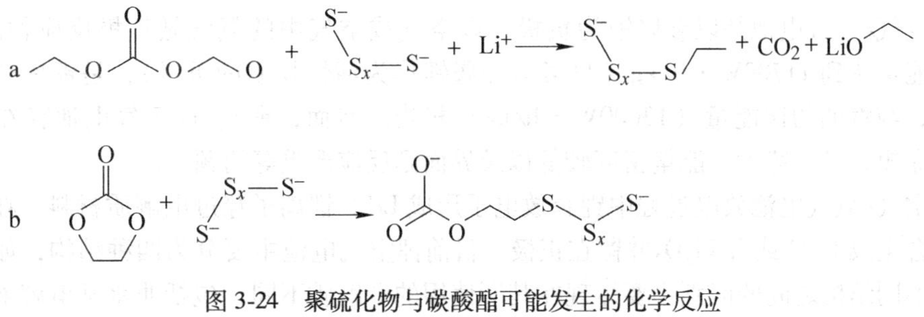

图 3-24 聚硫化物与碳酸酯可能发生的化学反应

三氟甲磺酸锂（$LiCF_3SO_3$）基 1，3-二氧戊环（DOL）/四甘醇二甲醚（DME）混合溶剂电解液体系具有黏度低、电导率高等优点，是适合锂硫电池的电解液体系之一。适量 DOL 的加入可以改善电池界面性能，对金属锂起到保护作用，DME 对多硫化锂具有较高的溶解度，适量的加入可以降低反应阻抗，利于氧化还原反应的进行，但加入量过高也会由于多硫化锂的过度溶解而导致电解液黏度过大，使电池内阻增加，导致整个电池的循环性能变差。具有较强的给电子能力溶剂组成的低黏度电解液较容易提高单质硫的氧化还原反应活性和可逆性，有利于提高单质硫在2.1V附近的低放电平台电位和放电比容量。硫电极在电解液中具有较好的表面钝化作用，可促进电活性物质离子扩散，降低界面电荷传递阻抗，表现出了良好的倍率特性和循环性能。

(2) 电解质功能添加剂改性。硝酸锂是锂硫电池电解质中的一种重要添加剂，电解液中硝酸锂、溶剂、聚硫化锂与金属锂负极通过化学反应形成的是以RCOOLi和Li_xNO_y为主要成分，并含Li、O、C、N、S等元素的无机钝化膜，在一定程度上阻隔了电解液和金属锂的接触，在循环过程中可有效抑制聚硫离子与金属锂的副反应，防止金属锂转化为锂枝晶，提高了锂负极的稳定性，从而有效提高了锂硫电池的活性物质利用率和循环性能。但是，硝酸根的强氧化性会增加电池的不安全因素，而且含有Li、O、C、N等元素的无机膜韧度不高，当锂负极表面的粗糙度达到一定程度时，该层无机膜会由于受力不均而产生碎裂。因此，又采用了4% LiBOB作为锂硫电池电解液的添加剂，该盐在一定电位下发生还原分解可形成具有保护性的钝化界面膜，该界面膜完整致密、力学性能强且离子迁移阻抗较低，可进一步增加电解液与负极材料的相容性。

锂硫电池技术取得了显著的研究进展，对正极关键材料、锂负极和电解液以及内部反应机理的探索也不断深入。在保持锂硫电池的高比能量、低成本和环保优势的前提下，继续突破限制循环寿命、安全性和倍率性能的技术瓶颈，特别是解决金属锂负极枝晶与粉化问题、电解液分解消耗问题，成为研究开发锂硫电池及其关键材料的重要方向。

3.5 锂空气/氧气电池

3.5.1 锂空气/氧气电池的发展和种类

在过去二十年，由可发生嵌脱反应的负极和锂的过渡金属氧化物正极组成的锂离子电池在电化学能量存储技术中占重要地位。然而，锂离子电池的能量密度（理论值为350~400W·h/kg，实际值为100~200W·h/kg）不足以满足未来电动车和智能电网的应用需求。锂空气/氧气电池是以金属锂为负极、以空气或空气中的氧气做正极反应物的电池，理论比能量达到11700W·h/kg（只考虑金属锂作为活性物质的重量），是锂离子电池的6~9倍，与汽油的比能量（13000W·h/kg）相当。然而，锂空气/氧气电池存在可逆性差、寿命短、过电势大、能量密度较低以及界面副反应严重等问题。

锂空气/氧气电池放电过程中锂释放电子形成Li^+，锂离子穿过电解质材料，在正极与氧气结合生成Li_2O或者Li_2O_2并留在正极。目前锂空气电池主要分为四种结构，如图3-25所示，不同结构之间的区别主要体现在其所使用的电解质不同，包括非水基电解液、水基电解液、混合电解质体系、全固态电解质。其中，有三种结构应用了液态电解质：水基电解液结构，非水电解液结构以及复合电解质结构。在非水电解质体系中，锂空气电池由负极金属锂、电解质（对质子惰性的液体电解质或固态电解质）和能在环境中获得氧气的多孔正极材料构成（如图3-26所示）。其电池反应为：

$$(2-x)Li^+ + O_2 + (2-x)e^- \longleftrightarrow Li_{2-x}O_2 \tag{3-32}$$

主要可逆的放电产物为Li_2O_2，但是在放电过程中也会出现类似于LiO_2的产物。值得注意的是水可以作为溶剂添加剂加入质子惰性电解质中用于改变中间产物（LiO_2）的溶解性或者形成一个新的平衡体系。电解质含水体系只要主要的放电产物为 Li_2O_2 就可认为是非水系电解质体系。然而由于热力学驱动力当水的浓度升高时主要的放电产物转化为 LiOH，这种系统为水系电解质体系，电化学反应式为：

$$4Li^+ + O_2 + 6H_2O + 4e^- \longleftrightarrow 4LiOH \cdot H_2O \tag{3-33}$$

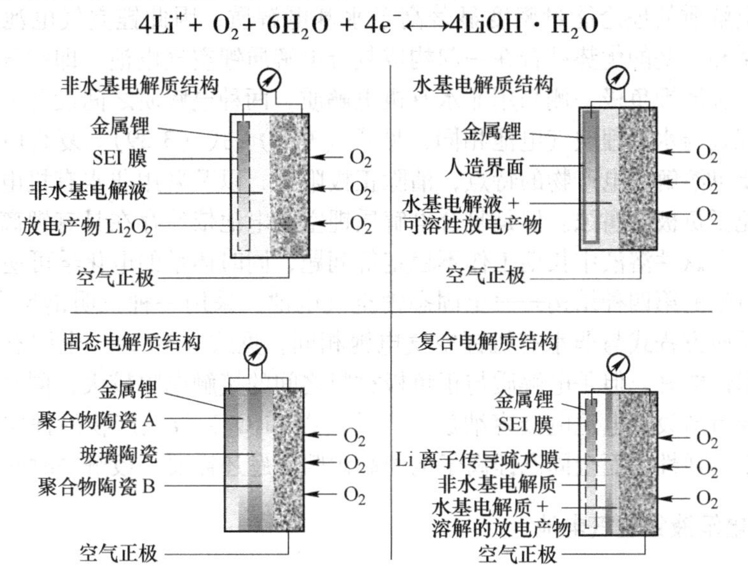

图 3-25 锂空气电池的四种结构

（虚线表示锂电极表面随循环产生的 SEI 膜，实线表示人为合成的保护膜）

1996 年，Abrahanm 和 Jiang 发明了第一个非水系锂空气电池。其发生的理想的可逆反应为式（3-32）。一系列的研究表明不可逆的反应式（3-34）也有可能存在。氧化还原反应的第一步产物为超氧化物（吸附于电极表面或溶解在溶液中）。理论上，LiO_2 作为中间产物形成后不是吸附于电极表面就是溶解在溶液中。溶解的 LiO_2 在溶液中通过歧化反应式（3-35）生成 Li_2O_2，同时 LiO_2 在电极表面进行电化学还原反应式（3-36）。电解质主要采用非水有机电解质，放电产物主要为 Li_2O_2，产物不溶于电解质，容易在空气正极堆积，影响锂空气电池的放电容量。

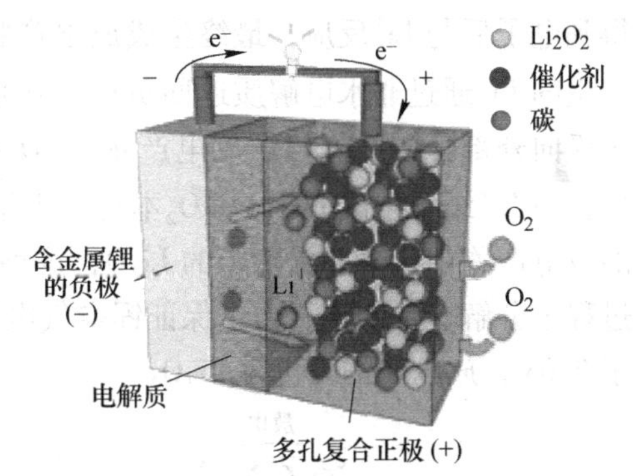

图 3-26 非水电解质锂空气电池原理图

$$2Li^+ + 1/2O_2 + 2e^- \longrightarrow Li_2O \tag{3-34}$$

$$2LiO_2 \longrightarrow Li_2O_2 + O_2 \tag{3-35}$$

$$LiO_2 + Li^+ + e^- \longrightarrow Li_2O_2 \tag{3-36}$$

水基锂空气电池于 2005 年提出，电解质采用水基电解质，放电的反应方程式见式（3-37）~式（3-39），放电产物主要为 LiOH，可溶于水，不存在放电产物的堆积情况。

正极反应：
$$O_2 + 4e^- + H_2O \longrightarrow 4OH^- \tag{3-37}$$

负极反应：
$$Li - e^- \longrightarrow Li^+ \tag{3-38}$$

电池反应：
$$O_2 + 4Li + 2H_2O \longrightarrow 4LiOH(E^{\ominus} = 3.45V) \tag{3-39}$$

但是金属锂与水接触会发生化学反应导致负极的腐蚀，因此在水系电解质电池中，需用聚合物电解质或无机固体电解质隔离负极锂，要求这些电解质层具有好的离子导电性，与金属锂相容性好且在碱性水溶液中能够稳定存在。

非水系电解质的理论能量密度显著高于水基电解质，因此锂空气电池还存在一种结构，将非水系和水基的优势结合在一起构成复合电解质锂空气电池，即空气正极一侧采用水基电解质、金属锂负极一侧采用非水有机电解质，两种电解质之间设置 Li^+ 传导疏水膜，放电反应方程式与水基锂空气电池相同，见式（3-37）~式（3-39）。复合电解质体系利用了水基电解质可溶解放电产物的特点，消除正极限制，以及采用非水有机电解质保护金属锂负极，避免了负极的腐蚀。但是复合电解质锂空气电池依然存在具有锂离子电导的疏水膜内阻较大，在碱性溶液中长期工作不稳定等问题，同时体系的电化学可逆性亟待提高。

锂空气电池的第四种结构——全固态锂空气电池，采用一种三明治型全固态电解质，电池的放电反应方程式与非水有机锂空气电池相同，见式（3-32）。全固态锂空气电池安全性高，高温性能好，但是电解质与正负极材料之间的接触电阻较大，同时由于放电产物的存在，需要重新设计电池电极容纳放电产物。以 Li_2O_2 为放电产物的锂空气电池结构表现出了电化学可逆性，而全固态锂离子电池高内阻问题还需要一段解决时间。

3.5.2 非水电解液锂空气电池

非水基锂空气电池由金属锂或者锂合金作为负极，含可溶性锂盐的非水导电介质作为电解质，由多孔碳材料和催化剂组成正极，其工作原理如图 3-27 所示。在放电过程中，Li^+ 经过非水电解质从金属锂负极迁移到空气正极，电子从外电路迁移至空气正极，氧气得到电子后与 Li^+ 反应，最终生成放电产物 Li_2O_2。在充电过程中，正极的放电产物分解，产生的 Li^+ 通过非水电解质返回负极，在负极处得到电子还原成为金属单质锂，同时空气正极向外部释放出氧气。放电产物 Li_2O_2 的生成经历了两个阶段，氧气得到电子形成 O_2^- 后，与 Li^+ 结合生成 LiO_2，LiO_2 本身并不稳定，会进一步分解成为 Li_2O_2 和 O_2。锂空气电池的放电产物中包含非常稳定的 Li_2O，这种产物一般在放电电压低于 2.0V 时出现，在充电过程中分解非常困难。为了保证锂空气电池的电化学可逆性，一般要求电池的放电电压高于 2.0V，放电产物只包含 Li_2O_2。

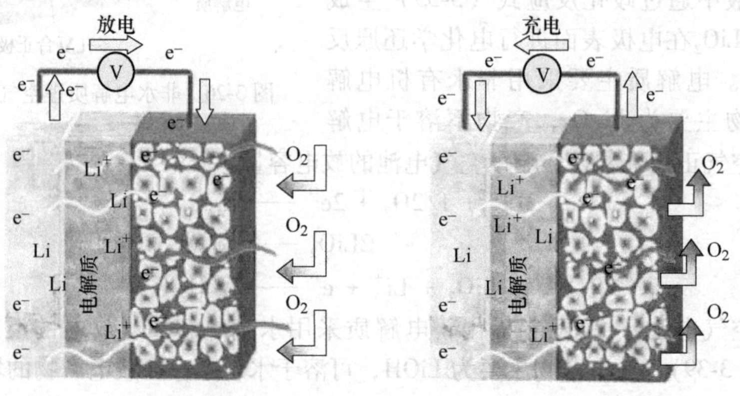

图 3-27 非水基锂空气电池的工作原理

锂空气电池在实际应用中的电池容量与理论值相差较远，主要问题在于放电产物 Li_2O_2 不导电而使电极钝化。即使正极材料为理想的多孔材料，钝化仍会导致充电能力急剧下降，致使实际容量低于理论容量。然而，近期的研究发现改变 Li_2O_2 的形成过程能够缓解这一问题，提高锂空气电池的容量。超氧化物中间物的溶解度是 Li_2O_2 形成机制的主要影响因素，其取决于质子惰性的电解液（基于皮尔逊的软硬酸碱理论（HSAB））的供体数（DN，溶剂碱度）或受体数（AN，溶剂酸度）。根据 HSAB 理论，Li^+ 为硬 Lewis 酸并对硬 Lewis 碱有很强的吸引力。在高供体数（DN）溶剂中，由于 Li^+—（溶剂）$_n$ 强配位键的形成，Li^+ 酸度的减少比低供体数溶剂多。因此，由于软碱和软酸之间的更强的吸引力，O_2^- 作为中度的软酸可与高供体数溶剂长时间稳定存在。而且，在高供体数溶剂中阳离子的溶剂化能高于低供体数溶剂，因此，LiO_2 在高供体数溶剂中更易溶解。溶解于高供体数溶剂中的 LiO_2 促进了溶液中形成 Li_2O_2 大微粒，从而使放电容量增强。另一方面，低供体数溶剂导致形成膜状 Li_2O_2，电池由于吸附了 LiO_2 电化学还原反应很快失效（如图 3-28 所示）。因此，在高 DN 和 AN 数的溶剂中以溶液路径形成的 Li_2O_2 可以显著提高放电容量。

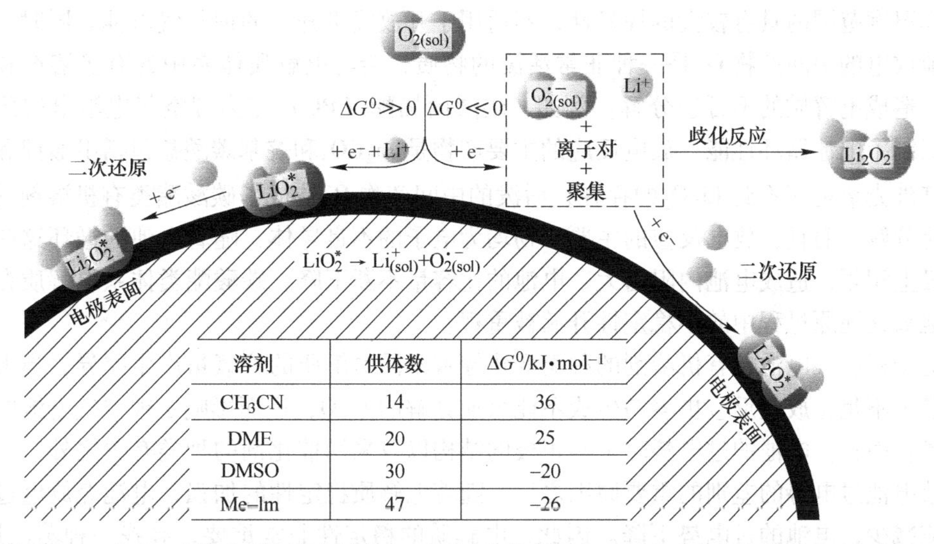

溶剂	供体数	ΔG^0/kJ·mol⁻¹
CH_3CN	14	36
DME	20	25
DMSO	30	–20
Me–lm	47	–26

图 3-28 在含 Li^+ 的质子惰性溶剂中 O_2 还原反应的电极表面反应路径和溶液反应路径原理

除了大容量，充放电循环的高可逆性对锂空气电池也非常关键。锂空气电池的典型充放电曲线如图 3-29 所示。放电曲线基本是维持在 2.6~2.7V（vs. Li/Li⁺）的一个电压平台，充电过程在 3.4~4.5V（vs. Li/Li⁺）表现出 2 ~ 3 个阶段。值得注意的是，锂空气电池在充放电平台之间有较大的过电势存在，这严重影响了电池的能量效率。低能量效率的反应机理仍在探索研究中，在接近或是在放电产物和电解质的界面：（1）过氧化物或超氧化物与电解液的副反应导致了在氧反应

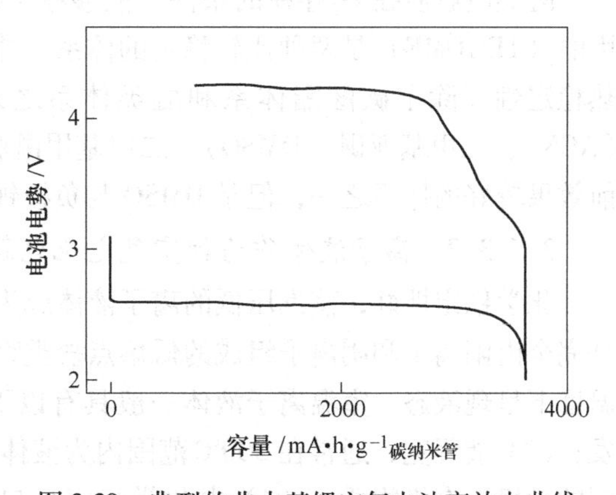

图 3-29 典型的非水基锂空气电池充放电曲线

界面上副产物的积累，以及碳材料的氧化和负极锂的腐蚀；(2) 大颗粒的 Li_2O_2 区域由于远离电极表面而难以进行有效的电化学氧化反应。这些问题使充电电压不断增长导致低的库伦效率和循环寿命。

推进锂空气电池的实际应用，需要对电池反应机理阐释，对空气正极的结构优化、金属锂负极的保护、电解质体系组分的选择与优化进行深入研究。其中，锂空气电池电解质的组分决定了电池的结构与反应机理，对锂空气电池的充放电性能、循环性能、安全性等工作指标具有极大的影响，因此对电解质的研究是锂空气电池开发的一个极其重要的方向。

3.5.3　非水电解液锂空气电池的电解质

3.5.3.1　锂空气电池的电解质对有机溶剂的要求

有机溶剂作为液态电解质的重要组成部分，承担着溶解锂盐的重要作用，有机溶剂的性能直接影响着电解液的性能，如锂盐的溶解度、电解液的电导率、电池的循环效率、可逆容量、安全性等。目前，锂空气电池的非水电解质主要采用碳酸酯类等有机溶剂，多数在工作温度范围内具有较大的挥发性，不适用于开放或半开放的锂空气电池。同时，锂空气电池放电的中间产物 O_2^- 是一种非常活泼的物质，会与电解质体系中的有机溶剂和锂盐反应，造成电解质的不可逆分解。例如，碳酸丙烯酯 (PC) 作为锂空气电池电解质中的溶剂限制了电池循环性能，放电反应的主要产物是 Li_2CO_3 和烷基碳酸盐包括甲酸锂和乙酸锂，红外光谱观察不到 Li_2O_2 的存在，活泼的中间产物 O_2^- 造成了碳酸酯类有机溶剂的不可逆氧化分解。而且，放电反应的主要产物均为电子的不良导体，随着电池的循环这些产物在正极上积累，造成电池内阻增大、电池的比容量不断下降。碳酸酯类体系电解质在锂空气电池氧化还原过程中的不稳定性开始被重视。

对于锂空气电池，有机溶剂的种类变化导致不同电解质的溶氧量产生差异，当电解质中溶氧量不足，放电反应更容易生成不能可逆分解的 Li_2O，进而影响了锂空气电池的放电比容量。而且，电池的过电势除了与正极的结构以及采用催化剂的种类有关之外，电解质是导致电池过电势的差别的重要原因之一。随着电解质稳定性的加强，电池充放电过程中副反应减少，电池的过电势下降。因此，电解质的稳定性非常重要，寻找一种蒸汽压低、稳定性好的电解质体系成为解决非水电解液锂空气电池应用问题的关键。

醚类电解质在 O_2^- 存在的条件下能够稳定存在，乙二醇二甲醚 (DME) 和四乙二醇二甲醚 (TEGDME) 是两种比较稳定的体系，并且具有较高的氧化稳定性、不可燃性和高的热稳定性。除了碳酸酯体系和醚类体系之外，锂空气电池电解液的研究还包括乙腈 (ACN)、二甲基亚砜 (DMSO)、二甲基甲酰胺 (DMA)、苯甲醚等体系，其中 DMSO 是目前效果较好的体系之一，但是 DMSO 与负极锂片兼容性较差，需要对锂片进行保护。

3.5.3.2　离子液体作为锂空气电池电解质的优势

化学稳定性好，蒸汽压低的离子液体成为适用于锂空气电池的电解质体系。离子液体是完全由阳离子和阴离子组成的低熔点盐类物质，由于取代基的不对称性，在室温或相邻温度下呈现液态。室温离子液体一般具有以下特点：(1) 蒸汽压很低，几乎为零，不挥发；(2) 液程宽，通常在300℃范围内为液体；(3) 具有良好的溶解性能，能够溶解大范围的无机、有机物质；(4) 电化学稳定窗口宽 (4~6V)；(5) 热稳定性高，可以达到

200℃而不分解，同时比热容大；（6）具有可设计性，可以按不同需求调节阴、阳离子的种类进行组合；（7）黏度高，室温下一般为30~50cP（水的黏度为0.89cP）。

N-甲基-N-丙基吡咯二（三氟甲基磺酰）亚胺（$PYR_{14}TFSI$）离子液体阴阳离子的结构式如图3-30所示。$PYR_{14}TFSI$拥有最高的氧溶解度，提高电解质中氧的溶解度和电导率，在没有正极催化剂的情况下，电池放电容量达到2500mA·h/g，充电电压稳定在3.8V，该种电解质的应用使得电池在充电过程中不再有副反应发生，使锂空气电池的能量效率达到90%成为可能。组装的锂空气电池在限制放电容量500mA·h/g的情况下循环了30次，电池的循环曲线如图3-31所示，没有出现容量的衰减，充放电过电势差仅为0.5~0.6V，能量效率达到82%。通过电子显微镜观察放电产物的形貌，发现由于使用的电解质中锂盐的含量较小，放电产物在沉积过程中更倾向于成核而不是生长，因此放电产物呈颗粒状，且粒径较小，有利于放电产物的可逆分解。

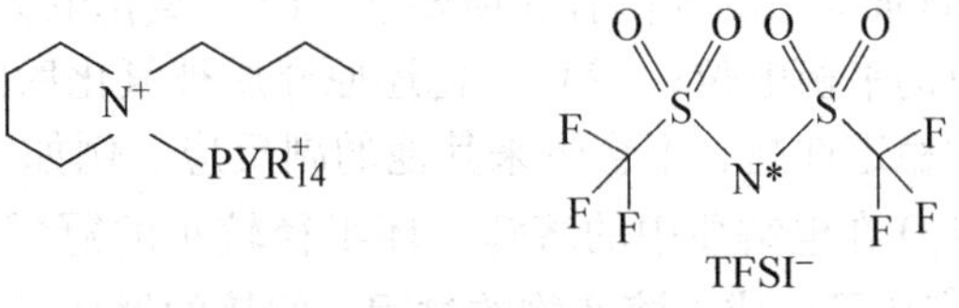

图3-30 $PYR_{14}TFSI$离子液体阴阳离子的结构式

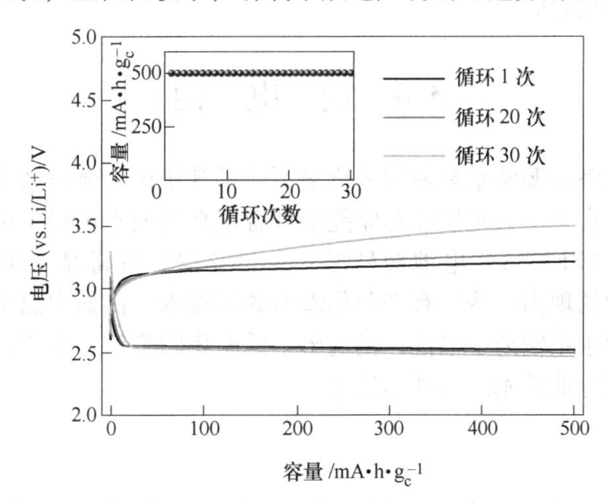

图3-31 $PYR_{14}TFSI$基电解质锂空气电池的充放电循环曲线图

近年来的研究表明，离子液体因其不挥发性，疏水性，高化学稳定性，宽电化学窗口和安全性，在锂空气电池中的应用取得了较为突出的研究成果，但是离子液体依然存在黏度高、成本高等缺点，仍需研究人员对其进一步的开发。

3.5.3.3 锂空气电池电解质的添加剂

电解质添加剂作为电解质的重要组成部分，虽然用量较小但是可以显著改善电解质的性能，提高电解质的电导率，提高电池的循环效率、可逆容量，改善电极的成膜特性。由于锂空气电池对于电解质的性质有更多要求，因此需要新的添加剂用来提升电池的比容量，降低充放电过电位。

增大放电产物在电解质中的溶解度是提升锂空气电池比容量最有效的方法之一。硼基阴离子受体化合物三（五氟苯基）硼（TPFPB）能够促进Li_2O_2和Li_2O在有机溶剂中的溶解，TPFPB能够与O_2^{2-}络合，提高Li_2O_2的溶解度，并能够降低Li_2O_2的氧化电位，提高其氧化动力学。但是随着 TPFPB 浓度的增加，电解液的黏度增加，导致电导率降低，因此 TPFPB 的加入量要进行控制。针对充电过程中能够促进 Li_2O_2分解的氧化还原媒介（Redox Mediator）的选择有 3 项要求：（1）氧化电势需要与 Li_2O_2的电位相匹配，略高于 Li_2O_2形成的平衡电位；（2）氧化还原介质被氧化后的产物可以有效地分解 Li_2O_2；（3）在电解液中稳定性高，不会带来其他的副反应。例如，向电解质中加入少量的冠醚可增加 Li_2O_2和 Li_2O 在电解质中的溶解。环半径较小的冠醚可以与 Li^+形成络合物，从而减缓其与 O_2^-或 O_2^{2-}离子生成不溶产物的过程，间接的增加了 Li_2O_2和 Li_2O 的溶解度。

除了放电比容量，充放电过电势过高，能量效率低也可以通过添加剂改善。四硫富瓦烯（TTF）作为一种氧化还原媒介，它的加入可以大幅降低锂空气电池充电过电位，并提高电池的倍率性能。在 3.42V 充电电位下 TTF 可以被氧化形成 TTF^+，然后 TTF^+氧化 Li_2O_2，又被还原为 TTF，TTF 的反复作用可以促进充电过程的进行。

添加剂的应用有效的改善了锂空气电池的放电比容量和充放电过电势等性能，但是相较于锂离子电池电解质添加剂，锂空气电池添加剂体系的研究还不是十分完善，需要更多研究工作投入其中，开发出完善的锂空气电池添加剂体系，配合锂空气电池电解质，解决锂空气电池存在的应用缺陷。

3.6　钠　电　池

与锂电池中金属锂资源储量紧缺和其价格不断攀升相比，金属钠原料地球丰度大且价格低廉稳定，钠电池在中、大规模静态储能中具有很高的成本优势。传统钠电池主要有钠硫电池和钠-氯化镍（ZEBRA）电池两种形式，二者均需在高温（260～350℃）下工作。近年来，钠电池方面涌现出一些具有产业化潜力的新技术，比如中温平板钠电池、固态钠电池、钠熔盐电池和水系钠离子电池，呈现出中低温化的趋势。本节首先介绍高温钠电池技术，再对室温钠硫电池技术进行详细论述。

3.6.1　高温钠电池

最典型的钠电池是钠硫电池，最早由福特公司于 1968 年发明。钠硫电池分别以硫和金属钠作为正负极，以 β-Al_2O_3陶瓷为隔膜，钠硫电池工作温度在 300～350℃之间，通常工作电压范围为 1.78 ～ 2.706V。与锂硫电池相似，钠硫电池中硫的理论比容量为 1675mA · h/g。目前，在几个国家用于存储由风力发电，光伏装置产生的电力以及常规发电厂。而且钠硫电池由于密封，在使用时不会产生排放污染，并且几乎所有的电池材料都可以回收利用，被认为绿色环保。

高温钠硫电池的工作原理是硫与钠发生电化学反应，从而实现化学能和电能之间的相互转换。图 3-32 所示为高温钠硫电池工作原理示意图。基本电池反应方程式为式（3-40）～式（3-42）。

阳极：
$$2Na \underset{充电}{\overset{放电}{\rightleftharpoons}} 2Na^+ + 2e^- \tag{3-40}$$

阴极：
$$xS + 2e^- \underset{充电}{\overset{放电}{\rightleftharpoons}} S_x^{2-} \tag{3-41}$$

总反应：
$$2Na + xS \underset{充电}{\overset{放电}{\rightleftharpoons}} Na_2S_x \tag{3-42}$$

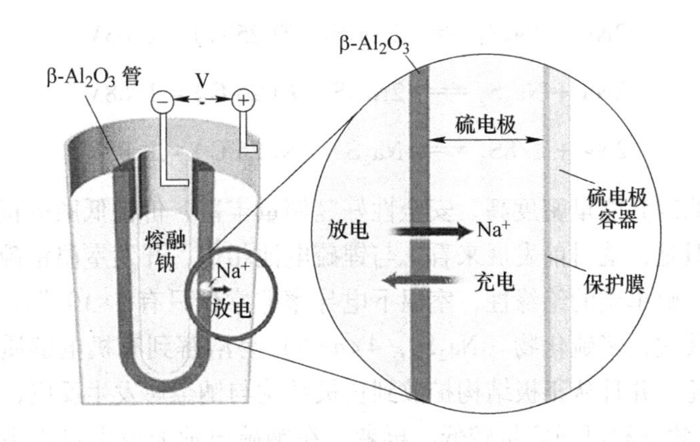

图 3-32 高温钠硫电池工作原理示意图

但是高温钠硫电池仍然有很多问题需要解决。第一，电池必须在高温（约 300℃）下电极材料保持熔融状态时操作；第二，因为钠与水接触会燃烧或爆炸，所以存在潜在危险；第三，高温钠硫电池存在自放电现象。

钠-氯化镍（ZEBRA）电池以金属钠为负极，氯化镍为正极活性物，并加入低熔点的 $NaAlCl_4$作为辅助电解液，隔膜同样采用 β-Al_2O_3陶瓷，基本结构如图 3-33 所示。ZEBRA 电池典型工作温度为 300℃左右，目的是保持 β-Al_2O_3陶瓷低电阻态以及 $NaAlCl_4$盐（熔点 157℃）的熔化，以便能与固态正极活性物进行钠离子传输。ZEBRA 的开路电压为 2.58V，理论比能量为 788W · h/kg，实际比能量则达到 120W · h/kg，比功率为 130~160W/kg。ZEBRA 电池的电化学反应无安全隐患，还有很强的耐过充和耐过放能力，且电池失效后为低电阻状态对周围电池的影响小，因此与钠硫电池相比，ZEBRA 电池的安全性得到了很大的提升。

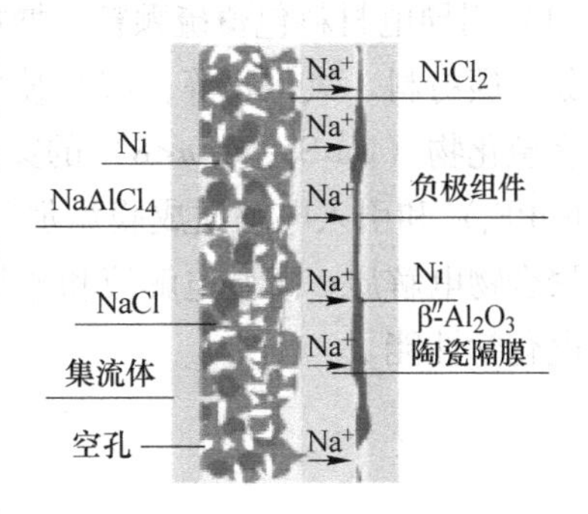

图 3-33 钠-氯化镍（ZEBRA）电池的基本构造

3.6.2 室温钠硫电池

传统的钠硫电池需要在 300~350℃ 的高温工作，而高的运行温度会带来成本和一系列的安全问题。多硫化钠在此温度工作时具有强烈的腐蚀性，使得正极集流体和电池封装变得极具挑战性，往往需要在外壳内部喷涂 Mo、Cr 等金属或合金涂层。在此高温下，多硫化钠会加深 β-Al_2O_3陶瓷隔膜性能的退化。运行过程中一旦陶瓷管破裂，熔融硫和熔融钠会剧烈反应可能造成起火燃烧等一系列严重后果。因此，降低电池的运行温度对于钠硫电池的成本、安全和寿命都有重要意义。

室温钠硫电池由钠金属阳极，有机电解液，碳/硫复合材料做阴极组成。充放电过程中，生成一系列中间产物包括长链多硫化钠（Na_2S_n，$4<n<8$）和短链多硫化钠（Na_2S_n，$1<n<4$），发生复杂化学反应。具体反应方程式见式（3-43）~式（3-46）。

$$2Na + 1/2S_8 \longrightarrow Na_2S_4 \quad E(25℃) = 2.03V \tag{3-43}$$

$$2Na + Na_2S_4 \longrightarrow 2Na_2S_2 \quad E(25℃) = 2.03V \tag{3-44}$$

$$2Na + Na_2S_2 \longrightarrow 2Na_2S \quad E(25℃) = 1.68V \tag{3-45}$$

总反应：

$$2Na + 1/8S_8 \longrightarrow Na_2S \quad E(25℃) = 1.85V \tag{3-46}$$

室温钠硫电池因其能量密度高、安全性好、储量丰富、价格低廉等优点，成为人们研究的热点之一。但是，就目前发展来看，与锂硫电池相似，开发室温钠硫电池仍然面临很多的问题。首先，硫单质的绝缘性，室温下电导率非常低只有 5×10^{-30} S/cm，导致电极中硫的利用率低。其次，多硫化物（Na_2S_n，$4<n<8$）易溶解到有机电解质中，造成电极的活性物质逐渐损耗，并且从正极结构扩散到负极结构与钠金属发生反应，同样存在“穿梭效应”，导致库伦效率和可逆容量较低。再者，在钠硫电池充放电过程中，活性材料在循环过程中完全放电到 Na_2S 时体积膨胀达到170%，远远高于锂硫电池中的硫放电到 Li_2S 发生的膨胀量（79%），导致正极材料结构遭到破坏，活性物质发生损失，导致容量快速衰减，并且正极材料体积增大也带来安全性问题。

为了解决这些问题，改善室温钠硫电池电化学性能，目前主要的解决办法包括：（1）用导电材料包覆硫颗粒，增加正极材料的导电性，有利于电池的快速充放电过程，例如，碳材料、氧化物等；（2）使用离子选择性聚合物膜或 β-Al_2O_3 固体电解质隔膜来抑制多硫化物（Na_2S_n，$4<n<8$）的穿梭效应；（3）采用不同的电解液盐（$NaCF_3SO_3$，$NaClO_4$，$NaPF_6$）和引入电解质成膜添加剂（碳酸乙烯亚乙酯（VEC）和 Na_2S/P_2S_5）；（4）采用聚合物电解质、醚基电解液和酯基电解液等，通过对电解液进行改性提高室温钠硫电池的电化学性能。

3.7　液流电池

随着社会的高速发展，电能的利用变得无处不在，电池的种类也越来越繁杂。除前几节中所介绍的几种电池体系之外，还有很多仍在不断发展完善的电池技术，如燃料电池、液流电池等。液流电池是一种活性物质呈循环流动液态的氧化还原电池（如图 3-34 所示），陆续发展出 Cr 系、V 系、Br 系等不同体系。液流电池有许多独有的特点：（1）液流电池的反应活性物质全部位于电解液内，只会以液态形式出现，当发生反应时没有固相的变化，因此活性物质将会拥有相对长的理论寿命同时极化程度较小。（2）液流电池可以非常灵活地进行设计，因为其功率仅受电堆大小影响，另外电池的容量仅与反应活性物质的总量有关，所以想要增大液流电池的容量可以用增大储液罐或提高电解质浓度来实现。（3）液流电池不存在反应不可逆的情况，即使是100%放电都不可能出现损伤，同时系统响应速度很快。

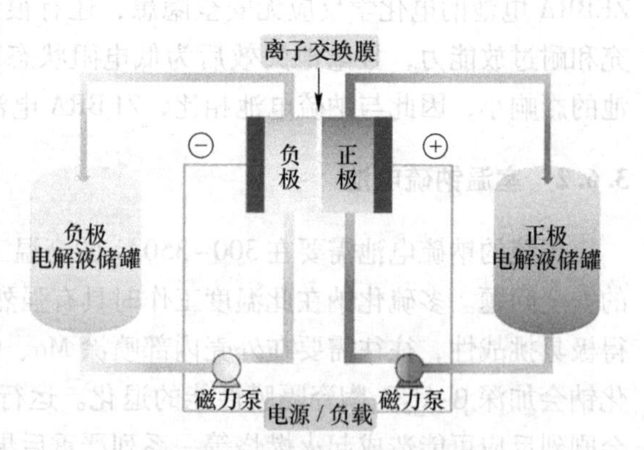

图 3-34　液流电池工作示意图

(4) 液流电池具有绿色环保的优点，其组成材料大多是碳素和塑料类，此类原料都具有成本低廉、工作时限久和处理方便等优点，不会造成环境的污染。(5) 液流电池储能系统的运行是在封闭条件下进行的，不会产生泄露污染，设计和选址的自由程度很高，是规模储能技术的首选之一。

3.7.1 全钒液流电池

液流电池可分为液相型体系和沉积型体系，沉积型体系又可分为半沉积和全沉积。下面就以属于液相型的全钒液流电池（VRFB）为例，详细介绍液流电池的工作原理。全钒液流电池是通过正负极钒离子的价态转化，具体是 V^{2+}/V^{3+} 和 V^{5+}/V^{4+} 两组不同电对之间在两个电极硫酸溶液中的相互转化，实现电能—化学能的相互转变。在酸性条件下钒的电位图如图 3-35 所示。

$$E^{\ominus}/\mathrm{V\ (vs.NHE)}:\ \mathrm{VO_2^+}\xrightarrow{0.999}\mathrm{VO^{2+}}\xrightarrow{0.314}\mathrm{V^{3+}}\xrightarrow{-0.255}\mathrm{V^{2+}}\xrightarrow{-1.17}\mathrm{V}$$

图 3-35 酸性条件下钒的电位图

全钒液流电池的工作原理如图 3-36 所示，电池单元主要由集流体（电极板）、电极材料（碳毡）、离子交换膜依次对称组成。离子交换膜将电池分成两个半电池，每个半电池内注入不同价态的钒电解液，其中正极注入 V^{5+}/V^{4+} 的硫酸溶液，电池负极注入 V^{2+}/V^{3+} 的硫酸溶液。当电池充电时，外部的电解液在循环泵的推动下在电池和外部储罐之间进行循环流动，电池正极的 V^{4+} 失去电子变成 V^{5+}。电子从外电路由正极流向负极，电池的负极 V^{3+} 得电子变成 V^{2+}。电解液中的 H^+ 离子通过膜从正极移向负极，形成完整的闭合回路。当电池放电时，离子移动方向相反，负极的 V^{2+} 失电子转变成 V^{3+}，而正极的 V^{5+} 得电子转变为 V^{4+}，完成电池反应，实现能量的存储与释放。全钒液流电池的电极和电池反应见式 (3-47)~式 (3-49)。

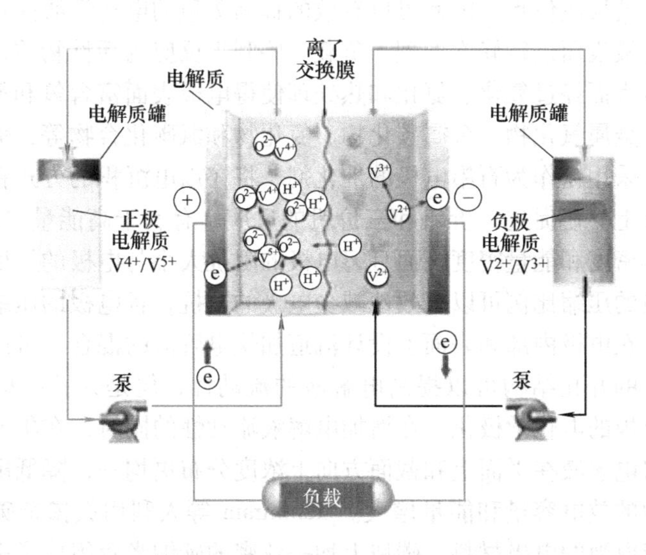

图 3-36 全钒液流电池的工作原理示意图

正极：
$$VO^{2+} + H_2O - e \underset{放电}{\overset{充电}{\rightleftharpoons}} VO_2^+ + 2H^+ \tag{3-47}$$

负极：
$$V^{3+} + e \underset{放电}{\overset{充电}{\rightleftharpoons}} V^{2+} \tag{3-48}$$

总反应：
$$VO^{2+} + H_2O - e \underset{放电}{\overset{充电}{\rightleftharpoons}} VO_2^+ + 2H^+ \tag{3-49}$$

正极标准电势为1.004V，负极标准电势为-0.255V，所以钒电池的总反应标准电势是1.259V。根据能斯特方程，反应电势会随着反应物浓度增大而增大，当正负极钒离子为2mol/L时，完全充满时全钒液流电池的开路电压约为1.6V。相对于其他种类的液流储能电池，全钒液流电池具有很多优势：(1) 电池的功率和容量取决于电池堆的大小和钒离子电解液的浓度和体积；(2) 正负极电解液只有一种有效化学物质——钒，不存在电池工作中由于离子渗透导致电解液的交叉污染问题；(3) 浓差极化小，活性物质以液态形式存储在储罐内，活性物质经过循环泵在电池和储罐之间不断流动使得电解液的浓差极化最小；(4) 电解液可循环重复使用节约资源，钒离子安全环境友好，且钒化合物的价格低廉易于推广使用。

3.7.2 全钒液流电池的关键材料

电极材料、离子交换膜和正负极钒电解液是全钒液流电池中最关键的组成部分，其性能直接决定了电池的充放电性能以及循环寿命。

(1) 电极材料。全钒液流电池中电极表面是氧化还原反应的场所，因此电极表面的活性与电解液的阻力和膜的性能直接决定了电池极化的大小，其中包括电化学极化、欧姆极化、浓差极化，特别是对电化学极化的影响最大。碳毡和石墨毡是常用的电极材料。碳材料具有高的导电性、低的阻抗，可以减小欧姆极化；较好的力学性能、较高的热稳定性和化学稳定性，使电池在强氧化性和强酸性条件下维持稳定性能。高比表面积的三维多孔碳毡具有连续畅通的传质通道，利于电解液浸入，有利于传质和减小浓差极化。高的比表面积还可以提供较多的反应位点，因此可以有效的提高碳毡的电化学活性和反应动力学。

目前，将碳电极表面进行修饰处理，负载一些利于反应的活性物质，是改善电极性能的主要方法。电极表面经过氧化、氮化和热处理使得电极表面富含氧和氮的基团，或引入催化剂包括金属、金属氧化物、金属碳化物、氮化物和氮碳化合物等，促进提高电极的电化学活性。例如，采用铋作为石墨电极的催化剂，将铋以电沉积的方式在电池运行过程中负载到电极的负极上。铋促进二价钒和三价钒的反应，有利于高能量输出过程中的快充，提高了电池的功率密度和能量密度。而且，电极的阻抗大小与电极的厚度有关，减小电极的厚度，增加电极的压缩比例可以有效地减少电极的阻抗，且电极的压缩比例增大，电极的力学性能增加。在电极内部和表面上设计流道加快电解液的混合，可以有效减少电池的浓差极化。电极上的开孔结构可以提高电解液的流动性，但是开孔结构的电极比表面减少，因此会增大电极的电化学极化。在增加电解液流动性的同时，在集流体和多孔电极之间的流道可以使得电解液在平面上和截面方向上浓度分布更均一，降低电池内部的浓差极化，从而使得电池的放电容量和能量增大。Manthiram 等人利用氮掺杂碳纳米管修饰石墨碳毡作为全钒液流电池的电极材料，碳毡上均一致密的碳纳米管组成了多孔电极结构，这种电极结构不仅有助于电解液内部的传质，而且亲水性的氮碳结构可以减少浓差极化，电池的容量和能量效率都得到提高。

(2) 离子交换膜。根据离子交换基团种类的不同，液流电池中离子交换膜可以分为以下几类：1) 阳离子交换膜，就是具有阳离子传递基团的薄膜；2) 阴离子交换膜，内部依靠阳离子基团传递 HSO_4^-、SO_4^{2-}形成完整回路的膜；3) 两性膜，指膜内同时引入阴阳两种离子基团，综合了阳离子交换膜高电导率和阴离子膜静电作用的优势，降低了钒离子渗透，两性膜一般具有较好的选择性；4) 非离子型多孔膜，利用膜内孔道进行选择性传递氢离子和硫酸根离子，利用孔径筛分不同的离子，减少了离子传递对离子交换基团的依赖，因此多孔膜对孔径的大小、孔隙率等有一定的要求。

根据是否含有氟离子，全钒液流电池中传递氢离子作用的离子交换膜——阳离子交换膜分为含氟型和非氟型。研究最早以及目前常用的含氟型阳离子交换膜是全氟磺酸（Nafion）系列的膜，该类膜电导率高、化学稳定性好，具有较高的电压效率和较长的使用寿命，但是 Nafion 存在高钒渗透率和高成本的问题，导致 Nafion 膜库伦效率低、钒电解液利用率低等。针对 Nafion 膜的缺点，Teng 等人利用表面活性剂磺化二苯基二甲氧基硅烷（Sulfonated Diphenyldimethoxysilane）和 Nafion 的相互作用，阻碍了钒离子的渗透，而且活性剂的存在也提高了 Nafion 膜的电导率，同时由于 Nafion 的用量降低，该复合膜的造价变低，可见通过添加表面活性剂一定程度上解决了 Nafion 膜钒渗透和造价的问题。

非氟型离子交换膜是指聚合物主链是非氟的碳链结构或是芳香苯环结构，离子交换基团为—HSO_3、—COOH、—HP_3O_4等的膜。例如，磺化的聚醚醚酮，价格低廉，易于磺化，制备成本很低，通过调控磺化时间来调控磺化度，从而得到高选择性的离子膜。尽管非氟膜可以获得较好的电池性能，但是聚合物较低的化学稳定性限制了膜的使用寿命。因此，如何制备选择性高、寿命长、造价低的离子交换膜是目前亟待解决的问题。

思考题与习题

3-1 铅碳电池的优势是什么？限制其发展的主要原因有哪些方面？

3-2 为什么镍氢电池具有一定耐过充和过放能力？

3-3 目前研究的储氢合金材料主要有哪些？实用性储氢材料需要具备哪些条件？

3-4 分析锂硫电池放电过程中的四个阶段，以及如何从正极材料的角度解决其应用中存在的问题？

3-5 采用不同电解质种类和电池构造的锂空气电池各具有什么特点？

3-6 阐述钠电池的工作原理，并指出钠电池的寿命受哪些因素的影响？

3-7 什么是影响液流电池容量和功率的关键因素？

参 考 文 献

[1] 易江腾，陈浩，郭庆红．大容量电池储能技术及其电网应用前景［J］．大众用电，2018，8：3~5.

[2] 陶占良，陈军．铅碳电池储能技术［J］．储能科学与技术，2015，4（6）：546~555.

[3] 李苗苗．储氢合金基复合材料电化学性能的研究［D］．长春：吉林大学，2017.

[4] 雷浩．高容量镍氢电池正极合成与性能研究［D］．北京：北京有色金属研究总院，2014.

[5] Van der Ven A, Morgan D, Meng Y S, et al. Phase Stability of Nickel Hydroxides and Oxyhydroxides [J]. Journal of The Electrochemical Society, 2006, 153 (2): A210~A215.

[6] Ji X, Lee K T, Nazar L F. A highly ordered nanostructured carbon-sulphur cathode for lithium-sulphur bat-

teries [J]. Nat Mater, 2009, 8: 500~506.

[7] 陈雨晴，杨晓飞，于滢，等. 锂硫电池关键材料与技术的研究进展 [J]. 储能科学与技术，2017，6 (2)：169~188.

[8] 陈人杰，刘真，李丽，等. 高比能锂硫二次电池的电解质材料 [J]. 科学通报，2013，58 (32)：3301~3311.

[9] Li Yang, Wang Xiaogang, Dong Shanmu, et al. Recent Advances in Non-Aqueous Electrolyte for Rechargeable Li-O_2 Batteries [J]. Advanced energy materials, 2016, 6 (18), DOI: 10.1002/aenm.201600751.

[10] Moran Balaish, Emanuel Peled, Diana Golodnitsky, et al. Liqiud-free lithium-oxygen batteries [J]. Angewandte chemie international edition, 2014, 53: 1~6.

[11] Dunn B, Kamath H, Tarascon J M. Electrical energy storage for the grid: a battery of choices [J]. Science, 2011, 334 (6058): 928~935.

[12] Adelhelm P, Hartmann P, Bender C L. From lithium to sodium: cell chemistry of room temperature sodium-air and sodium-sulfur batteries [J]. Beilstein Journal of Nanotechnology, 2015, 6: 1016~1055.

[13] 马艳娇. 全钒液流电池多孔膜的制备与性能 [D]. 大连：大连理工大学，2018.

[14] Teng X, Lei J, Gu X. Nafion-sulfonated organosilica composite membrane for all vanadium redox flow battery [J]. Ionics, 2012, 18 (5): 513~521.

4 燃料电池

氢能来源丰富，转化高效，使用过程无排放污染，作为二次能源的载体，在工业、交通等领域中具有重要应用前景。从1968年通用汽车设计生产了第一辆氢燃料电池汽车开始，将氢能应用于交通出行一直是解决环境污染和能源供需问题的重要途径。本章将详细介绍燃料电池的基本构造、分类，着重学习掌握熔融碳酸盐型燃料电池、质子交换膜型燃料电池和固体氧化物燃料电池的工作机理、性能特征、关键部件与材料，以及新材料设计发展趋势。

4.1 燃料电池体系

4.1.1 燃料电池的构造与种类

燃料电池是一种能够持续地通过发生在阳极和阴极的氧化还原反应将化学能转化为电能的能量转换装置。燃料电池的核心部分都是由阳极、阴极、电解质这三个基本单元构成。电解质通常介于阳极和阴极之间，具有传导离子和阻止燃料与氧化剂直接接触的功能。燃料电池的活性物质不在电池体系的内部，而是需要外界源源不断地提供燃料和氧化剂，阳极是燃料发生氧化反应的场所，阴极是氧化剂发生还原反应的场所。燃料电池构造示意图如图4-1所示。

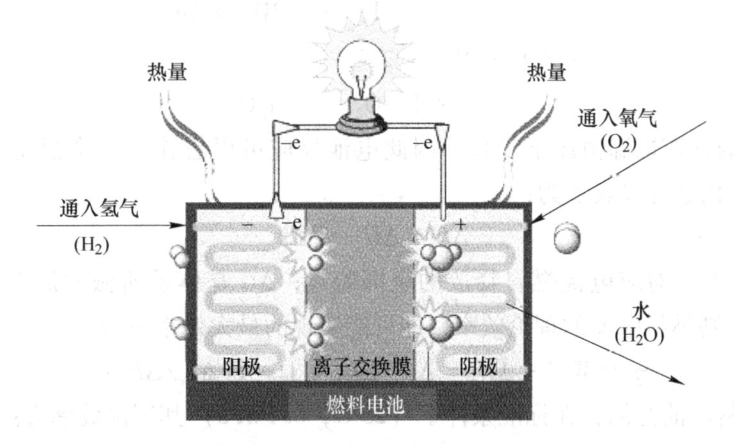

图4-1 燃料电池构造示意图

燃料电池的分类方法有多种，根据工作温度，燃料电池可分为低温型、中温型和高温型三种；而按照燃料电池电解质种类的不同，燃料电池可分为五类，即碱性燃料电池（Alkaline Fuel Cell，AFC）、磷酸燃料电池（Phosphorous Acid Fuel Cell，PAFC）、熔融碳酸盐燃料电池（Molten Carbonate Fuel Cell，MCFC）、质子交换膜燃料电池（Proton Exchange Membrane Fuel Cell，PEMFC）以及固体氧化物燃料电池（Solid Oxide Fuel Cell，SOFC）。燃料电池的主要类别见表4-1。

表 4-1　燃料电池的主要类别

类型		磷酸型燃料电池（PAFC）	熔融碳酸盐型燃料电池（MCFC）	固体氧化物型燃料电池（SOFC）	质子交换膜燃料电池（PEMFC）
燃料		煤气、天然气、甲醇等	煤气、天然气、甲醇等	煤气、天然气、甲醇等	纯 H_2、天然气
电解质		磷酸水溶液	$KLiCO_3$ 熔盐	ZrO_2-Y_2O_3(YSZ)	离子（Na 离子）
电极	阳极	多孔质石墨（Pt 催化剂）	多孔质镍（不要 Pt 催化剂）	Ni-ZrO_2 金属陶瓷（不要 Pt 催化剂）	多孔质石墨或 Ni（Pt 催化剂）
	阴极	含 Pt 催化剂+多孔石墨+Teflon	多孔 NiO（掺锂）	$La_xSr_{1-x}Mn(Co)O_3$	多孔质石墨或 Ni（Pt 催化剂）
工作温度		约 200℃	约 650℃	800～1000℃	约 100℃

4.1.2　燃料电池工作原理

燃料电池是将化学能转变为电能的装置，而与铅酸、镍氢电池等的不同之处在于前者是能量转换装置，后者可以完成能量的转换以及储存。燃料电池的重要组成部分是燃料和氧化剂，以氢氧燃料电池为例，氢气作为燃料被连续输送到燃料电池的阳极，在阳极催化剂的作用下发生电化学氧化反应见式（4-1），生成质子，同时释放出两个自由电子。质子通过酸性电解质从阳极传递到阴极，自由电子则通过电子导体从阳极通过负载后运动到阴极。在阴极上，氧气在催化剂的作用下，发生电化学还原反应见式（4-2），即与从电解质传递过来的质子和从外电路传递过来的电子结合生成水的电池反应见式（4-3）。由于两个电极反应的电势不同，从而在两个电极间产生电势差，并释放出能量。

阳极反应：
$$H_2 \longrightarrow 2H^+ + 2e^- \tag{4-1}$$

阴极反应：
$$1/2O_2 + 2H^+ + 2e^- \longrightarrow H_2O \tag{4-2}$$

电池反应：
$$H_2 + 1/2O_2 \longrightarrow H_2O \tag{4-3}$$

燃料电池通常在恒温恒压下工作，因此电池反应可以看作是一个恒温恒压体系，其 Gibbs 自由能变化量可以表示为：

$$\Delta G = \Delta H - T\Delta S \tag{4-4}$$

式中，ΔH 为焓变，对应电池燃料释放的全部能量；ΔG 是体系所做的最大非膨胀功 W_r，即 $\Delta G_r = -W_r$。则燃料电池的理论效率，即可能实现的最大效率 η_r 为：

$$\eta_r = W_r / -\Delta H_r = \Delta G_r/\Delta H_r = 1 - T(\Delta S_r/\Delta H_r) \tag{4-5}$$

以氢氧燃料电池为例，在标准条件下（25℃，0.1MPa）其理论效率为：

$$\eta_r = \Delta G_r/\Delta H_r = (-237.2\text{kJ/mol})/(-285.1\text{kJ/mol}) = 83\% \tag{4-6}$$

计算表明，通过等温的电化学反应燃料电池直接将化学能转化为电能的实际能量转换效率可提高到 80%以上。燃料电池的主要优点如下：（1）能量转换效率高，不经过燃烧过程，不受卡诺循环的限制。目前，燃料电池系统的发电效率可达 44%～60%。（2）可靠性高。燃料电池本身没有运动部件，附属部件也只有很少的运动部件，因此降低了由于机械传动磨损带来的风险。（3）良好的环境效益。燃料电池本身的反应产物主要是水，可以实现零污染排放。（4）灵活性高，发展潜力好。燃料电池采用模块式结构设计和生产，可根据不同的需求灵活地组装成不同规模的燃料电池发电站，建设成本低、周期短，应用范围广泛。

目前，燃料电池主要有三个应用领域：便携领域、固定领域和运输领域。运输领域指的是那些可以移动的装置，比如辅助动力装置，一般为车辆提供推进或其他动力。固定领域指的是设于固定位置产生电力的装置，比如固定电站和分散式电站，可以应用在固定式亦或是分散式的电站，发电效率得到很大提升。便携领域是指燃料电池被应用于移动设备充电，比如：军用应用、辅助装置系统、便携产品、小型个人电子产品、教育工具等。然而，它同时也存在一定的问题，其市场价格较为昂贵，高温寿命及稳定性也不够理想，最重要的是燃料电池技术还不够普及，完整的燃料供应体系尚未被确立，限制了当前条件下其使用和发展。

4.2　熔融碳酸盐型燃料电池

4.2.1　电化学过程及特点

熔融碳酸盐燃料电池被称作第二代燃料电池，是高温燃料电池的一种。熔融碳酸盐燃料电池（Molten Carbonate Fuel Cell，缩写为 MCFC）采用碱金属（Li、Na、K）的碳酸盐作为电解质，Ni-Cr/Ni-Al 合金为阳极，NiO 为阴极，电池工作温度为 650~700℃。在此温度下电解质呈熔融状态，导电离子为碳酸根离子（CO_3^{2-}）。熔融碳酸盐燃料电池以氢气为燃料，也可将天然气经催化重整后直接通入电池阳极参加电化学反应。工作状态下，MCFC 的阳极室生成二氧化碳，而在阴极室消耗二氧化碳，为保证电池稳定、连续地工作，一般是将阳极排出的尾气燃烧，消除其中的氢气和一氧化碳，分离出水，然后再将二氧化碳返回阴极。熔融碳酸盐型燃料电池（MCFC）的电极反应如下：

阳极反应：$$2H_2 + 2CO_3^{2-} \longrightarrow 2CO_2 + 2H_2O + 4e^- \tag{4-7}$$

阴极反应：$$O_2 + 2CO_2 + 4e^- \longrightarrow 2CO_3^{2-} \tag{4-8}$$

总反应：$$O_2 + 2H_2 + 2CO_{2(阴极)} \longrightarrow 2H_2O + 2CO_{2(阳极)} \tag{4-9}$$

熔融碳酸盐燃料电池工作原理示意图如图 4-2 所示。

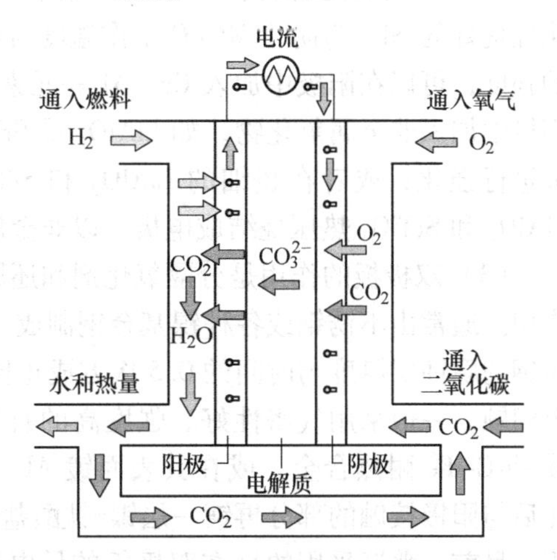

图 4-2　熔融碳酸盐燃料电池工作原理示意图

MCFC 除具有燃料电池本身的特点外，还具有独特的优点。第一，在 MCFC 工作温度下，燃料重整可在电池堆内部进行；第二，电池堆反应产生的高温余热可被用来压缩反应气体来提高电池性能，或用于燃料吸热重组反应，也可以与汽轮组合发电；第三，不需要昂贵的贵金属做催化剂，制作成本低；第四，结构简单紧凑，组装方便。此外，MCFC 本体的发电效率高达 50%~60%，组成联合循环发电效率可达到 60%~70%，若电热两方面都利用起来，效率可以提高到约 80%。虽然 MCFC 单体及其电池堆的结构在原理上类似于普通的叠层电池，但实际上复杂得多，主要存在的缺点是：(1) 高温及电解质的腐蚀性对电池组成材料的抗腐蚀性提出了更高的要求，而且在一定程度上影响了电池的寿命；(2) 电池系统中需要有 CO_2 循环，将阳极输出的尾气经过处理不断供应到阴极，增加了系统的复杂性；(3) 启动时间较长，不适合做备用电源。

4.2.2 熔融碳酸盐燃料电池的关键材料

构成 MCFC 的关键材料为阳极、阴极、隔膜、双极板以及熔融碳酸盐电解质。熔融碳酸盐燃料电池的组成如图 4-3 所示。

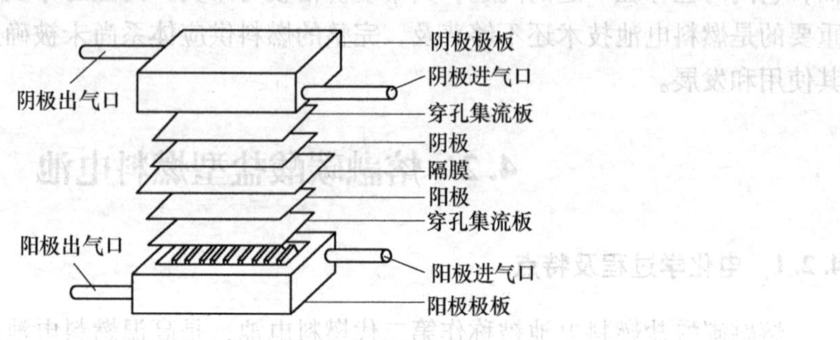

图 4-3 熔融碳酸盐燃料电池的组成

(1) 隔膜是 MCFC 中的核心部件，至少具有以下四个功能：1) 隔离阴极与阳极的电子绝缘体；2) 碳酸盐电解质的载体，碳酸根离子的迁移通道，其孔隙率增大可使浸入的碳酸盐电解质增多，隔膜的电阻率减小；3) 防止气体的渗透；4) 高强度，耐高温熔盐侵蚀，在工作状态下能够保持良好的离子导电性和阻挡气体通过的性能。早期的隔膜是用 MgO 制备的，然而 MgO 在熔融盐中有微弱的溶解并容易开裂。偏铝酸锂 $LiAlO_2$ 具有很强的抗熔融碳酸盐腐蚀的能力，$LiAlO_2$ 具有 α、β 和 γ 三种晶形，分别属于六方、单斜和四方晶系，外形分别为棒状、针状和片状，目前普遍采用 α-$LiAlO_2$ 作为熔融碳酸盐燃料电池的隔膜。

(2) 阳极催化剂最早采用的是 Ag 和 Pt，之后为了降低电池成本而使用导电性与电催化性良好的 Ni。为防止 MCFC 工作温度与电池组装力下阳极材料 Ni 发生蠕变，提高阳极的强度，可以在阳极中加入 Cr、Al 等元素，形成合金以达到弥散强化的目的；或者在 Ni 阳极中加入非金属氧化物，如 $LiAlO_2$ 或 $SrTiO_3$，利用非金属氧化物良好的抗高温蠕变对阳极进行强化；或者在超细的 $LiAlO_2$ 和 $SrTiO_3$ 表面镀一层 Ni 或 Cu，然后将化学镀后的 $LiAlO_2$ 和 $SrTiO_3$ 热压烧结成电极，以非金属氧化物作为"陶瓷核"抗蠕变。

(3) 双极板的作用是分隔氧化剂和还原剂，并供给气体流动通道，同时发挥集流导电作用。通常由不锈钢或各种镍基金钢制成，至今使用最多的为 310 号或 316 号不锈钢，不锈钢的腐蚀层厚度与时间的 0.5 次方成正比，且阳极侧的腐蚀速度高于阴极侧。为解决这个问题，一般采用气密性好、强度高的石墨板做电极极板，然后在双极板外包覆一层 Ni 或 Ni-Cr-Fe 耐热合金，或在其表面镀 Al、Co 或 Cr。或者在双极板表面先形成一层 NiO，然后与阳极接触的部分再镀一层镍-铁酸盐-铬合金层，NiO 起导电作用，合金起抗腐蚀作用。目前，普遍采用的是在双极板的导电部分包覆 Ni-Cr-Fe-Al 耐热合金，在非导电部分（如密封面和公用管道部分）镀 Al。

(4) 熔融碳酸盐燃料电池阴极。MCFC 的电极是氢气氧化和氧气还原的场所。为加速电化学反应，必须有抗熔盐腐蚀、电催化性能良好的电催化剂来制备气体扩散电极。同时，为确保电解液在隔膜、阴极、阳极间良好地分配，电极和隔膜必须有适宜的孔匹配。MCFC 的阴极材料除以上性能之外，还必须满足以下的基本要求：优良的韧性和强度，便于电极材料的安装；优良的抗形变性能，减少由于电池堆自重引起的材料破坏；优良的抗溶解性能及优良的电化学性能。

在熔融碳酸盐燃料电池研究和开发的进程中，由阴极的溶解造成电池使用寿命缩短是制约其发展的关键因素。阴极材料 NiO 随着电极长期工作运行，将在高温熔盐电解质中发生缓慢的溶解，溶解产生的 Ni^{2+} 由于受浓度梯度的影响扩散进入到电池隔膜中，被从隔膜中阳极侧渗透过来的氢气还原成金属镍并沉积在隔膜中，时间越长沉积的镍金属越多，最终造成电池内部短路而使电池的寿命和性能受到影响。NiO 在熔融碳酸盐中的腐蚀溶解以及转移和沉积过程比较复杂，主要与温度、熔盐组成和气体环境（如 CO_2 分压）等因素有关。提高熔盐的碱性是限制 NiO 阴极溶解的重要措施之一。MCFC 阴极气体组成中含 CO_2，NiO 阴极在其工作条件下的溶解机理主要是酸性溶解，其机理见式（4-10）：

$$NiO + CO_2 \longrightarrow Ni^{2+} + CO_3^{2-} \tag{4-10}$$

无论是在常压还是加压条件下，NiO 的溶解度与 CO_2 分压成正比，与氧气分压无关。此外，采用高温原位拉曼技术对 CO_2 对电极在融盐电解质中溶解微观行为的影响进行研究，表明 MCFC 运行条件下，CO_2 非常容易吸附在 NiO 阴极表面，而且此种吸附作用极强。在没有电解质条件下，已经吸附的 CO_2 很难从 NiO 阴极表面脱附。而在电解质存在并且气氛中含有氧气时，CO_2 能够快速从 NiO 表面脱落下来。造成此种现象的原因极可能是 NiO 的晶格氧与吸附 CO_2 之间发生相互作用形成 CO_3^{2-}，从而造成 NiO 中 Ni^{2+} 的溶出，即发生了阴极材料的破坏。

为抑制阴极溶解，可以采用向电解质盐里加入碱土类金属盐，改变熔盐电解质的组分配比、降低气体工作压力的方法，或者对 NiO 进行修饰改性和研发其他新的阴极替代材料。MCFC 的 NiO 阴极在其工作条件下的溶解机理主要是酸性溶解，因此增加融盐电解质的碱性是降低 NiO 溶解速率的一种有效的方式。有研究者在熔融碳酸盐电解质中加入 MgO、CaO、SrO 和 BaO 等碱土金属氧化物，研究发现这种添加可以提高熔盐的碱性，但是碱土金属离子在溶盐中会逐渐泳动到阴极侧，并不能长期抑制 NiO 的溶解。同时，还存在一种改性的技术路径，即采用锂化的 NiO 作为 MCFC 阴极材料。NiO 是一种内部存在缺陷的 P 型半导体，纯氧化镍在空气中氧化以后电阻率约为 $10^8\Omega \cdot cm$，导电性能较差。在阴极环境中，Li 离子进入 NiO 晶格并占据其中的 Ni 离子空位，即发生锂化过程，从而 NiO 的导电性大大提高。目前，NiO 阴极替代材料研究中主要涉及 Li_2MnO_3、$LiFeO_2$ 和 $LiCoO_2$。与 NiO 相比，Li_2MnO_3 和 $LiFeO_2$ 在高温融盐中的溶解度较低，但其电导率和电极的电催化性能均不如 NiO。其中，以 $LiCoO_2$ 替代 NiO 比较成功。$LiCoO_2$ 电导率和电催化性能与 NiO 相近，但在熔融碳酸盐中的溶解度比 NiO 低，被认为是最有可能替代 MCFC 阴极的材料。但是，仅以 $LiCoO_2$ 为原料烧结而成的电极质地较脆，制成大面积的电极有一定的困难，且成本比传统氧化镍电极高很多，因此在应用中受到了一定程度的限制。

4.3 质子交换膜型燃料电池

4.3.1 工作原理与特点

质子交换膜型燃料电池（PEMFC）是以全氟磺酸型（Nafion）固体聚合物为电解质，Pt/C 或 Pt-Ru/C 为电催化剂，氢为燃料，氧为氧化剂，以带有气体流动通道的石墨或表面改性金属板为双极板的一种新型电池。其具有可在室温下快速启动、水易排出、寿命长、比功率和比能量高的优点，适合作为可移动动力源，是电动汽车理想的电源之一。质子交换膜型燃料电池中发生的反应有：

$$H_2 \longrightarrow 2H^+ + 2e^-\text{（阳极）} \quad (4\text{-}11)$$

$$2H^+ + 2e^- + 1/2O_2 \longrightarrow H_2O\text{（阴极）} \quad (4\text{-}12)$$

$$H_2 + 1/2O_2 \longrightarrow H_2O + \text{电流} \quad (4\text{-}13)$$

质子膜燃料电池工作原理示意图如图 4-4 所示。

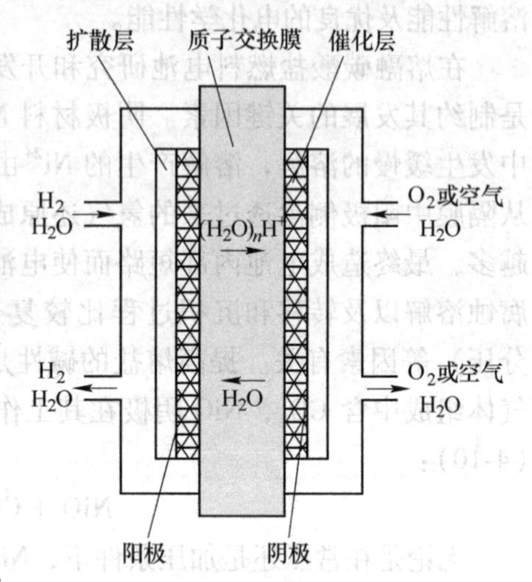

图 4-4 质子膜燃料电池工作示意图

4.3.2 电催化剂

4.3.2.1 电催化剂的工作原理

电催化是使电极与电解质界面上的电荷转移反应得以加速的催化作用，可被视为复相催化的一个分支。它的主要特点是其催化反应速度不仅由电催化剂的活性决定，还与双电层内的电场及电解质的本性有关。双电层内的电场强度高，对参加电化学反应的分子或离子具有明显的活化作用，反应所需的活化能大大降低。

大部分的电催化反应均可在远比通常化学反应低得多的温度下进行，例如，在铂黑电催化剂上可使丙烷于 150~200℃完全氧化为二氧化碳和水。传统的催化剂主要是以 Pt 为主的贵金属，它对于两电极反应均有催化活性，而且可以长期工作。目前，更广阔的研究方向一是要提高 Pt 的利用率以降低其用量，二是寻找新的非贵金属催化剂，降低成本的同时防止 CO 中毒。

以甲醇为燃料举例，在以质子膜为电解质时，电池中发生如下反应：

阳极反应：
$$CH_3OH + H_2O \longrightarrow CO_2 + 6H^+ + 6e^- \quad (4\text{-}14)$$

阴极反应：
$$6H^+ + 3/2O_2 + 6e^- \longrightarrow 3H_2O \quad (4\text{-}15)$$

电池反应：
$$CH_3OH + 3/2O_2 \longrightarrow CO_2 + 2H_2O \quad (4\text{-}16)$$

Pt 对甲醇电化学氧化催化的机理：

$$CH_3OH + 2Pt \longrightarrow PtCH_2OH + Pt\text{-}H \quad (4\text{-}17)$$

$$PtCH_2OH + 2Pt \longrightarrow Pt_2CHOH + Pt\text{-}H \quad (4\text{-}18)$$

$$Pt_2CHOH + 2Pt \longrightarrow Pt_3COH + Pt\text{-}H \quad (4\text{-}19)$$

甲醇首先吸附在 Pt 的表面，同时脱去氢。Pt_3COH 是甲醇氧化的中间产物，也是主要的吸附产物。随后，Pt-H 发生解离反应生成 H^+：

$$Pt\text{-}H \longrightarrow Pt + H^+ + e^- \tag{4-20}$$

式（4-20）中 Pt 的催化反应极快。但在存在 CO 或缺少活性氧时，Pt_3COH 会发生如式（4-21）所示的反应，并占主导地位：

$$Pt_3COH \longrightarrow Pt\text{-}CO\text{-}Pt + Pt + H^+ + e^- \longrightarrow Pt\text{-}CO + Pt \tag{4-21}$$

Pt 电极被 Pt_2CO（桥式）或 Pt-CO（线性）所毒化，Pt-CO 是 Pt 中毒的主要原因。

然而，在有活性氧存在时，Pt_3COH 等中间产物不再毒化 Pt，而是发生如式（4-22）~式（4-24）所示的反应：

$$PtCH_2OH + OH_{吸附} \longrightarrow CH_2O + Pt + H_2O \tag{4-22}$$

$$Pt_2CHOH + 2OH_{吸附} \longrightarrow HCOOH + 2Pt + H_2O \tag{4-23}$$

$$Pt_3COH + 3OH_{吸附} \longrightarrow CO_2 + 3Pt + 2H_2O \tag{4-24}$$

即中间产物与活性氧发生反应，将活性 Pt 释放出来，并同时生成少量的 CH_2O 和 HCOOH，可很大程度上避免 Pt 中毒。

4.3.2.2 新型催化剂的开发

新型催化剂的开发主要从三个方面入手：

一是研究多元合金。例如，二元催化剂 PtCr/C，PtMn/C。经热处理后的二元催化剂活性提高的原因是由于 Pt 的晶体结构发生了变化，Pt—Pt 的晶面间距减小，晶格变小，使氧更易于解离吸附。加拿大一个研究小组研究了三元合金催化剂，Pt—Cr—Cu（Pt = 25.5%，Cr = 14%，Cu = 60%）的活性高于纯铂催化剂。在 0.9V 工作电压下，合金催化剂中每毫克铂对应的电流为 116.8mA，而纯铂仅为 18.6mA。

二是在电极表面吸附另一种金属原子。其原因被认为是加进去的金属改变了 Pt 的表面形态或 Pt 的氧化态所致。金属都在比 Pt 更低的阳极电位被氧化，从而促进了 Pt^0/Pt^{2+} 或 Pt^{2+}/Pt^{4+} 的氧化还原过程。这个过程对甲醇的氧化还原起着重要的作用。也有人认为，第二种金属原子的存在降低了 Pt 的中毒机会，抑制了强烈吸附在 Pt 表面的中间产物的生成。

三是采用含活性氧的 ABO_3 型金属氧化物作催化剂。去毒化机理如下：甲醇开始吸附在 ABO_3 的过渡金属 B 的晶格位置上，同时失去羟基中的氢（CH_3O—）；甲氧基（CH_3O—）伴随质子从甲基部分脱去而发生氧化分解，电子就转到易还原的晶格 B 位，形成强烈吸附的 C=O 类物质；这类物质与表面上的氧反应后，从电催化剂表面除去，放出 CO_2，同时形成氧的空位，这个空位与甲醇气流中的水反应形成新的表面 O^{2-} 离子。

4.3.3 质子交换膜

PEMFC 主要由高分子母体，即疏水的碳氟主链区、离子簇和离子簇间形成的网络结构构成，离子簇间的间距一般在 5nm 左右。质子交换膜曾采用过酚醛树脂磺酸型膜、聚苯乙烯磺酸型膜、聚三氟苯乙烯磺酸型膜和全 55 磺酸型膜等几种，研究表明，全磺酸型膜是目前最适用的 PEMFC 电解质。全氟磺酸型质子交换膜中，由各离子簇间形成的网络结构是膜内离子和水分子迁移的唯一通道。由于离子簇的周壁带有负电荷的固定离子，而各离子簇之间的通道短而窄，因而对于带负电且半径较大的 OH^- 离子的迁移阻力远远大于 H^+，这也正是离子膜具有选择透过性的原因。全氟磺酸型质子交换膜结构示意图如图 4-5 所示。

全氟磺酸型质子交换膜的优点在于：具有良好的离子导电性，可以降低电池的内阻并提高电流密度；材料的分子量充分大，即材料互聚和交联程度高，以减弱高聚物的水解作用；水分子在其中的电渗作用小，H^+在其间的迁移速度高，防止膜中的浓度梯度过大；水分子在平行离子交换膜表面的方向上有足够大的扩散速度，避免电池局部缺液；气体（尤其是氢气和氧气）在膜中的渗透性尽可能小，以免氢气和氧气在电极表面发生反应，造成电极局部过热，影响电池的电流效率；其水合/脱水可逆性好，不易膨胀，否则电极的变形将引起质子交换膜局部应力增大和变形；应对氧化、还原和水解具有稳定性，能够阻止聚和链在活性物质氧化/还原和酸性作用下降解；有足够高的机械强度和结构强度，可以将质子交换膜在张力下的变形减至最小；膜的表面性质适合与催化剂结合。

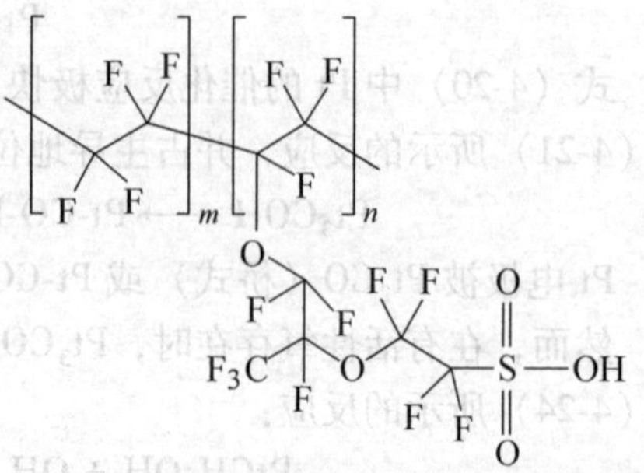

图 4-5 全氟磺酸型质子交换膜结构示意图

4.4 固体氧化物燃料电池

4.4.1 组成及工作原理

固体氧化物燃料电池（Solid Oxide Fuel Cell）是一种通过电化学反应将燃料中的化学能直接转变成电能的全固态器件。SOFC 的工作原理如图 4-6 所示，其单电池由阳极、阴极和电解质组成。电池工作过程中，在阳极和阴极分别送入还原、氧化气体后，氧气（空气）在多孔的电极上发生还原反应，生成氧负离子（O^{2-}）：

$$O_2(g) + 4e^- \longrightarrow 2O^{2-} \tag{4-25}$$

对于氧离子导体的电解质，在电极两侧氧浓度差驱动力的作用下，通过电解质中的氧离子（O^{2-}）的跃迁，迁移到阳极上与阳极燃料 H_2 反应：

$$O^{2-} + H_2 \longrightarrow H_2O + 2e^- \tag{4-26}$$

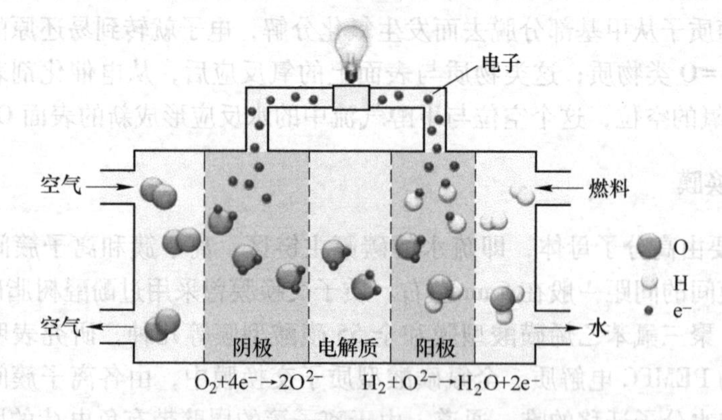

图 4-6 固体氧化物燃料电池的工作原理

SOFC 除了氧离子（O^{2-}）导电的电解质外，还有质子型（H^+）导电的电解质，根据电解质导电离子的不同，可以将 SOFC 分为氧离子（O^{2-}）导电和质子（H^+）导电两类，它们可以分别看成是氧浓差电池和氢浓差电池。二者的主要区别在于生成水的位置不同，氧离子导电燃料电池在燃料一侧生成水，而质子导电燃料电池在氧气一侧生成水。此外，质子（H^+）导电燃料电池只能用氢气作为燃料，而氧离子导电燃料电池还可以用其他气体（如碳氢化合物等）作为燃料。目前，SOFC 的电解质的发展仍以氧离子（O^{2-}）导电的电解质为主。

SOFC 在 900～1000℃的高温条件下工作，会导致该类燃料电池在开发、制造和实际应用中存在诸多问题。高温环境使得对材料的机械强度、可靠性，以及热膨胀匹配的要求都变得更加严格。因此，从 20 世纪 90 年代开始，很多研究组开始致力于开发在低温下工作的 SOFC。第一个目标就是将电池的工作温度降低至 600～700℃。具有这种工作温度的固体氧化物燃料电池被称为“中温 SOFC”。21 世纪初，人们开始尝试进一步降低电池的工作温度至 600℃以下。在这一温度下工作的固体氧化物燃料电池被称为“低温 SOFC”。实现 SOFC 在低温下工作，理论上需要克服以下两方面的技术难题：首先，传统的固体电解质钇稳定的氧化锆（YSZ）的导电性随温度的降低而急剧降低；其次，传统的 SOFC 电极上发生的电化学反应速率随温度的降低而降低，电极极化严重。

4.4.2 SOFC 固体电解质

在 SOFC 系统中，电解质的主要作用是传导离子和隔离气体。电解质材料按照导电离子的不同可以分为氧离子导电电解质和质子导电电解质，它将离子从一个电极尽可能高效的传输到另一个电极，同时阻碍电子传输，因为电子的传导会导致短路、降低电池效率。电解质两侧分别与阴极和阳极相接触，它阻止还原气体和氧化气体相互渗透。因此，电解质材料在其制备和实际应用过程中必须具备以下条件：

（1）电解质在氧化和还原环境中以及在工作温度范围内必须具有较高的离子电导率，而且电子电导率必须低到可以忽略，从而实现高效的离子传输。

（2）电解质必须是致密的隔离层，以阻止还原气体和氧化气体的相互渗透，避免直接发生燃烧反应。

（3）电解质在高温制备和工作环境下必须与阴、阳极具有良好的化学相容量和热膨胀相匹配性，避免电极/电解质界面副反应的发生以及电解质与电极相分离。

（4）电解质在高温制备和工作环境下必须具有一定的机械强度和抗热震性能，以保持结构及尺寸形状的稳定性。

（5）具有较低的价格。

主要的固体电解质有氧化锆基（ZrO_2）、氧化铈基（CeO_2）、氧化铋基（Bi_2O_3）、镓酸镧基（$LaGaO_3$）和钙钛矿基电解质等。

ZrO_2 是一种用途广泛的氧化物陶瓷，它具有优良的化学稳定性，还具有高温电导性和高的氧离子电导性。常温下纯 ZrO_2 属单斜晶系，1100℃不可逆地转变为四方晶系，在 2370℃下进一步转变为立方萤石结构，单斜和四方之间的相变会引起很大的体积变化，容易导致材料基体开裂。由于纯 ZrO_2 的离子电导率很低，可以通过掺杂二价和三价金属离子进行改善。掺杂后，可以形成稳定的立方萤石结构 ZrO_2，避免了相变的发生。由于 Zr^{4+} 被二价或者三价的金属离子取代，为保持电中性，会在基体结构中产生大量的氧空位，这些氧空位有利于实现离子导电。具有萤石结构的氧化物是研究最多的固体电解质材料，在这些材料中，研究最多和最成熟的，也是应用得最成功的是钇稳定氧化锆（YSZ）。目前，商业化的 SOFC 几乎都是以 YSZ 作为电解质。Y^{3+} 作为掺杂离子被引入 ZrO_2 晶格后，在晶格中产生了氧空位，进而通过 O^{2-} 离子从当前位置跃迁到邻位空位而传导电荷，O^{2-} 离子在填充邻位空位的同时，又留下另一个空穴。YSZ 型的电解质的电导率较低，只有在温度达到 900℃以上时，其电导率才能满足需要（0.15S/cm）。因此，采用 YSZ 型电解质的燃料电池的工作温度一般在 900~1000℃。

纯净的 CeO_2 从室温至熔点都是立方萤石结构，Ce^{4+} 半径很大，可以与很多物质形成固溶体。通过掺杂二价或三价金属离子，可以提高 CeO_2 的氧离子电导并降低电导活化能，使其可以用作 SOFC 的电解质材料。CeO_2 的工作温度较低，为 500~700℃，远远低于 YSZ 的工作温度；此外，CeO_2 的应用可以避免电解质和阴极材料之间的相互作用而形成的低电导性化合物。然而，掺杂的 CeO_2 还存在一个严重的缺陷，即在氧分压低时（例如与阳极相近）会具有显著的电子电导性。这对于电解质来说是完全不允许的，这将导致电池内部自放电电流，甚至是完全内部短路。电子电导性的产生是由于处于晶格中的部分 Ce^{4+} 被还原为 Ce^{3+}，由此引起电子在离子和不同空穴之间的跃迁。

萤石结构的 δ-Bi_2O_3 含 25%的氧离子空位，具有很高的离子电导率。这是由于 Bi^{3+} 具有极易极化的孤对电子以及 Bi 原子和 O 原子之间的键能较低，因此提高了晶格中氧空位的迁移率。高离子电导率相 δ-Bi_2O_3 仅存在于很窄的温度范围（730~825℃）。在温度低时，其结构由立方的 δ 相转变为单斜 α 相，相变会产生体积的变化，会导致材料的断裂和严重的性能老化。为了应用 Bi_2O_3 必须将高温的 δ 相稳定到低温区。大量研究表明，可以通过掺杂二价（Ca、Sr）、三价（Y、La）、四价（Te）等金属离子来稳定 δ-Bi_2O_3 到低温区域。

钙钛矿型（ABO_3）氧化物材料是近些年来人们发现电导率较高的一种电解质材料。目前，在 SOFC 领域得到广泛应用的钙钛矿结构电解质是 $LaGaO_3$ 基氧化物，这是因为 $LaGaO_3$ 在较大氧分压范围内具有良好的离子电导性，电子电导率可以忽略不计。钙钛矿型氧化物虽然具有稳定的晶体结构，但这种结构的氧化物在高氧分压条件下会产生电子空穴导电，使离子迁移数降低，不利于电池的输出特性。通过二价离子取代晶体结构中的 La^{3+} 在氧亚晶格中产生空位以满足电中性要求，氧离子电导率会随着氧空位的增加而提高。$LaGaO_3$ 电解质的电导率高于氧化锆基和氧化铈基电解质的电导率，仅次于氧化铋基电解质的电导率。$LaGaO_3$ 基材料是最有希望的中温 SOFC 电解质材料之一。

4.4.3 阳极材料

在燃料电池运行过程中，阳极不仅要为燃料的电化学氧化提供反应场所，也要对燃料的氧化反应起催化作用，同时还要起着转移反应产生的电子和气体的作用。从阳极的功能和结构考虑，阳极材料必须具备以下条件：

(1) 在还原气氛中和工作温度范围内，有足够的电子电导率，使反应产生的电子顺利传输到外电路产生电流。同时要具备一定的离子电导率，以实现电极的立体化。

(2) 在燃料气体流动的环境中，从室温至工作温度范围内，必须保持性能稳定、结构稳定、化学稳定。

(3) 由于 SOFC 在高温下运行，因此要求阳极材料必须与相接触的电解质等材料具有线膨胀系数相容性，以避免开裂、变形和脱落；同时不与接触材料发生化学反应。

（4）阳极材料必须具有足够高的孔隙率以减小浓差极化电阻，良好的界面状态以减小电极和电解质的接触电阻，以利于燃料相阳极表面反应活性位的扩散，并把产生的水蒸气和其他副产物从电解质与阳极界面处释放出来。

（5）对阳极的电化学反应有良好的催化活性。

（6）具有一定的机械强度和韧性、易加工性和低成本。

主要的阳极材料有 Ni 基金属陶瓷材料、Cu 基金属陶瓷材料和钙钛矿结构型氧化物基材料等。

金属 Ni 具有良好的化学稳定性、很高的电子电导率、极好的氢氧化和碳氢燃料重整催化活性，同时 Ni 又具有较低的价格。然而，纯 Ni 的线膨胀系数（1.69×10^{-5}/K）与电解质 YSZ 的线膨胀系数（1.05×10^{-5}/K）相差较大，因此两者相结合并不理想。多孔型的 Ni/YSZ 陶瓷金属阳极的发展是 SOFC 技术的一个重大突破。在多孔 Ni/YSZ 陶瓷金属阳极中，Ni 金属相起着导电和催化的作用，而 YSZ 陶瓷相则起着降低阳极线膨胀系数、避免 Ni 颗粒长大和提供氧离子传导路径的作用，同时增大了阳极反应的活化区域。Ni/YSZ 具有可靠的热力学稳定性和较好的电化学性能，被认为是以 YSZ 为电解质、氢气为燃料的 SOFC 阳极材料的首选。Ni/YSZ 的电导率很大程度上取决于 Ni 的含量。这是因为在 Ni/YSZ 中存在电子导电相 Ni 和离子导电相 YSZ 两种导电机制。Ni/YSZ 的电导率大小及性质由混合物中二者的比例决定。综合考虑阳极材料的各方面性能，Ni 的含量一般为 35%，这样既保持阳极层的电子电导，又增强了阳极与其他接触材料的热膨胀相容性。Ni/YSZ 阳极不适用于催化碳氢气体的氧化反应，这是由于 Ni 表面容易发生积碳，从而导致电池性能衰减，此外气体中的杂质硫会和 Ni 反应，因此 Ni/YSZ 不适合作为以碳氢气体为燃料的 SOFC 的阳极材料。

鉴于 Ni 基阳极不适合于碳氢化合物燃料的直接利用，可采用其他金属来代替 Ni，由此 Cu 基金属陶瓷材料得到了进一步研究。Cu 是一种惰性金属，可以在很高的氧分压下稳定存在，并且 Cu 对碳氢化合物的裂解反应有抑制作用，也就不会存在碳沉积的问题。Cu 基金属陶瓷阳材料的缺点在于 Cu 及其氧化物（Cu_2O、CuO）的熔点较低，因此制备 Cu/YSZ 陶瓷阳极时，烧结温度不能过高，但若采用较低的烧结温度，又会导致阳极层与电解质层的不紧密结合。此外，Cu 也不是一种良好的氧化催化剂。而 CeO_2 具有高的碳氢氧化活性和高的离子电导率，因此在 Cu/YSZ 中掺入 CeO_2 形成 Cu/CeO_2/YSZ 阳极，可以得到更加稳定的电池性能。由于 Cu 的硫化物不稳定，Cu 基阳极对含硫的燃料气体比传统 Ni 基阳极具有更高的耐受度，而且 Cu 基阳极材料中 Cu 不充当催化剂的角色，少许的硫化不会影响电池性能。

钙钛矿型氧化物 ABO_3 作为阳极材料时，B 为过渡金属元素，这些元素具有多种价态，有利于电催化性能提高和获得高电子电导率。由于阳极材料在高温还原气氛中工作，因此，用作阳极材料的钙钛矿型氧化物主要是基于若干在此气氛中具有高稳定性的氧化物。在这类材料中，$LaCrO_3$ 基和 $SrTiO_3$ 基材料表现出了相对优越的特性，但他们目前存在的主要问题是电导率比较低，催化活性不够理想。因此，需要通过不同种类物质在 A、B 位置的掺杂来改善该类材料的各项性能。

4.4.4 阴极材料

在燃料电池运行过程中，阴极的主要功能是提供氧电化学还原反应的场所。因此，从阴极材料的功能出发必须满足以下要求：

（1）具有足够高的电导率。在电池工作温度范围内，必须具有足够高的电子电导率，以降低阴极的欧姆极化；还必须具有足够高的离子电导率，以利于氧离子向电解质传递。

（2）在高温下和氧化气氛中具有较高的物理稳定性和化学稳定性，保持晶形稳定和外形尺寸稳定。

（3）与电池中其他接触材料具有良好的线膨胀系数相匹配性，避免出现开裂、变形和分离。

（4）具有足够的孔隙率，以确保反应活性位上氧气的供应。

（5）在电池工作温度下，对氧电化学还原反应具有足够高的催化活性，以降低阴极上电化学活化极化的过电位。

在 SOFC 的发展初期，阴极材料主要以贵金属（铂、金、银）为主，但这些材料的价格昂贵，或热稳定性较差。随着 SOFC 的进一步发展，钙钛矿型结构氧化物作为阴极材料被广泛研究。其中，$LaCoO_3$、$LaFeO_3$、$LaMnO_3$ 等掺入碱金属离子（碱土金属离子替代 La）后具有极高的电子电导率，目前研究最多的阴极材料为 $LaMnO_3$。

钙钛矿结构 $LaMnO_3$ 是一种通过氧离子空位导电的 P 型半导体。由于 $LaMnO_3$ 是靠氧离子空位而导电，因此利用二价金属离子（Ca^{2+}、Sr^{2+}、Ba^{2+} 等）进行掺杂替代 La^{3+} 时，可以在材料结构中形成更多的氧离子空位，掺杂的 $LaMnO_3$ 不仅具有较高的电导率，而且具有良好的结构稳定性。目前，常规的高温 SOFC 的阴极材料为掺杂 Sr^{2+} 的 $La_{1-x}Sr_xMnO_3$。Sr^{2+} 掺杂后，不仅材料的电子电导率得到了提高，而且 Sr^{2+} 的掺杂增加了氧空位的浓度，从而提高了氧的扩散系数。此外，掺杂 $LaMnO_3$ 的线膨胀系数与电解质 YSZ 的线膨胀系数相接近，在高温下两者具有良好的物理化学兼容性，因此研究掺杂的 $LaMnO_3$ 具有重要的意义。

$LaCoO_3$ 与 $LaMnO_3$ 具有相似的结构也可以用作 SOFC 的阴极材料。在相同环境下，$LaCoO_3$ 具有更高的离子电导率和电子电导率，其混合电导率比 $LaMnO_3$ 大 4~10 倍。其中，Fe 掺杂 $LaMnO_3$ 具有较高的电子和氧离子传导能力，但是此类材料的力学性能较差。

思考题与习题

4-1　燃料电池的基本结构及分类是什么？

4-2　简要说明燃料电池与其他电池的区别，并阐述燃料电池的优点。

4-3　燃料电池电极极化的主要来源有哪些？

4-4　阐述电催化剂作为燃料电池核心材料的主要作用，并列举几种燃料电池的电催化剂。

4-5　如何提高熔融碳酸盐燃料电池 NiO 阴极的稳定性？

4-6　简述以质子导体和氧离子导体为电解质的固体氧化物燃料电池（SOFC）的工作原理，比较两类电解质的 SOFC 的不同点。

4-7　如何解决质子交换膜燃料电池阳极中 CO 对铂毒化的问题？

4-8 固体氧化物燃料电池（SOFC）在使用碳氢化合物为燃料时，采用Ni/YSZ阳极材料在实际应用中存在哪些问题？

参 考 文 献

[1] Steele B C, Heinzel A. Materials for fuel-cell technologies [J]. Nature, 2001 (414): 345~352.

[2] Ormerod R M. Solid oxide fuel cells [J]. Chem Soc Rev, 2003 (32): 17~28.

[3] 韩敏芳，彭苏萍．固体氧化物燃料电池材料及制备［M］．北京：科学出版社，2004：9~11.

[4] 衣宝廉．燃料电池——原理技术应用［M］．北京：化学工业出版社，2003：52~61.

[5] Robin Sandström, Guangzhi Hu, Thomas Wågberg. Compositional Evaluation of Coreduced Fe-Pt Metal Acetylacetonates as PEM Fuel Cell Cathode Catalyst [J]. ACS Appl. Energy Mater., 2018, 1 (12): 7106~7115.

[6] 陆天虹．能源电化学［M］．北京：化学工业出版社，2014：158~165.

[7] Sunarso J, Hashim S. Perovskite oxides applications in high temperature oxygen separation, solid oxide fuel cell and membrane reactor: A review [J]. Prog Energ Combust, 2017, 61: 57~77.

[8] 雷永泉，万群，石勇健．新能源材料［M］．天津：天津大学出版社，2002：205~213.

[9] David E Moilanen, Spry D B, Fayer M D. Water Dynamics and Proton Transfer in Nafion Fuel Cell Membranes [J]. Langmuir, 2008, 24 (8): 3690~3698.

[10] 李佩朋，王萌，陈明，等，PEMFC金属双极板电化学测试的影响因素［J］．电源技术，2018，42（11）：1679~1681.

[11] 李静，冯欣，魏子栋．铂基燃料电池氧还原反应催化剂研究进展［J］．电化学，2019，24（6）：589~601.

[12] 韩敏芳，张永亮．固体氧化物燃料电池中的陶瓷材料［J］．硅酸盐学报，2017，45（11）：1548~1554.

[13] Nie Y, Li L, Wei Z D. Recent advancements in Pt and Pt-free catalysts for oxygen reduction reaction [J]. Chemical Society Reviews, 2015, 8 (44): 2168~2201.

[14] Liu R, Wu D, Feng X, Nitrogen-doped ordered mesoporous graphitic arrays with high electrocatalytic activity for oxygen reduction [J]. Angewandte Chemie, 2010, 122 (14): 2619~2623.

[15] Fan C, Huang Z H, Hu X Y. Freestanding Pt nanosheets with high porosity and improved electrocatalytic performance toward the oxygen reduction reaction [J]. Green Energy and Environment, 2018, 3 (4): 310~317.

[16] Chao W K, Lee C M, Tsai D C. Improvement of the proton exchange membrane fuel cell (PEMFC) performance at low-humidity conditions by adding hygroscopic γ-Al_2O_3 particles into the catalyst layer [J]. Journal of Power Sources, 2008, 185 (1): 136~142.

5 锂离子电池

1980 年，Armand 提出了以可嵌入式材料替代金属锂作为负极材料，体系中锂离子可以往返嵌入和脱出，这一概念被称为“摇椅式电池”。同一年，Goodenough 报道了层状结构材料 $LiCoO_2$ 可以保证锂离子可逆嵌入和脱出。1990 年，日本 Sony 公司成功的推出了以 $LiCoO_2$ 作为正极、有机混合溶剂 $LiPF_6$-EC + DEC 作为电解液、石墨作为负极的商品化锂离子电池，极大地推动了锂离子电池商业化的发展进程。

与其他二次电池如铅酸电池和镍氢电池相比，锂离子电池具有特殊的优势：

（1）工作电压高。一般单体锂离子电池的电压约为 3.6V，有时甚至高达 4V 以上，是镍氢电池的 3 倍，是铅酸电池的 2 倍。

（2）比能量高。虽然碳质材料代替金属锂使材料的质量比能量和体积比能量下降，但锂电池在实际应用中金属锂一般过量 3 倍以上，因此，其实际体积比能量没有明显下降，且明显高于其他二次电池。

（3）循环寿命长。锂离子电池经过最初的几次循环后，循环效率接近 100%，在 80% 放电深度（DOD）下的循环寿命可大于 1200 次。

（4）安全性好。嵌锂化合物比金属锂稳定，电池电化学过程中不会形成枝晶锂，也不会产生死锂，有效改善了电池的安全性能。

（5）工作温度范围广。锂离子电池通常在-20~60℃的范围内正常工作。

（6）无环境污染。电池本身为封闭系统，不会对环境造成污染。

正是基于上述优点，锂离子电池近年来得到了突飞猛进的发展。2000 年以后，锂离子电池的发展进入新阶段。目前，制约单体锂离子电池能量密度的关键在于正极材料，而正极材料本身的实际放电比容量、压实密度和平均电压是决定性因素，比如：$LiCoO_2$ 的实际放电比容量约为 135~150mA · h/g，压实密度相对较高约为 3.6~4.2g/cm^3，平均电压为 3.7V，因此，由 $LiCoO_2$ 组装电池电芯的质量比能量较高，为 180~240W · h/kg；$LiNi_xCo_yMn_zO_2$ 的实际放电比容量约为 155~220mA · h/g，压实密度一般大于 3.4g/cm^3，平均工作电压为 3.6V，因此，由 $LiNi_xCo_yMn_zO_2$ 组装电池电芯的质量比能量为 180~240W · h/kg。在锂离子电池应用过程中，应当综合考虑锂离子电池的体积比能量、质量比能量、循环寿命和安全性等因素。价格相对低廉、循环寿命长和高安全性的 $LiFePO_4$ 锂离子电池适用于电动大巴及大规模储能；能量密度和价格较高的 $LiCoO_2$ 锂离子电池适用于 3C 电子产品；能量密度高的 $LiNi_xCo_yMn_zO_2$ 锂离子电池更适用于电动工具及电动汽车等。

锂离子电池已经成熟应用于 3C 电子产品以及电动工具、电动自行车等小型动力电池市场，也是新能源电动汽车、储能、通信等新兴领域用动力、储能电池很好的选择。未来几年，以电动汽车为主的电动交通工具市场及通信储能市场对锂离子电池的需求不断加大。统计分析，2012 年全球锂离子电池产量约 400 亿瓦时，产业规模达 200 亿美元；2013 年全球锂离子电池产量大于 500 亿瓦时，产业规模超过 250 亿美元。2017 年全球锂离子电池产量达到约1360亿瓦时，2018年总量约1959亿瓦时，达到44.1%的年增长速率。预计今后几年随着新能源汽车的发展，全球锂离子电池产量仍将保持年均15%以上的增长率。

5.1 锂离子电池的构造

锂离子电池是指分别用两个能可逆地嵌入与脱嵌锂离子的化合物作为正负极构成的二次电池，靠锂离子在正负极之间转移来完成电池的充放电工作，其结构示意图如图5-1所示。

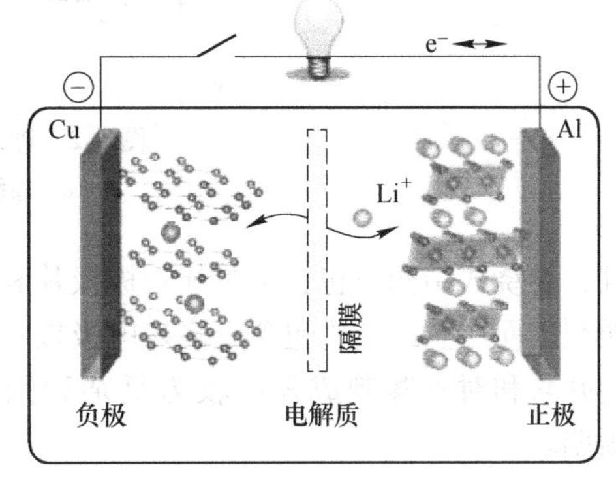

图5-1 锂离子电池结构示意图

锂离子电池的基本结构由三层结构卷绕或多层叠加封装在外壳内，由正极、负极、电解质与聚烯烃隔膜组成。正极一般由活性物质、导电剂、黏结剂和缓蚀剂等构成。通常情况下的正极材料，一般选择相对锂而言电位大于3V且在空气中稳定的嵌锂过渡金属氧化物，如$LiCoO_2$、$LiNiO_2$、$LiMn_2O_4$。而负极材料一般选择电位尽可能接近锂电位的可嵌入锂化合物，如各种碳材料包括天然石墨、合成石墨、碳纤维、中间相碳微球等或金属氧化物，例如SnO、SnO_2、锡复合氧化物$SnB_xP_yO_z$[$x=0.4\sim0.6$，$y=0.4\sim0.6$，$z=(2+3x+5y)/2$]等。锂离子电池中，电解质一般需要电导率高、化学稳定性好、不易挥发且易于长期储存的体系，如$LiPF_6$的乙烯碳酸脂（EC）、丙烯碳酸脂（PC）和低黏度二乙基碳酸脂（DEC）等烷基碳酸脂搭配的混合溶剂体系。电池隔膜多采用棉纸、微孔橡胶、微孔塑料、玻璃纤维、水化纤维素、尼龙、聚烯微多孔膜如PE、PP或它们的复合膜，尤其是PP/PE/PP三层隔膜，不仅熔点较高，而且具有较高的抗穿刺强度。外壳是电池的容器，同时兼有保护电池的作用。作为容器，应能经受电解液的浸蚀作用并保证电解液不泄漏，还能经受外部环境、季节、热及腐蚀介质的化学作用。

锂离子电池的内部结构从设计上可以分为卷绕式和层叠式两大类，如图5-2所示。卷绕式结构需要一片正极极片、一片隔膜和一片负极极片，利用卷针将依次放好的正极极片、隔膜和负极极片进行卷绕，形成圆柱形或者扁柱形，极片的大小和卷绕的圈数等参数可根据电池的容量设计进行确认。层叠式结构首先将切割成适宜尺寸大小的正极极片、隔膜和负极极片，叠合成小电芯单体，然后将若干个小电芯单体叠放并联组成一个大电芯，各个小电芯单体的正极极片和负极极片分别通过正极极耳和负极极耳进行并联，因此层叠式结构的电芯由一定数量的正极极片、隔膜和负极极片组成。

两种不同结构电芯的性能存在很大差异：卷绕式结构采用了较长的单片正极极片和负极极片，造成该类电芯的内阻较大，不适合大电流放电，比功率较小；而叠片式结构采用了多片极片的并联方式，内阻较小，更容易实现短时间内大电流放电，有利于电池的倍率性能。卷绕式结构电芯的体积利用率较低如以两层隔膜收尾、极耳较厚等，导致体积比能量低于层叠式结构电芯；卷绕式结构电芯由于极片与隔膜之间只有单方向的热传递，导致电芯内部存在温度梯度，严重影响电池的循环寿命，而层叠式结构电芯的内部温度分布较均一。但是，实际生产中层叠式结构电芯的性能更依赖于制成的设备精准度、自动化。而

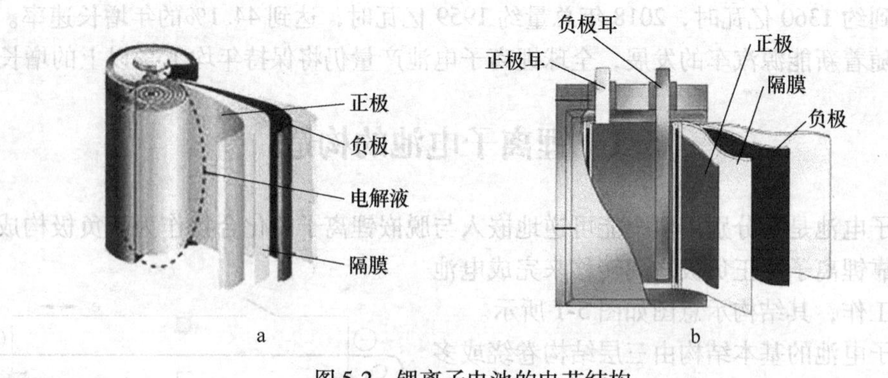

图 5-2　锂离子电池的电芯结构
a—卷绕式；b—叠片式

且，卷绕式结构只包含了单片正极极片和负极极片，这就给极片分切、卷绕带来了极大的便利；而层叠式结构包含了多片电极极片，导致极片分切、极片断面的毛刺控制、极片间的并联和对齐等制成程序较为复杂和困难，最终导致叠片式结构电芯的质量往往不及预期。

目前，锂离子电池按照不同的标准可以分为不同的类型。其中，按照锂离子电池的外壳材质可分为两大类：一类是铝塑膜软包装；另一类是金属外壳，金属外壳又包括了钢壳与铝壳。按外形可分为纽扣式锂离子电池、圆柱形锂离子电池和方形锂离子电池（如图 5-3 所示）。按电解质的状态可分为液态锂离子电池、聚合物锂离子电池和全固态锂离子电池。按照正极材料的不同可分为钴酸锂电池、锰酸锂电池、磷酸铁锂电池和三元（镍锰钴酸锂）电池。虽然锂离子电池按照不同的标准可以分为不同类型的电池，但是对于同一种化学体系不同类型的锂离子电池间的主要性能特点类似，比如 $LiFePO_4$/石墨体系的锂离子电池有圆柱形、软包或聚合物电池，这些不同类型的电池都继承了 $LiFePO_4$/石墨体系优异的安全性、循环稳定性等特点。

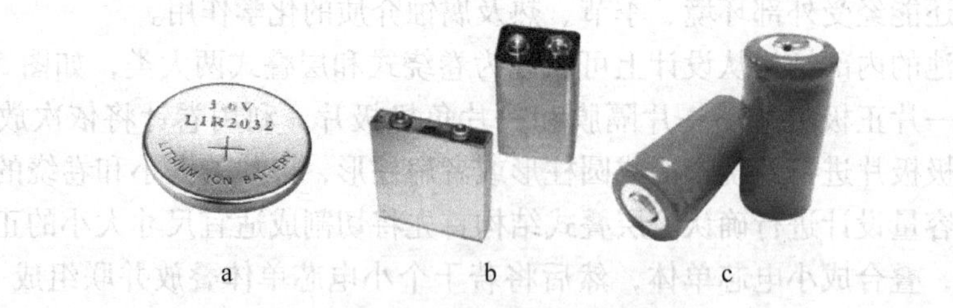

图 5-3　锂离子按形状分类
a—纽扣式；b—方形；c—圆柱形

纽扣式锂离子电池的型号用四位数表示，前两位数表示直径，后两位数表示厚度，以 2032 型电池为例，电池的直径为 20mm，厚度为 3.2mm。圆柱形锂离子电池的型号用五位数表示，前两位数表示直径，后两位数表示高度，以应用广泛的 18650 型电池为例，电池的直径为 18mm，高度为 65mm，用 $\phi18\times65$ 表示，0 表示为圆柱形电池。18650 电池原指镍氢电池和锂离子电池，由于镍氢电池现在应用的比较少，所以现在 18650 型电池多指锂离子电池。目前，18650 型锂离子电池单节标称电压一般为 3.6V 或 3.7V，最小放电终止电压一般为2.5~2.75V，常见容量为1200~3300mA·h。21700电池单体容量的提升意味着同等能量下所需电芯的数量减少约1/3，从而降低了系统管理难度、简化金属结构件等配件数量。虽然与18650电池相比21700单个电芯的重量和成本提升了，但是却降低了电池系统的重量和成本。方形锂离子电池的型号用六位数表示，前两位数为电池的厚度，中间两位数为电池的宽度，最后两位数为电池的高度，以206513型电池为例，电池的厚度为20mm，宽度为65mm，高度为13mm。本章以扣式电池和软包电池为例介绍电池组装的基本流程和外壳材料。

5.2 嵌脱反应的材料基础

嵌脱反应是一类特殊的固态反应，在这类反应中，客体物质可以在主体基质中可逆地嵌入和脱出，而主体基质的晶格结构基本保持不变，主体基质可以为客体物质提供可到达的间隙位置，如四面体、八面体的间隙或层状化合物中层与层之间存在的范德华空隙等。与其他固态化学反应相比，嵌入反应并没有发生键的断裂和重排，相反它需要材料具有一个稳定的框架结构，在反应过程中不会发生变化，并且有足够的间隙和尺寸以利于客体物质进入和离开。锂离子电池是嵌脱反应的典型例子，锂离子电池正极材料是嵌入化合物，如$LiCoO_2$、$LiNi_{1/3}Mn_{1/3}Co_{1/3}O_2$、$LiMn_2O_4$等过渡金属材料，负极是一种主体基质，如石墨、$Li_4Ti_5O_{12}$等，电解液为含有客体物质（锂离子）的有机溶剂。锂离子电池中发生的嵌脱反应见式（5-1）~式（5-3）。

正极反应：
$$LiCoO_2 \xrightleftharpoons[放电]{充电} Li_{1-x}CoO_2 + xLi^+ + xe^- \tag{5-1}$$

负极反应：
$$C + xLi^+ + xe^- \xrightleftharpoons[放电]{充电} CLi_x \tag{5-2}$$

总反应：
$$LiCoO_2 + C \xrightleftharpoons[放电]{充电} Li_{1-x}CoO_2 + CLi_x \tag{5-3}$$

锂离子电池在每次充放电过程中，电极材料内的锂离子浓度变化很大。锂组分的变化影响着电极材料的导电性和稳定性。锂离子在正负极之间的来回运动能力很大程度上取决于电极材料中的锂扩散动力学和相转变性质与速率。随着锂组分的变化，虽然有少数嵌入材料在全组分范围内体现出固溶体性质，如Li_xTiS_2，但大多数材料在脱嵌锂过程中还是会经历一级相变过程。嵌入化合物的相转变经常是在晶体学上很相似的两相之间进行的。例如，锂从$LiFePO_4$中脱出通过一级相变转变为$FePO_4$，其主结构和$LiFePO_4$具有相同的晶体结构，而锂嵌入石墨过程会导致石墨层堆积从ABAB到AA的连续变化，类似的变化在层状正极材料中也有，如$LiCoO_2$。作为锂离子电池的电极材料，锂在这些过渡金属氧化物及碳电极中嵌入脱出的热力学和动力学非常重要，这些研究关系到离子锂电池的能量密度、功率密度及循环寿命。

图5-4所示给出了$Li_xMn_2O_4$在不同锂含量的电极电位（vs. Li/Li^+）。所有材料的电极电位变化都不是一个简单的电极电位与锂含量的关系，许多因素如阳离子有序性、脱嵌过程中相变以及材料的颗粒尺寸等都会对电极电位变化造成较大的影响。

$LiCoO_2$是锂离子电池中应用成熟的正极材料，是一种典型的层状结构材料。第一性原理的理论计算表明，当晶格中Li/Co氧离子有序排列时，层状CuPt相的$LiCoO_2$材料平均

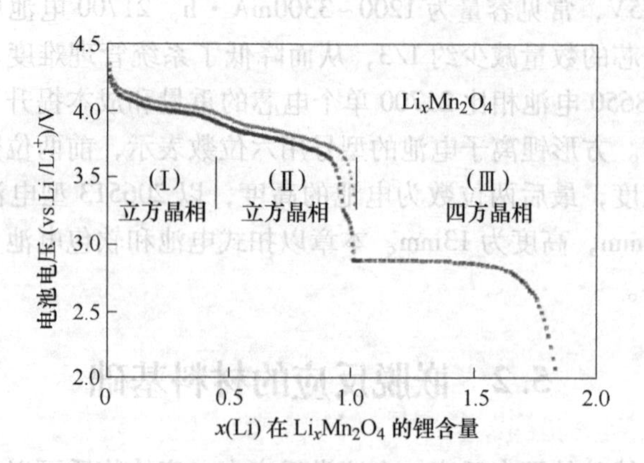

图 5-4　不同锂含量 $Li_xMn_2O_4$ 的电极电位

电压为 3.78V，与实验测量得到的数值接近，而在氧离子随机分布的岩盐相中，其电压为 3.99V，比有序的 CuPt 相具有更高的电压。对于局部长程有序的 CuPt 和 D4 结构（从尖晶石结构衍生的立方结构，但是与尖晶石结构不同）的电压，分别比正常的 CuPt 和 D4 结构高了 0.05V 和 0.01V。以上的这些电压变化主要是因为晶格中阳离子的无序排列造成了 $\square CoO_2$（□表示 Li 完全脱出后形成的空位）的能量增加，并且其能量增加的幅度要比有序 CuPt 相 $LiCoO_2$ 更大，因此其平均电压有所提高。

在锂离子嵌入脱出过程中可能出现两相共存，这是由锂离子之间强相互作用引起的一个热力学现象。Pyun 等人应用 Monte Carlo 方法提出锂离子嵌入 $Li_{1+\delta}[Li_{1/3}Ti_{5/3}]O_4$ 的过程是在贫锂相和富锂相共存的两相平衡中进行的，而锂离子间的排斥嵌入是导致贫锂相和富锂相共存的主要原因。图 5-5a 比较了实验测试的 $Li_{1+\delta}[Li_{1/3}Ti_{5/3}]O_4$ 的 $E-(1+\delta)$ 实验点（开口和封闭圆）和通过 Monte Carlo 方法理论计算的曲线，理论曲线显示在 $1+\delta=1.06\sim1.94$ 时存在着电位平台，这与实验数据相吻合。在电压平台区域，8*a* 位置的锂含量 $(1+\delta)_{8a}$ 随着 $(1+\delta)$ 的增大而降低，而 16*c* 位的锂含量 $(1+\delta)_{16c}$ 随之增大。为了解释贫锂子昂和富锂相转变过程中 8*a* 位置和 16*c* 位置锂含量的变化，根据 Monte Carlo 方法，模拟了 $(1+\delta)=1.5$ 时的锂离子分布的局部剖面图，如图 5-5b 所示。很明显，在 α 相平衡时存在着 β 相，β 相被分散地嵌入到 α 相的矩阵。在此，α 相是指贫锂相，其中锂离子主要占据 8*a* 位置，β 相是指富锂相，其中锂离子主要占据 16*c* 位，贫锂相与富锂相的这种交叉分布可以避免锂离子之间的排斥作用而造成晶格能上升。

前述的讨论都是基于理想的晶体材料，真实存在的材料包含多种缺陷，缺陷的存在对生成焓、构型熵、稳定性、熔点、硬度、介电、空间电荷层等热力学性质以及运输、储存、相变、反应、激发等动力学过程均有显著影响。

根据热力学方程，实际材料的生成能表达式为：

$$\Delta G_{实际材料}=(\Delta_f H_{实际材料}-n\Delta_f H_{缺陷})-T(\Delta S_{重要缺陷}+\Delta S_{真实缺陷}+\Delta S_{理想材料}) \tag{5-4}$$

对于单晶或者微米级尺寸的颗粒，少量缺陷的存在不会引起本体材料多数原子之间结合能的变化，特别是那些远离缺陷的原子，因此缺陷结构的引入基本上不会引起材料焓的变化。但是当材料达到纳米尺寸时，由于颗粒中含有大量缺陷，本体材料中的大量原子逐

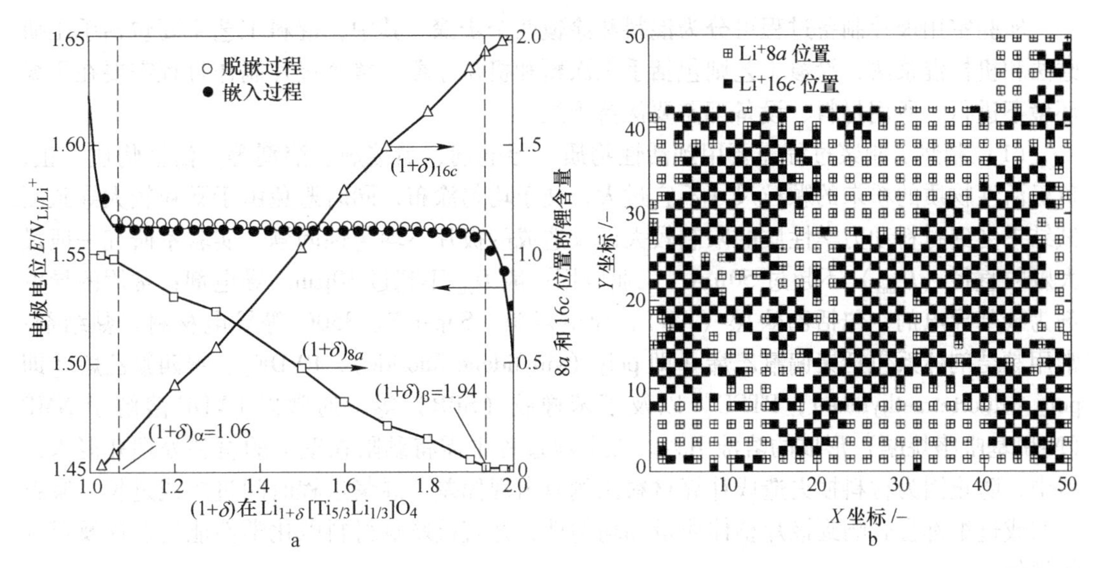

图 5-5 $Li_{1+\delta}[Li_{1/3}Ti_{5/3}]O_4$ 的电位实验点（开口和封闭圆）和 Monte Carlo 方法理论计算曲线的比较（a）以及 Monte Carlo 方法模拟（$1+\delta$）= 1.5 时的锂离子分布的局部剖面图（b）

渐偏离了原来理想结构的周期势，材料的生成焓会偏离理想结构材料的生成能，此时生成能相对于理想的本体材料会出现一定的差别，偏差大小取决于缺陷能，相应地，材料的理论电压也会发生变化。对于纳米材料而言，缺陷能中表面能的影响是不可忽略的。材料表面能 σ 可以通过（$2\gamma/r$）V_m 估算，其中 γ 为表面张力，r 为粒子半径，V_m 为摩尔体积。通过开路电压法直接测量表明 25nm 和 2nm 尺寸金红石 TiO_2 表面能的差别引起的电位差为 62mV，而在嵌脱锂过程中，非晶纳米颗粒的 RuO_2 材料的开路电压甚至比多晶材料高 580mV。颗粒尺寸的影响还表现在嵌脱锂过程中材料固溶体范围的变化。以磷酸铁锂为例，其充放电过程是一个典型的两相反应，可以将这两相分别用富锂相 $Li_{1-\alpha}FePO_4$ 和贫锂相 $Li_{\beta}FePO_4$ 表示。对于大颗粒的材料，如粒径大约为 900nm，磷酸铁锂的固溶体区域非常小，α 与 β 的值小于 0.02；β 对于纳米颗粒材料，固溶体的区域会有所扩展，导致两相反应的区域缩短，当材料粒径降低到约 100nm 时，α 值提高到 0.05，而 β 的值提高到 0.11。

5.3 扣式锂离子电池的组装

锂离子扣式电池，包括半电池（Half Cell，正极极片/金属锂片、负极极片/金属锂片）、全电池（正极极片/负极极片）以及对称电池（正极极片/正极极片、负极极片/负极极片）。锂离子扣式电池主要作为实验电池样品，用于对材料体系的表征和研究，适合大量测试使用。扣式电池由成套的扣式电池壳及内部组件构成，不锈钢电池壳电化学稳定性好、密封性良好、尺寸较小、组装较为简单、价格便宜、适用温度为 0~80℃。

一般的扣式电池型号有 CR2032、CR2025、CR2016 等。一套电池壳包括：负极壳，弹片，垫片和正极壳。组装一个扣式电池的基本步骤包括：制浆、涂布、烘干、裁片、组装。

实验室用极片制备过程可分为混料和涂覆两个步骤。其中，混料工艺主要包括手工研磨法和机械混浆法，涂覆工艺则包括手工涂覆和机械涂覆。整个极片制作过程需要在干燥环境下进行，所用材料、设备都需要保持干燥。

（1）制浆。制浆过程需要用到活性物质、导电剂、黏结剂、溶剂等。活性物质：正、负极活性物质的粉末的颗粒尺寸不宜过大，便于均匀涂布，同时避免由于颗粒较大导致测试结果受到材料动力学性质的限制较大以及造成的极片不均匀性问题。实验室研究一般最大颗粒直径（D_{max}）不超过 50μm，工业应用一般 D_{max} 不超过 30μm。导电剂：常用的导电剂为碳基导电剂，包括乙炔黑（AB）、导电炭黑、Super P、350G 等导电材料。黏结剂：常用黏结剂体系包括聚偏氟乙烯［即 poly（vinylidene fluoride），PVDF］、聚四氟乙烯［即 poly（fluortetraethylene），PTFE］以及丁苯橡胶（SBR）等。通常以 PVDF 溶解于 NMP（N-甲基吡咯烷酮）形成的溶液引入。在混料过程中需将黏附在壁上的材料处理并混入浆料中，防止因为材料损失造成计算材料比例时出现偏差。混浆过程时间过短或过长、浆料不匀或过细都会影响到极片整体质量和均匀性，并直接影响材料电化学性能的发挥及对其的评价。

（2）极片的涂布。锂离子电池极片的正、负极集流体分别为铝箔和铜箔。首先，铝箔和铜箔两者的导电性都相对较好，质地比较柔软，价格也相对较低。其次，铝本身比较活泼，在低电位下，铝会出现嵌锂，生成锂铝合金，然后粉化，严重影响电池的寿命和性能，因此铝箔不宜作为负极的集流体。最后，铜在高电位下容易氧化，铜表面的氧化层属于半导体，电子导通，氧化层太厚时，阻抗会增加，不宜作为正极的集流体。

一般使用刮刀和流延涂覆机，进行涂布。如果选用单面光滑的箔材，建议在粗糙的一面上涂布，以增加集流体与材料之间的结合力。箔材的厚度没有特殊要求，但对箔材的面密度均匀性有很高要求。如果是硅基负极材料，可以选用涂碳铜箔以提高黏附性，降低接触电阻，增加测试结果的重现性，提高循环性能。一般极片的面容量设为 2~4mA·h/cm^2，最低不建议低于 1mA·h/cm^2。

（3）极片的处理。接下来，对极片进行干燥、辊压、裁切与称量、真空烘烤等处理。极片干燥的目的在于去除浆料中大量的溶剂 NMP 以及水分，所以要经过鼓风干燥和真空干燥两个步骤。极片的干燥一般需要考虑三点，干燥温度、干燥时间、干燥环境。由于水的沸点是 100℃，所以鼓风干燥的温度需要较高，但由于水分含量较少，干燥时间可以缩短，在鼓风干燥时，可以设置两个温度段，每个温度时间不同，最高温度可以设置为 100℃。鼓风干燥后，要经过真空干燥，对于 NMP 的干燥温度需要 100℃以上，在能够烘干的前提下，尽量降低烘烤温度（如正极采用 120℃），但由于溶剂太多，所以增加了干燥的时间。同时，要注意干燥温度过高和时间过长，会出现材料与载流体的剥离，造成严重的掉粉现象。极片不经过鼓风干燥直接进行真空干燥，会导致 NMP 充满于真空干燥箱内，影响极片干燥效果。对于一些容易氧化或者在高温空气中不稳定的材料，需要在惰性气氛烘箱中烘烤。还可以通过直接测量极片水分含量来确定干燥条件。

涂布后，干燥出的复合材料涂层比较疏松。若直接使用，被电解液浸润后容易脱落损坏。可采用对辊机或者压片机等进行压片处理，一般使用对辊机采用大约 80~120kg/cm^2 压强将正极片涂层压制到 15~60μm。压片后的电极，稳定性、牢固性以及电化学性能获得改善。压片主要目的还有两个：一是为了消除毛刺，使表面光滑、平整，防止装电池时毛刺刺破隔膜引起短路；二是将极片压实，增强极片的强度，减小欧姆阻抗。但是，压力过大会引起极片的卷曲，极片变脆、强度降低，不利于电池装配。

将制备好的极片夹在称量纸中，调整冲压机的冲口模具尺寸，冲出圆形极片（实验室CR2032扣式电池常采用直径为14mm）。从中挑选形貌规则、表面及边缘平整的圆形极片，若极片边缘有毛刺或起料，可采用小毛刷进行轻微处理。将挑选合格后的圆形极片移到精度较高的天平（精度不低于0.01mg）称量重量，并记录对应数据。采用厚度仪对极片的厚度进行测量时，多个极片的测量数值误差在3%以内，则认为该极片厚度均一性良好，并记录厚度平均值。为进一步去除极片中的水分和溶剂，将称好的极片放入真空干燥箱，抽真空至0.1MPa，设定干燥温度和时间（可以采用120℃烘烤6h）。

（4）电池组装。将处理好的圆形极片转移到惰性气氛手套箱内，准备扣式电池组装部件：负极壳、金属锂片、隔膜、垫片、弹簧片（泡沫镍）、正极壳、电解液，此外还需要压片模具、移液器和绝缘镊子。扣式电池组装之前，需对各组件进行清洗，其中不锈钢部件可分别用去油污清洁剂、丙酮、乙醇、水依次进行超声清洗，在使用去油污清洁剂清洗时可适当提高清洗温度达到去除部件表面油污的目的。清洗后的部件需在烘箱中进行烘干处理。

扣式电池组装次序可以从负极壳开始，也可以从正极壳开始，组装步骤如图5-6所示。正极壳开口面向上，平放于玻璃板上，用镊子将垫片和正极片依次置入正极壳，正极片位于正极壳正中，将涂布层向上。吸取电解液，浸润正极片表面，但滴管/针头不能碰触电极片。夹取隔膜，覆盖正极片，再吸取电解液，润湿隔膜表面。此时，可以使用滴管前端轻轻碰触隔膜，使之更加平整，均匀，边缘与电池壳接触更为严密，避免隔膜的褶皱。夹取锂片放置于隔膜正中，将锂片边缘光滑面朝隔膜一侧放置，必要时可以用平整的与锂不反应的硬物压平金属锂片的表面，以防止锂片边缘毛刺穿破隔膜导致电池短路。夹

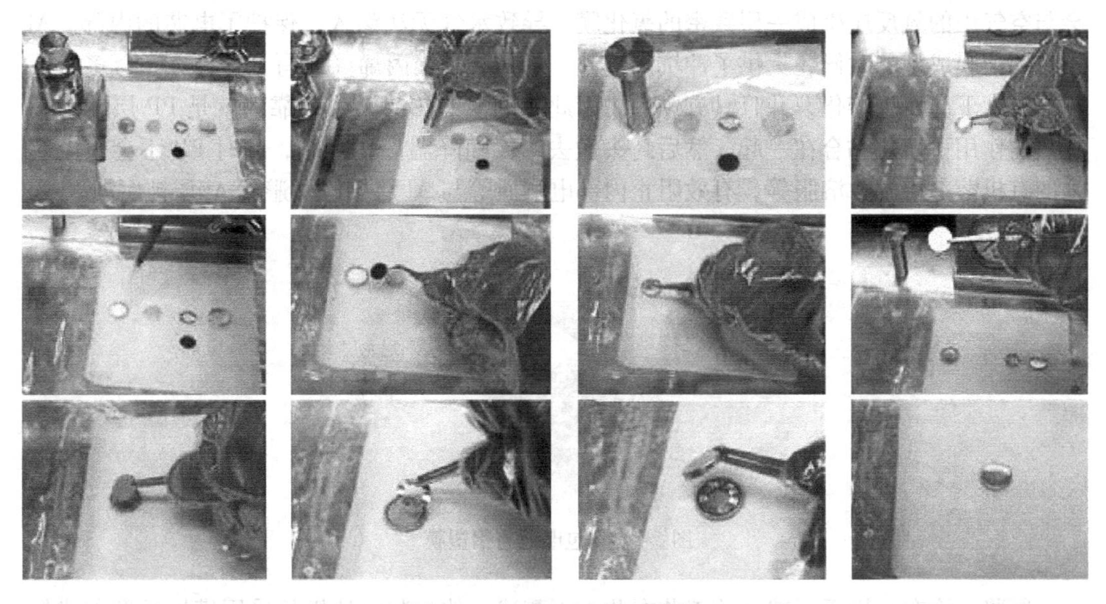

图5-6 扣式电池组装流程图

取垫片置于锂片上，对齐；夹取弹片置于垫片上，对齐；最后镊子夹取负极壳，覆盖于其他部件的上部。接下来，用绝缘镊子将扣式电池负极侧朝上置于扣式电池封口机模具上，可压制完成组装制备扣式电池，用绝缘镊子取出，观察制备外观是否完整。采用万用表或电池测试仪对制备电池进行开路电压测试，检测组装电池无明显短路问题，若开路电压异常则可视为组装电池不合格。

5.4 软包锂离子电池与铝塑膜

软包电芯，就是使用了铝塑膜作为包装材料的电芯，由于包装材料和电池结构使得软包电池具有一系列优势。比如，发生安全问题时软包电池一般会鼓气裂开，而不像钢壳或铝壳电芯那样发生爆炸，软包电池安全性能好；重量轻，软包电池重量较同等容量的钢壳锂电池轻40%，较铝壳锂电池轻20%；内阻小，软包电池的内阻较锂电池小，可以极大地降低电池的自耗电；设计灵活，外形可变任意形状，可根据需求定制开发新的电芯型号。而且，电池的系统能量密度成为一项重要考核指标。使用三元正极材料的软包电池容量较同等尺寸规格的钢壳锂离子电池高10%~15%、较铝壳锂离子电池高5%~10%，而重量却比同等容量规格的钢壳电池和铝壳电池更轻，因此，更有利于电池系统能量密度的提高。

外壳使用材料决定了他们的封装方式不同。软包电池采用铝塑膜作为包装材料，需使用热封装。铝塑膜一般有三层，包括尼龙层、金属铝层和聚丙烯层，如图5-7所示。尼龙层是保证了铝塑膜的外形，减轻对外壳的损伤，保证在制造成锂离子电池之前，膜不会发生变形，阻止空气尤其是氧的渗透，维持电芯内部的环境，同时保证包装铝箔具备良好的形变能力。铝层就是一层金属Al构成，其作用是防止水的渗入，维持电芯内部的环境具有一定的强度，能够防止外部对电芯的损伤。锂离子电池的极片含水量都在ppm级，要求包装膜一定能够挡住水气的渗入。尼龙不防水，无法起到保护作用。而金属Al在室温下会与空气中的氧反应生成一层致密的氧化膜，导致水气无法渗入，保护了电芯的内部。Al层在铝塑膜成型的时候还提供了冲坑的塑性。最内层是聚丙烯（缩写PP），在一百多摄氏度的温度下会发生熔化，并且具有黏性。因此，电池的热封装主要靠的就是PP层在封头加热的作用下熔化黏合在一起，然后封头撤去，伴随降温固化黏结，同时PP不会被电芯内的有机溶剂溶解、溶胀等，有效阻止内部电解质等与Al层接触，避免Al层被腐蚀。

图5-7 软包电池与铝塑膜

制浆、涂布、烘干、裁片等工艺在此不再赘述。软包装电池极片采用模切成型方式然后采用Z字型或卷绕型将极片进行堆叠，贴胶后形成一个卷芯，放入铝塑膜中冲好的凹坑里。铝塑膜成型工序也称为冲坑，就是用成型模具在加热的情况下，在铝塑膜上冲出一个能够容纳卷芯的凹坑，如图 5-8 所示。

铝塑膜冲好并裁剪成型后，一般称为 Pocket 袋。一般情况下，电芯较薄的时候选择冲单坑，在电芯较厚的时候选择冲双坑，若铝塑膜的变形量太大突破铝塑膜的变形极限会导致破裂。可以在气袋区域冲一个坑，增加一个气囊，气囊也可以根据需要增加，气袋作用主要是用于收集电芯化成过程中产生的气体。把叠好的卷芯放入冲好的坑内，折叠后，把整个铝塑膜可以放到夹具中，在顶侧封机里进行顶封与侧封。封装的时候两个封头带有一定的温度（一般在 180℃左右），合拢时压在铝塑膜上，铝塑膜的 PP 层就熔化然后黏结在一起。顶封时需要封住极耳，顶封区域的示意图如图 5-9 所示。极耳上的极耳胶在加热时能够与铝塑膜的 PP 层熔化黏结，形成了有效的封装结构。

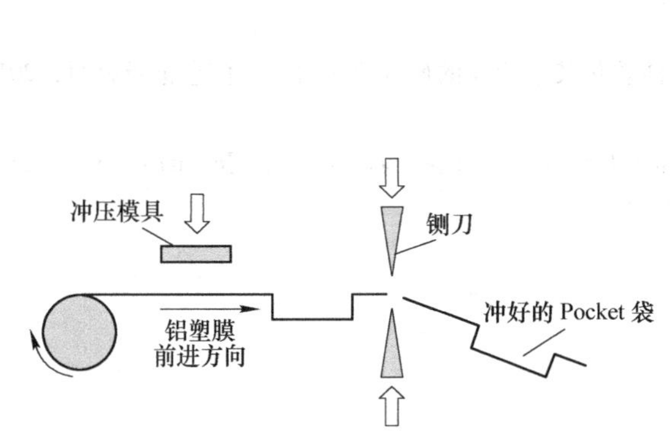

图 5-8　铝塑膜成型

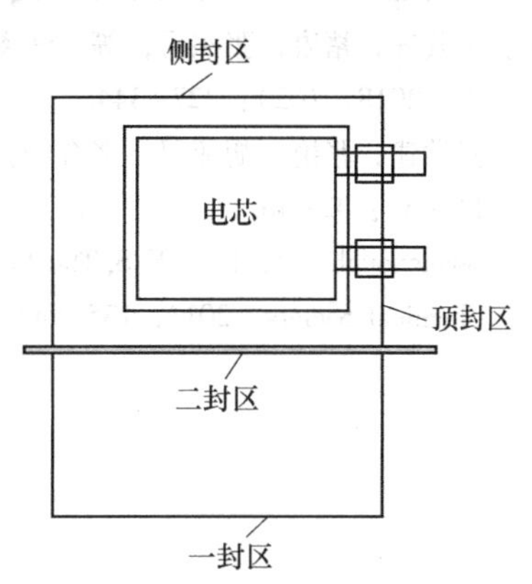

图 5-9　软包电池的封装

在完成软包电芯的顶封和侧封之后，需要做 X 射线检查其卷芯的对齐度，然后转移到干燥房除水气。软包电芯在干燥房静置若干时间后，就进入了注液与一封的工序阶段。电芯在顶封和侧封完成之后，就只剩下气袋那边的一个开口，这个开口就是用来注液的。在注液完成之后，需要马上进行气袋边的预封，也称为一封。一封封装完成后，电芯内部完全与外部环境隔绝了。在注液与一封完成后，首先将电芯进行静置，根据工艺的不同分为高温静置与常温静置，静置的目的是让注入的电解液充分浸润极片，然后进行电芯化成。化成的主要作用是激活电池，在电极和电解液的界面形成稳定 SEI 膜。化成中，由于软包电池的特性，采用夹具对电池进行固定化成。

因为电芯化成过程中会产生气体，不同材料产气量不同，故而可根据需求增加气囊，扩大容纳气体的体积，二封时我们要将气体抽出然后再进行第二次封装。二封时，首先由铡刀将气袋刺破，同时抽真空，这样气袋中的气体与一小部分电解液就会被抽出。然后在二封区进行封装，保证电芯的气密性。最后把封装完的电芯剪去气袋，二封剪完气袋之后需要进行裁边与折边，就是将一封边与二封边裁到合适的宽度，然后折叠起来，保证电芯的宽度不超标，一个软包电芯就基本成型了。

思考题与习题

5-1　阐述二次锂离子电池的充放电机理，写出以钴酸锂（$LiCoO_2$）为正极材料，石墨为负极材料的总电池反应，并计算该电池的理论容量。

5-2　了解钠离子电池的工作原理，试分析储锂过程与储钠过程的相同点以及不同之处。

5-3　分析黏结剂对极片制备和电池性能的主要影响。

5-4　极片中高活性物质含量的优点是什么？还会带来什么问题？

5-5　从嵌脱反应机理出发，对锂离子电池电极材料的基本要求是什么？

参考文献

[1] Jung Kyu-Nam, Pyun Su-Ⅱ, Kim Sung-Woo. Thermodynamic and kinetic approaches to lithium intercalation into $Li[Ti_{5/3}Li_{1/3}]O_4$ film electrode [J]. Journal of Power Sources, 2003(119~121): 637~643.

[2] 吴宇平，戴晓兵，马军旗. 锂离子电池：应用与实践 [M]. 北京：化学工业出版社，2004.

[3] Armand M, Tarascon J M. Building better batteries [J]. Nature, 2008, 451: 652~659.

[4] 王其钰，褚赓，张杰男，等. 锂离子扣式电池的组装，充放电测量和数据分析 [J]. 储能科学与技术，2018，7(2)：327~344.

[5] 张学建，张艳，胡亚召. 聚合物锂离子电池软包装铝塑膜的研究进展 [J]. 信息记录材料，2013，14 (6)：42~46.

[6] Goodenough J B, Park K S. The Li-ion rechargeable battery: a perspective [J]. Journal of the American Chemical Society, 2013, 135 (4): 1167~1176.

6 锂离子电池的正极材料

6.1 $LiMO_2$ 经典体系

这类材料包括 $LiMO_2$ 化合物（M = Co，Ni，Cr）和相关氧化物 $LiCoM'O_2$，其中 M′是三价的或二价的取代元素（M′= Ni，Mn，Fe，Al，B，Mg 等）。$LiMO_2$ 氧化物是 α-$NaFeO_2$ 型晶体属于 R-3m(D_{3d}^5) 空间群。这个结构得自于 Li 离子堆积在邻近 MO_2 层构建的 NaCl 型结构中，通过共面连接单个八面体结构。Co^{3+} 的离子半径（68pm）几乎和 Ni^{3+} 离子（70pm）（在低自旋状态下的八面体位置上的离子）相同，$LiNiO_2$ 和 $LiCoO_2$ 以及固溶体 $LiNi_{1-y}Co_yO_2$ 的晶体结构都属于 α-$NaFeO_2$ 型结构。P2-，P3-，O2-和 O3-$LiMO_2$ 的晶体结构图解如图 6-1 所示。这里的 O 状态表示阳离子八面体，数字（2 或 3）对应搭建每个单胞的层数。在 O3-型结构中，每一层通过转化和其他层有关，而在 O2-型中，每个第二层旋转 60°。如图中“O2”和“O3”所示，这两种情况下 Li 占据的都是八面体间隙，但是氧的堆积有两种方式，分别是 ABCB 和 ABCABC。

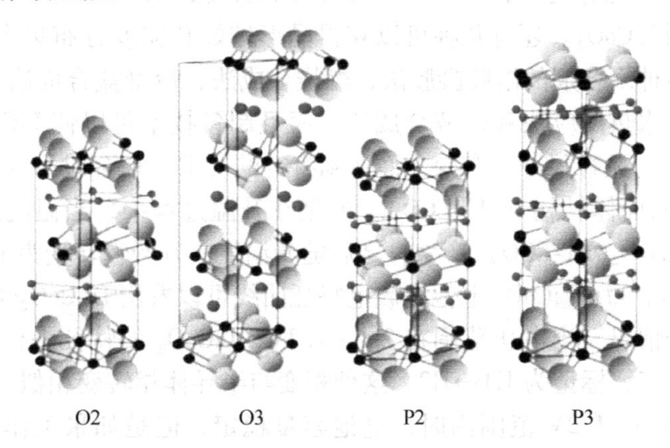

图 6-1 P2-，P3-，O2-和 O3-$LiMO_2$ 的晶体结构

α-$NaFeO_2$ 型晶体结构的特点：在六方晶格的 c 轴方向上，面心立方排列的氧的亚晶格被扭曲，三角形对称性使层状结构特有的（006）/（102）和（108）/（110）特征峰的分裂增加。当 c 轴方向的扭曲不存在时，晶格参数中 $c/a = 4.899$，同时（006）/（102）和（108）/（110）这两峰将分别合并成单一的衍射峰。

6.1.1 $LiCoO_2$

在 O3-$LiCoO_2$ 晶格中，M 阳离子在八面体 $3a(0, 0, 0)$ 位置，而氧离子位于立方密堆积结构（ccp）中，占据了 $6c(0, 0, z)$ 或（0，0，0，z）位置，Li 离子位于 $3b(0, 0,$

1/2）位置，过渡金属离子和锂离子交替占据了（111）平面。O3-$LiCoO_2$ 的晶格参数 a=0.2816nm，c=1.404nm，层间距比 O2-$LiCoO_2$ 的大（a=0.2806nm，c=0.952nm），具有更加显著的层状结构。为了优化 O2-$LiCoO_2$ 的晶格结构，氧和钴原子分别被置于 $P6_3mc$（no.186）空间群的 2a 和 2b 位置。在 $LiCoO_2$ 中强共价键减小了 Co—O 键的距离，导致了 Co^{3+} 低自旋基态（$d^6=(t_{2g})^6(e_g)^0$，$S=0$）的稳定，同时减小了化合物的电导率。

O3-$LiCoO_2$ 和 O2-$LiCoO_2$ 晶格中 CoO_6 与 LiO_6 的堆砌方式，如图 6-2 所示。

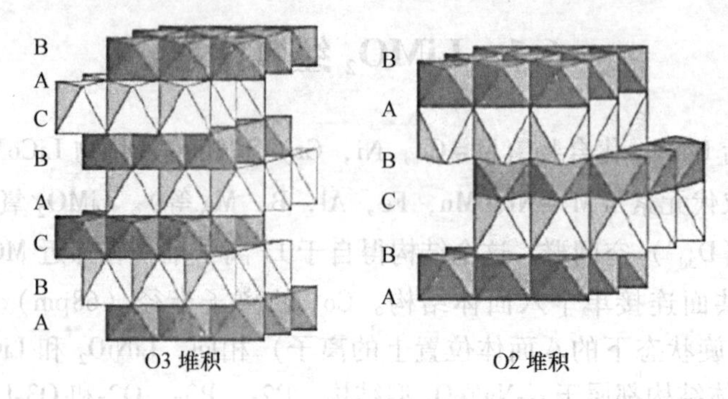

图 6-2 O3-$LiCoO_2$ 和 O2-$LiCoO_2$ 晶格中 CoO_6 与 LiO_6 的堆积方式
（暗色表示 CoO_6 八面体）

传统的固相法合成 $LiCoO_2$ 的应用非常普遍。例如，碳酸钴盐（或者氧化物）和碳酸锂（或者氢氧化锂）充分混合，然后在空气气氛下加热到 850~900℃的高温，之后保温几个小时，最后得到 $LiCoO_2$。还有几种可以获得晶形较好和粒度分布集中的 $LiCoO_2$ 制备技术，包括：使用多种络合剂的溶胶凝胶法，燃烧合成法，熔融盐合成法，机械活化法，冷冻干燥盐合成法，水热反应法和微波合成法。而且制备技术可以使 $LiCoO_2$ 在形态、尺寸（从微米到毫微米）、晶粒尺寸分布等方面达到特定的要求。在合成 $LiCoO_2$ 时，温度在 T>850℃时生成斜方六面体结构（HT-LCO），但是在升温过程中，当温度达到 400℃左右会有尖晶石结构 $Li_2Co_2O_4$（LT-LCO）产生，之后随着温度上升慢慢转变为 HT-LCO。

如图 6-3a 所示，Li//$LiCoO_2$ 电池充放电特征曲线可以看出 $Li_xCoO_2(0<x<1)$ 在充放电过程中的相转变情况。当电压范围在 2.5~4.3V，$LiCoO_2$ 的特征平台出现在 3.92V 处，对应第一次的相转变，标记为 H1↔H2，这种相变与半导体相转变相似。对于 $LiCoO_2$ 电极材料在工作电压 3.6~4.2V 范围内时，电池容量稳定，但是如果工作电压设置在 3.6~4.5V 时，由于锂离子的深度脱嵌导致氧损失，容量会随着循环次数急剧减少（如图 6-3b 所示）。锂含量过低会导致氧损失加剧，这种现象使 Li//$LiCoO_2$ 电池体系的实际比容量很难超过 140mA·h/g。O2-LCO 和 O3-LCO 型材料具有相似的可逆相变，这种相变与锂含量 x(Li) 具有函数关系。第一次相变（O3 发生在 3.90V，O2 发生在 3.73V）伴随着晶格常数的剧烈变化，但是晶体结构的变化很小，这种变化在 O3-$LiCoO_2$ 的 H1↔H2 过程中和 O2-$LiCoO_2$ 的 $O2_1$↔$O2_2$ 过程中可以被观察到。当 Li_xCoO_2 中 x=0.5 时，锂离子的排序问题可能导致两类材料都出现相变。这种相变是连续的，使 O_3 材料在此阶段转变（H2↔M）为单斜晶系。如果更多的 Li 脱嵌，在 O3-$LiCoO_2$ 中发生另一种连续相转变 M↔H3。目前，脱锂的 Li_xCoO_2 化合物在晶体化学和相图方面仍然存在一些争议。

通过化学提取锂的方法研究电极材料 $Li_{1-x}CoO_{2-\delta}$ 和 $Li_{1-x}Ni_{0.85}Co_{0.15}O_{2-\delta}$ 当 $0\leqslant(1-x)\leqslant1$

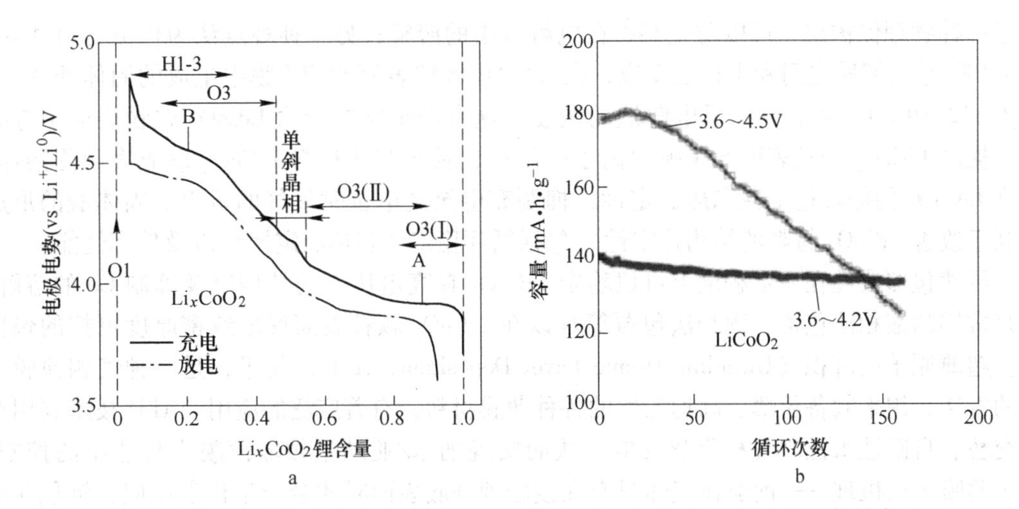

图 6-3 Li//$LiCoO_2$ 的电化学特征在电压 3.0~4.8V 之间循环（a）和容量保持率（b）

时的结构和化学稳定性。其中，$Li_xCoO_{2-\delta}$和 $Li_{1-x}Ni_{0.85}Co_{0.15}O_{2-\delta}$材料分别在 $0.5\leqslant x\leqslant1$ 和 $0.3\leqslant x\leqslant1$ 时保持初始的 O3 结构。$Li_xCoO_{2-\delta}$当 $x<0.5$ 时形成 P3 相，$Li_{1-x}Ni_{0.85}Co_{0.15}O_{2-\delta}$当 $x<0.3$ 时形成新的 O3 相，称为 O3′相。O3′相和 P3 相有相似的参数 c，氧从 $Li_xCoO_{2-\delta}$ ($x<0.5$) 和 $Li_{1-x}Ni_{0.85}Co_{0.15}O_{2-\delta}$ ($x<0.3$) 晶格中流失使相中氧含量低于2，P3 和 O3′相的形成与 O 空位的产生有关，充电过程中电化学测试可以证明发生了氧的损失。$LiCoO_2$ 的实际容量只有理论容量的 50%，这相当于脱嵌反应中每一个钴原子对应 0.5 个锂原子，实际容量只有 140mA · h/g，而且当 $x>0.5$ 时 Li_xCoO_2 会发生容量衰减。克服 $Li_xCoO_{2-\delta}$的化学不稳定性的一个方法是用纳米 Al_2O_3 等进行表面修饰。

6.1.2 高电压 $LiCoO_2$

由于 $LiCoO_2$ 材料的理论比容量为 274mA · h/g，但是实际应用中材料的放电比容量仅为 140mA · h/g。为了释放出更多的能量，需要提高 $LiCoO_2$ 的电压（4.5V vs. Li/Li^+），在高电压下能将更多的锂离子从晶体结构中脱出，实际比容量可高达 180mA · h/g 左右，但是锂的大量脱出会导致材料发生由六方相向单斜相转变，并且导致 Li^+ 占据 Co 的位置，产生离子混排现象，此种相变不可逆。此外，在较高电位下（$x>0.5$），材料中的 Co^{4+} 也将与电解液作用而发生溶解，这些变化将导致材料的容量快速衰减，并且还存在热稳定性下降等问题，这些因素都是限制高电压 $LiCoO_2$ 材料应用的障碍。

目前，广泛采用对 $LiCoO_2$ 掺杂、包覆的方法改进材料的结构稳定性和表面状态，大大提高 $LiCoO_2$ 在高电压下的电化学性能。通过掺杂 Mg、Al、Zr、Ti 等元素，使 $LiCoO_2$ 充电截止电压提高至 4.5V（vs. Li^+/Li），并具有较好的电化学性能。J. R. Dahn 等人研究认为，清洁的表面对于高电压下 $LiCoO_2$ 材料的稳定性是非常重要的，电池充电至 4.5V 可以释放出 180mA · h/g 的比容量，并且具有较好的循环稳定性。而表面不清洁的 $LiCoO_2$ 由于表面杂质中含有 Li_2CO_3，Li_2CO_3 在 4.2V 以下是稳定的，在 4.2~4.5V 发生分解，这会导致电池阻抗增加，循环性能下降。

包覆对电极材料结构的作用机理存在争议：一种观点是认为包覆后材料在颗粒表面形

成了一种物理保护层，可以防止 Co^{3+} 在电解液中的溶解；另一种观点认为包覆材料 Al_2O_3 与 $LiPF_6$ 基电解质之间发生自发反应，在 $LiCoO_2$ 颗粒表面的 SEI 膜中生成的固体酸 AlF_3/Al_2O_3 和 AlF_3/Li_3AlF_6 提高了电解液的酸度，这有助于腐蚀清除 $LiCoO_2$ 颗粒表面绝缘杂质、提高 $LiCoO_2$ 颗粒表面 SEI 膜中离子电导率，及与基体材料 $LiCoO_2$ 形成表面固溶体，提高 $LiCoO_2$ 的循环稳定性和热稳定性，抑制充电至高电位时氧气的析出。固体酸的形成有利于改善 $LiCoO_2$ 材料的结构稳定性（包括循环稳定性和热稳定性）以及倍率性能。

虽然包覆改性在一定程度上可以稳定 $LiCoO_2$ 在高电压下的结构以及抑制 Co 的溶解，但是常用的液相法包覆、固相法包覆等难以在 $LiCoO_2$ 颗粒表面形成致密厚度可控的包覆层。超薄原子层沉积（Ultrathin Atomic Layer Deposition，ALD）技术，是一种气相薄膜生长的方法，用来制备超薄、高均匀性的各种薄膜材料，有着广泛的应用。ALD 技术利用有序交替、自限性来控制气相化学反应，从而实现纳米/亚纳米领域薄膜生长速率的控制。基于薄膜生长机理——前驱体气体只有在接触到基底表面时才会产生化学反应，沉积薄膜的过程就是：一个原子层上生长另一个原子层，这样连续生长而成。因此，ALD 技术沉积的薄膜具有致密、无裂纹和无针孔等特征。薄膜的沉积厚度、结构和品质都可以在原子尺度内精确控制，同时具有很好的可重复性和相对较低的沉积温度等特征。ALD 可以沉积单一材料的薄膜，也可以沉积掺杂、梯度以及纳米叠层等广泛范围的多元薄膜。采用 ALD 技术直接在 $LiCoO_2$ 表面生长 Al_2O_3，每个 ALD 循环可以在 $LiCoO_2$ 表面生长厚度为 0.11~0.12nm 的均匀的 Al_2O_3 层。通过控制 $LiCoO_2$ 表面的包覆厚度，能够克服纳米表面的副效应，起到稳定的 SEI 膜的作用，有利于 Li^+ 的快速传导。

6.1.3 Li(NiCoMn)O_2 三元体系

Liu 等人和 Yoshio 等人首次合成了具有 Ni、Mn、Co 三元素的层状正极材料 $LiNi_xMn_yCo_{1-x-y}O_2(x>0, y<1, x+y<1)$，其结构与 $LiCoO_2$ 类似，具有 α-$NaFeO_2$ 层状结构，属于六方晶系，R-3m 空间群。其中，氧原子呈立方密堆积排列，Li^+ 和过渡金属离子交替占据氧原子堆积形成的八面体 3*a* 和 3*b* 位置，氧原子占据 6*c* 位置。$LiNi_xMn_yCo_{1-x-y}O_2$ 材料的比容量与其组分有关，一般而言其放电比容量随 Ni 含量的增加而增大。2001 年，Ohzuku 等人首次提出并利用固相法合成了 Ni、Mn、Co 比例为 1∶1∶1 的三元素正极材料 $LiNi_{1/3}Co_{1/3}Mn_{1/3}O_2$，此类材料可以看成是由 $LiCoO_2$、$LiNiO_2$ 和 $LiMnO_2$ 三者构成的固溶体。因此，$LiNi_{1/3}Co_{1/3}Mn_{1/3}O_2$ 具有 $LiCoO_2$ 良好的循环性能以及 $LiNiO_2$ 的高比容量特点。当充电截止电压为 4.2V 时，$LiNi_{1/3}Co_{1/3}Mn_{1/3}O_2$ 的放电比容量为 150mA·h/g；提高充电电压至 4.5V 以上，$LiNi_{1/3}Co_{1/3}Mn_{1/3}O_2$ 的放电比容量高达 200mA·h/g。此类材料不仅展示了广泛的应用前景而且也为高镍三元素正极材料（$LiNi_{0.5}Mn_{0.3}Co_{0.2}O_2$、$LiNi_{0.6}Mn_{0.2}Co_{0.2}O_2$、$LiNi_{0.8}Mn_{0.1}Co_{0.1}O_2$）的设计奠定了基础。如图 6-4 所示，三元 Li(Ni,Co,Mn)O_2 材料中的 Ni、Mn、Co 三个元素的配比不同，决定了材料的电化学性能。在三元 Li(Ni,Co,Mn)O_2 材料中，各过渡金属离子的作用各不相同。一般认为，Mn 不参与电化学反应，其作用在于降低材料的成本、提高材料的安全性和结构稳定性，但过高的 Mn 含量会破坏材料的层状结构，使材料的比容量降低；Co 的作用在于不仅可以稳定材料的层状结构，而且可以提高材料的循环性能和倍率性能；而 Ni 的作用主要在于提高材料的放电比容量。

近年来动力电动汽车市场对正极材料高比能量的追求日益迫切，促使三元正极材料中

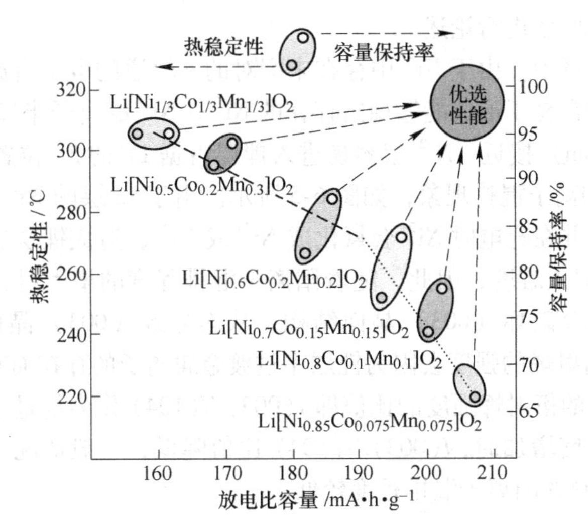

图 6-4 不同组分三元 Li(Ni,Co,Mn)O_2 材料放电比容量、热稳定性和容量保持率的关系图

Ni 含量的比重越来越大。然而，Ni 含量的增大，不仅导致三元正极材料的循环性能变差，而且使材料的结构更加不稳定。在循环过程中，三元材料的结构会由层状结构向尖晶石结构和盐岩结构发生转变，并伴随有氧气的释放，严重影响了锂离子电池的循环稳定性和安全性。表面包覆改性是一种有效提高三元正极材料循环性能、倍率性能、热稳定性能的有效手段。常用的表面包覆物质如金属氧化物（Al_2O_3、MgO、TiO_2）、金属磷酸盐（$AlPO_4$）、金属氟化物（AlF_3）等，这些包覆物通过在活性颗粒表面形成物理保护层来避免活性物质与电解液的直接接触，减少界面副反应的发生。但是这些包覆物都具有绝缘性，不利于三元材料倍率性能的发挥。最近，Jo 等人利用 H_3PO_4 对高镍三元材料 $LiNi_{0.6}Mn_{0.2}Co_{0.2}O_2$ 进行表面处理，既减少了颗粒表面残存的 Li_2CO_3 含量，又在活性颗粒表面形成了高 Li^+电导性物质 Li_3PO_4，从而有效提升了材料的循环稳定性和倍率性能。

为了充分发挥三元正极材料中每个元素的优势（Ni 提供高容量、Co 提高电子电导性、Mn 提高结构稳定性），并且提高三元正极材料的安全性，新一代的三元正极材料如核壳材料、壳梯度材料、全梯度材料得到了广泛研究和发展。核壳正极材料是以具有高容量（富 Ni）的成分为核、以具有稳定结构（富 Mn）的成分为壳进行合成，从而兼顾了高容量和高安全特性；但是，此类材料在电化学循环过程中，由于机械应力和体积变化导致核-壳在接触界面发生分离，限制了 Li^+的扩散和容量的释放。为了解决核壳材料的界面分离问题，壳梯度材料的概念被提出。壳梯度材料具有以下两方面的优势：实现了组成元素在核壳界面处的连续过渡，提高了材料的循环稳定性；壳的组成成分引入了较高比例的 Ni，提高了整体材料的放电比容量。全梯度材料则实现了各组成元素由核心到表面的梯度变化，一般 Ni、Co 由内部向外部逐渐降低，而 Mn 元素则相反。这种设计完全避免了核壳接触界面的影响，其成分设计更加广泛，更容易实现循环性能、倍率性能、安全性能三者的平衡。

6.1.3.1 高镍三元正极材料存在的问题

高镍三元材料作为锂离子电池正极材料在实际的应用过程中也存在很多的问题，下面将对几个主要存在的问题进行论述。

高镍三元材料体系中，由于 Ni^{3+} 中存在未配对的 e 轨道的电子自旋导致其不能稳定存在，八面体间隙中通常易于形成能够稳定存在的 Ni^{2+}。Ni^{2+} 的离子半径为 0.069nm，与 Li^+ 的离子半径（0.076nm）接近，Ni^{2+} 很容易进入锂层占据 Li^+ 的 3*a* 位置，Li^+ 则占据 Ni^{2+} 的 3*b* 位置，从而发生阳离子混排现象，如图 6-5 所示。由于 Li 层的 Ni^{2+} 半径略小于 Li^+，这将导致层间距变小，并在充电时 Ni^{2+} 会氧化成 Ni^{3+} 或 Ni^{4+}，造成锂层空间的局部塌陷，增加放电过程中 Li^+ 的嵌入难度，因此，随着阳离子混排程度的增大材料的倍率性能将会变差。部分阳离子混排会破坏（003）晶面结构，从而导致（003）晶面衍射峰强度降低。同时，（104）晶面衍射峰的强度会因为锂层中过渡金属离子的存在而有所增强。因此，通常情况下以两个晶面的衍射峰强度的比值即 $I(003)/I(104)$ 作为衡量阳离子混排程度的指标，当阳离子混排程度增加时，$I(003)/I(104)$ 比值降低，一般情况下 $I(003)/I(104)$ 比值大于 1.2，表示材料的阳离子混排程度较低。

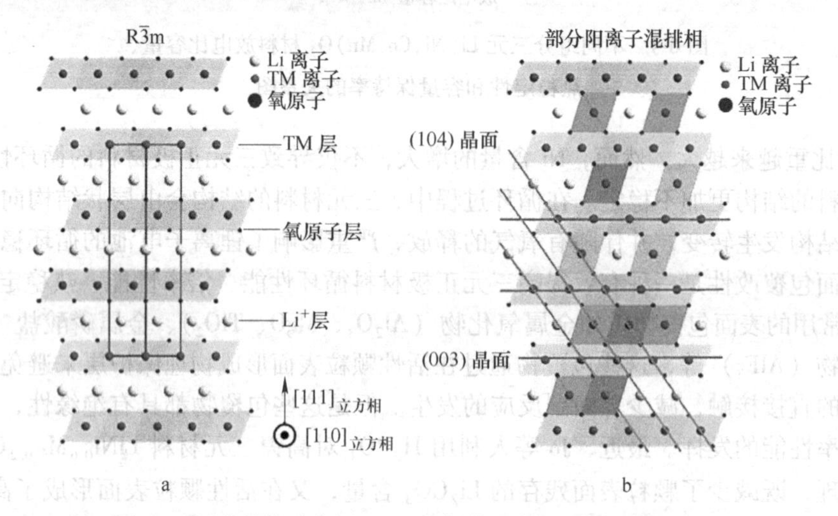

图 6-5 层状结构示意图（a）和部分阳离子混排示意图（b）

高镍三元材料的阳离子混排现象不仅发生在高镍材料的合成过程中，同样也会出现在电化学循环过程中。在深度充电状态（4.8V）下，由于大量锂空位的存在导致材料结构极度不稳定，这种不稳定会使过渡金属离子向锂层空位迁移，并且由于过渡金属离子之间的排斥力，过渡金属离子会按照每两个金属离子之间隔一个锂空位的顺序排列。同时，伴随循环过程层状 R-3m 向类尖晶石 F-3m 相的转变，这种类尖晶石相并不是一种完全有序排列的尖晶石相。

6.1.3.2 表面物质和副反应

高镍层状正极材料颗粒表面残余的含锂化合物是阻碍其性能提高和应用推广的另一个难题。由于烧结过程中需要过量的锂源来保证形成高度有序的高镍层状化合物，这些活性材料表面残留的锂盐会与空气中的 H_2O 和 CO_2 反应生成 LiOH 和 Li_2CO_3，因此将高镍三元正极材料粉末置于水中后溶液的 pH 值通常高于 12，如图 6-6 所示。

由于大多数商业电解液呈酸性特征，高镍活性材料的表面残余锂盐会与电解液反应从而在活性材料的表面生成一层绝缘物质并产生 CO_2 气体。此外，高镍正极材料表面高反应

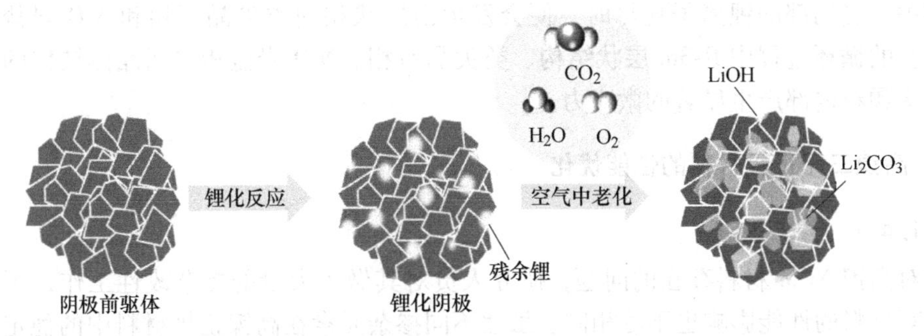

图 6-6 表面残余锂化合物的生成示意图

活性的 Ni^{4+} 也会加速电解液的分解。这些自发的副反应是复杂的，生成的副产物也通常因为使用的电解液不同而不同。当电池在循环中时，这些副反应会更加显著。如图 6-7 所示，正极材料与电解液的界面处在反复的充放电过程中，生成了含有大量有机和无机分解产物的界面钝化层（SEI）。此外，电化学循环过程中正极材料中的过渡金属离子会溶解进入电解液并在碳负极表面反应沉积。SEI 膜的生成会不断消耗电解液，从而导致较低的库伦效率和容量衰减。同时，正极表面生成的含有绝缘物质的 SEI 层和负极表面过渡金属溶解产物的不断沉积也会阻碍充放电过程中锂离子的扩散，从而极大地增大了电池的内阻。可以说，高镍正极材料表面的残余物质和表面副反应是影响锂离子电池性能的主要因素。

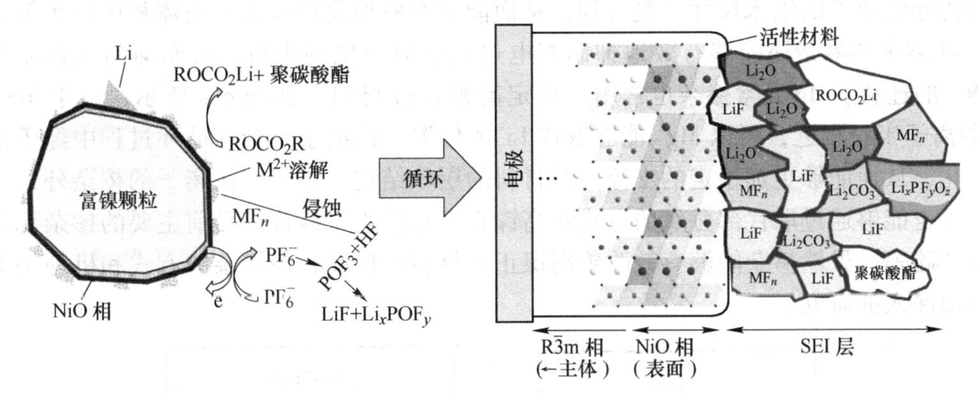

图 6-7 高镍正极材料表面的微结构以及固体-电解液界面物质的化学组成示意图

6.1.3.3 内部微裂纹

除了以上高镍正极材料应用过程中常出现的问题外，最近人们发现导致高镍正极材料容量衰减的另一个主要原因：电化学循环过程中其二次颗粒内部更多集中在一次颗粒的交界处以及晶粒边缘出现了较多的微裂纹。关于这些微裂纹产生的原因，目前有不同的解释。高镍正极材料电化学循环过程中高度嵌锂和脱锂（充电状态约为 70%）时体积变化通常小于 10%，但高度各向异性晶体的体积变化能够在晶粒之间产生显著的微应力，这些晶粒通常被周围的一次颗粒物理约束着，在充放电循环中会承受大的应力，从而产生大量的微裂纹。此外，因循环过程中一次颗粒内部锂离子的浓度不同也会使不同的晶粒膨胀程度出现差异而产生微应力。另一种解释认为微裂纹的产生和锂离子浓度不一致以及阳离子混排相关。当局部的锂离子耗尽时，便会发生由层状相向类尖晶石相和 NiO 岩盐相的转变，反复的循环过程中 R-3m 层状结构、类尖晶石相、NiO 岩盐相之间晶体结构的不匹配会在一次颗粒内部产生显著的微应力。

6.1.4　高镍三元正极材料的性能优化

6.1.4.1　掺杂改性

针对高镍 NCM 材料存在的问题，研究人员对其做了大量的掺杂改性工作，不同的掺杂元素对材料的性能影响也不尽相同。虽然不同掺杂元素在高镍正极材料中的稳定机制并不一致，但总体来说掺杂效应可大致分为三类：（1）减少材料中不稳定元素如 Li、Ni 的比例，并使用一些电化学和结构稳定的元素来代替；（2）通过稳定 Ni 离子空位或者形成静电排斥来阻止 Ni^{2+} 由金属离子层向锂层迁移；（3）增强氧和过渡金属离子之间的键合强度，从而能够稳定结构并减少氧的释放。常用的掺杂元素有 Al、Mg、Ti、Gr、Ga 等，通常情况下材料的结构稳定性会随着掺杂浓度的提高而增强，但其放电容量会随着掺杂元素浓度的提高而下降。因此，研究人员通常会优化掺杂比例，从而能在尽可能提升材料稳定性的基础上来减小掺杂对放电比容量的影响。

Al 是高镍三元正极材料体系中最普遍的掺杂元素。热动力学分析表明 Al 离子更容易占据过渡金属离子层中 Ni 离子的位置而不是 Mn 和 Co 离子的位置，从而更好的稳定层状结构。颗粒表面晶体结构中的 Al 会与电解液反应形成如 $LiAlO_2$、AlF_3 和 $LiAlF_4$ 等能够传导锂离子的纳米尺寸的复合物，从而能够有效地促进锂离子向体相中的扩散。此外，Al 离子的掺杂还能够有效地抑制充电过程中氧空位的生成，从而抑制氧释放并阻止 Ni^{2+} 的迁移。Mg 元素掺杂也常用于稳定高镍正极材料。如图 6-8 所示，由于 Mg^{2+} 和 Li^+ 的离子半径相近，所以 Mg^{2+} 能够取代 Li^+ 的位置。镁离子不会在循环过程中经历价态的变化，从而能够更加稳定的支撑高镍材料的层状结构。除了金属离子的掺杂外，一些阴离子也能够通过取代部分氧的方式对高镍正极材料进行修饰，目前主要的掺杂元素有卤素和硫等。虽然掺杂能够有效改善高镍正极材料的性能，但掺杂的方式和机理仍需进行更加深入的研究。

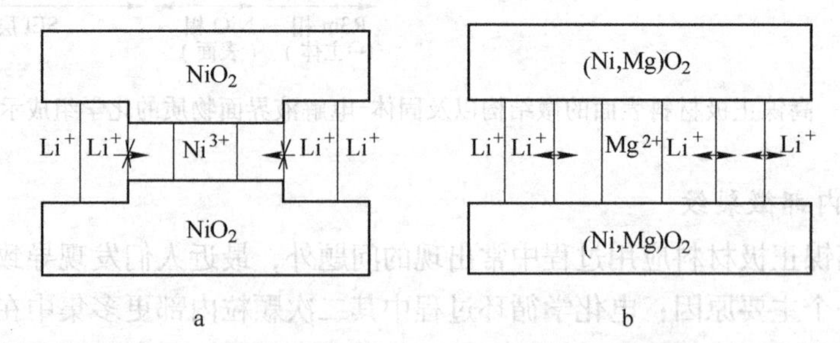

图 6-8　无镁离子（a）以及镁离子（b）取代锂离子的结构稳定性对比示意图

6.1.4.2　包覆改性

在充放电循环的过程中，高镍正极材料颗粒与电解液的接触界面处会发生一系列的副反应并生成对电池性能有害的物质，因此在材料的表面包覆一层能够阻隔材料与有机电解液直接接触的物质也是一种可以改善高镍正极材料电化学性能的重要手段。包覆层能够改善材料的循环稳定性和热稳定性等电化学性能，目前常用的包覆物主要有金属氧化物（Al_2O_3，MgO，CeO_2，ZnO，La_2O_3，ZrO_2，TiO_2，SiO_2，Bi_2O_3，In_2O_3，Co_3O_4 等），金属氟化物（AlF_3，CaF_2 等）和以磷酸盐为主的复合阴离子化合物（$AlPO_4$，$Co_3(PO_4)_2$，$Ni_3(PO_4)_2$，$FePO_4$ 等）。如果按照包覆材料的性质则可以分为电化学惰性材料、快离子导体以及能够在颗粒表面发生原位反应生成包覆的材料。

传统的金属氧化物 Al_2O_3 以其稳定的性质常用于正极材料的包覆。电化学阻抗分析表明 Al_2O_3 包覆层能够抑制电极材料与电解液界面处副反应的发生，从而减少界面处的电荷转移阻抗并提高锂离子的扩散系数。差示扫描量热法分析表明包覆后材料的热稳定性有所提升，并抑制了循环过程中氧的释放。但 Al_2O_3 本身是无法传导锂离子的，因此采用此类电化学惰性的包覆材料应严格控制包覆层的厚度，这无疑对包覆工艺和成本的要求更高。相比于无法传导锂离子的包覆材料，能够传导锂离子的快离子体材料目前已成为比较热门的包覆材料。例如，在 $LiNi_{0.8}Co_{0.2}O_2$ 颗粒的表面包覆了一层高 Li^+ 离子传导性和较好稳定性的 Li_2O-$2B_2O_3$ 物质，材料的放电比容量和循环稳定性均有较大提升，在温度升高的情况下改善作用更为显著。

6.1.4.3 电解液添加剂

通过在电解液中添加一些物质从而能够在电池的循环过程中在高镍三元活性材料的表面形成一层稳定的 SEI 膜，也能够起到稳定高镍正极材料以及提升其电化学性能的作用。例如，将二氟磷酸锂（LiDFP）引入到传统的碳酸酯电解液中，并分析了添加 1%LiDFP 的电解液匹配 $LiNi_{0.5}Co_{0.2}Mn_{0.3}O_2$/石墨扣式电池的电化学性能，电化学和光谱分析表明 LiDFP 作为电解液添加剂能够通过抑制阳离子的溶解来稳定正极并能够在石墨负极表面形成一层稳定的 SEI 膜，从而改善电池的循环稳定性和倍率性能。或者，开发同时具有多种电解质锂盐的电解液，例如，0.6mol/L LiTFSI+0.4mol/L LiBOB+0.05mol/L $LiPF_6$ 混合锂盐溶于质量比为 4∶6 的 EC/EMC 混合溶液中构成混合锂盐体系。不同于传统的 $LiPF_6$ 基电解液，在正极表面形成的高度稳定的 SEI 膜能够阻止电解液的侵蚀，同时能够抑制循环过程中材料本体由层状结构向无序岩盐（NiO）相的转变。同时，在锂金属负极表面形成稳定的 SEI 膜，能够阻止锂枝晶的生长和锂金属的腐蚀，优化后的混合锂盐电解液匹配高镍三元 $LiNi_{0.76}Mn_{0.14}Co_{0.10}O_2$ 正极材料和锂金属负极，表现出大幅度提升的电化学性能。通过改进电解液从而稳定循环过程中电极材料与电解液界面的方式成为实现高镍正极材料性能改善的有效途径。

6.1.5 $Li(NiCoAl)O_2$ 高容量体系

在富镍的层状化合物中，相比未掺杂 Al 的 $LiNi_{1-y}Co_yO_2$ 的混合材料，由于结构和热稳定性提高的原因，$LiNi_{1-y-z}Co_yAl_zO_2$（NCA）表现出了更好的电化学性能。目前，$LiNi_{0.8}Co_{0.15}Al_{0.15}O_2$ 正极材料构成的 85kW·h 电池组是特斯拉纯电动车的动力来源。值得注意的是，NCA 材料现已被广泛用于 SFAT 商用电池并应用在各个领域，如纯电动、混合动力、太空、军用等。Majufndar 等人利用金属羧酸盐和硝酸铝经由湿法合成了 NCA 粉末，电压窗口为 3.2~4.2V，电流密度为 0.45mA/cm^2 时表现出的比容量为 136mA·h/g。Bang 等人研究发现：$LiNi_{0.8}Co_{0.15}Al_{0.05}O_2$ 脱锂过程的结构改变，发生热分解。XRD 分析其不同的充电状态得出结论，随着充电过程的进行，(018) 和 (110) 的 Bragg 线在 $2\theta=65°$分别移向更低和更高的角度，表明 NCA 结构中 c/a 比值增加。NCA 粉末表面包覆了一层金属氧化物有利于提高高温下（60℃）电化学性能。Cho 等人利用 SiO_2、TiO_2 干法包覆稳定了纳米颗粒表面。利用 $Ni(PO_4)_2$、AlF_3、Li_2O-B_2O_3(LBO) 玻璃，也可以获得改良的 NCA 纳米粉末。利用 2%（质量分数）的 LBO 包覆也可以使高温下 $LiNi_{0.8}Co_{0.15}Al_{0.15}O_2$ 的容量保持率得到提高（169mA · h/g，电流密度为 300mA/g）。Belharouak 等人通过研究脱嵌的 NCA 样品的热性能恶化原因，这些脱嵌的材料中氧的释放很可能和集中结构转变有关，例如，从 R-3m→Fd3m（层状→尖晶石）相变到 Fd3m→Fm3m（尖晶石 NiO 型）相变。

为了能够直接清晰地观测到电化学循环过程和微裂纹产生之间的联系，Miller 等人设计了一种微型装置用以单个高镍正极材料颗粒的原位 SEM 观测分析。如图 6-9 所示，高镍正极材料在高倍率电流下第一次脱锂的过程中，二次颗粒内部便出现了微裂纹。随着循环次数的增加，微裂纹和孔洞持续增加。电解液会通过这些微裂纹网络进入到二次颗粒内部从而增大了电解液与活性材料的反应面积，内部的微裂纹会造成内部一次颗粒无法有效连通增大极化，从而导致材料电化学性能的恶化以及容量的衰减。

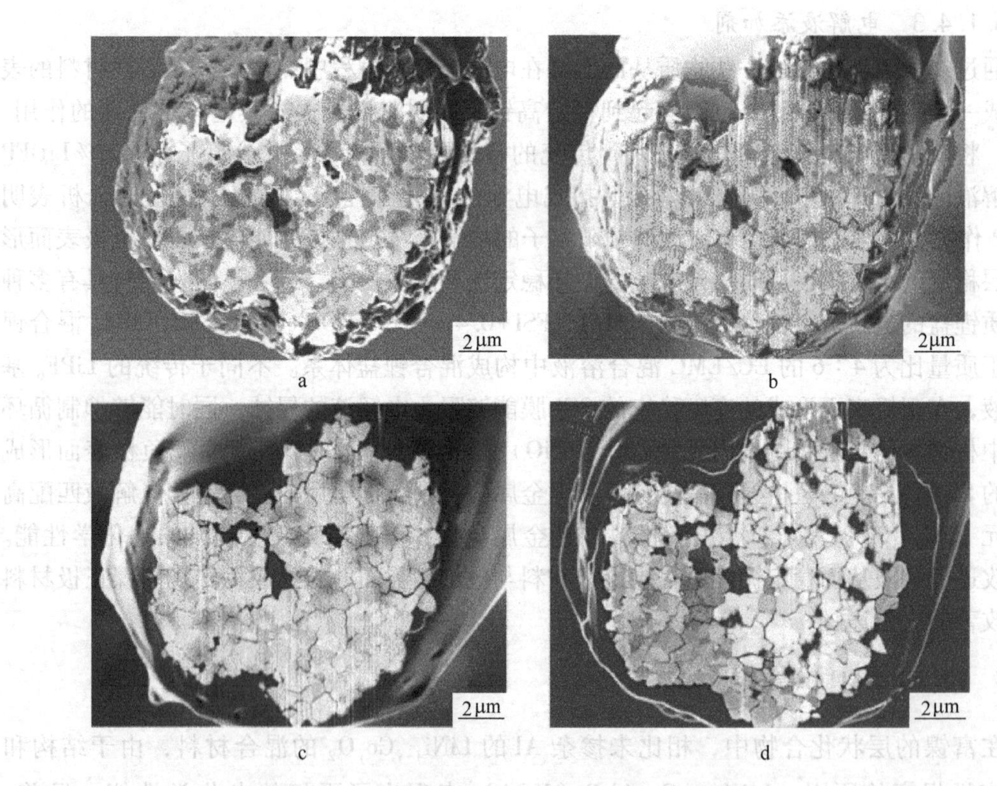

图 6-9 NCA 颗粒随着循环次数增加碎裂的 SEM 图
a—循环前；b——次循环；c—两次循环；d—三次循环

Wantanabe 等人研究了使用 $LiNi_{0.76}Co_{0.14}Al_{0.10}O_2$ 作为正极材料的锂离子电池在不同放电深度（DOD）的循环性能恶化情况。如图 6-10 所示，他们发现微裂纹的产生和充放电的状态密切相关。对于进行 100%DOD 测试的电池，由于较大的收缩膨胀变化二次颗粒内部很容易产生微裂纹，电解液沿着微裂纹网络渗透进入二次颗粒内部从而在晶界处产生厚的SEI并形成NiO相，增大了锂离子扩散的阻力，造成了电池性能的恶化。对于进行60%DOD测试的电池，即使经过了5000次循环后，SEI和NiO相仅出现在二次颗粒的表面。

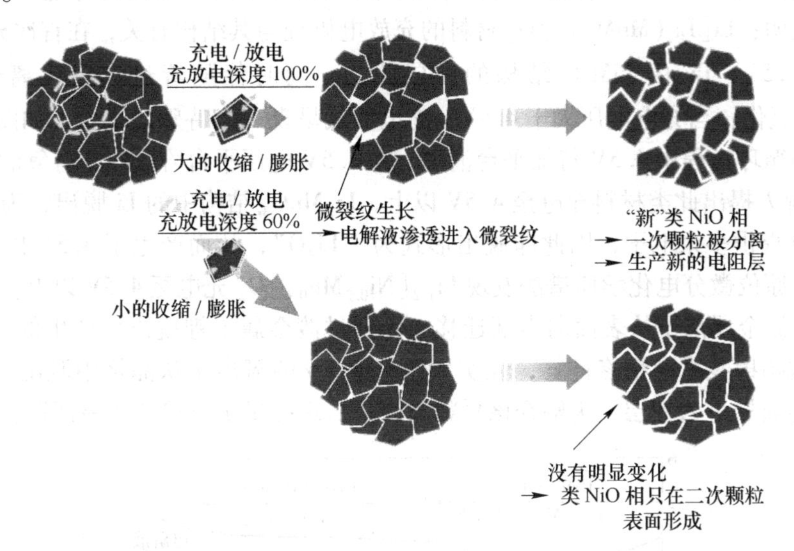

图 6-10 $LiNi_{0.76}Co_{0.14}Al_{0.10}O_2$ 颗粒循环测试中微裂纹产生和性能恶化模型

6.2 $Li_{1+x}(NiMnCo)_{1-x}O_2$ 富锂高容量体系

6.2.1 高容量获取机理

$Li_{1+x}(NiMnCo)_{1-x}O_2$ 又可写成 $xLi_2MnO_3\cdot(1-x)LiMO_2$，其中 Li_2MnO_3 属于单斜晶系，具有类 α-$NaFeO_2$ 层状构型，可写为 $Li(Li_{1/3}Mn_{2/3})O_2$，结构由交替出现的锂层和过渡金属层组成，如图 6-11a 所示；过渡金属层中锂离子和过渡金属离子为 1∶2，并占据八面体间隙位置，如图 6-11b 所示；阳离子有序排列表现在 X 射线衍射（XRD）结果中 21°~25°附近形成的 $LiMn_6$ 超结构衍射峰，如图 6-11c 所示。$Li_{1+x}(NiMnCo)_{1-x}O_2$ 同样具有类

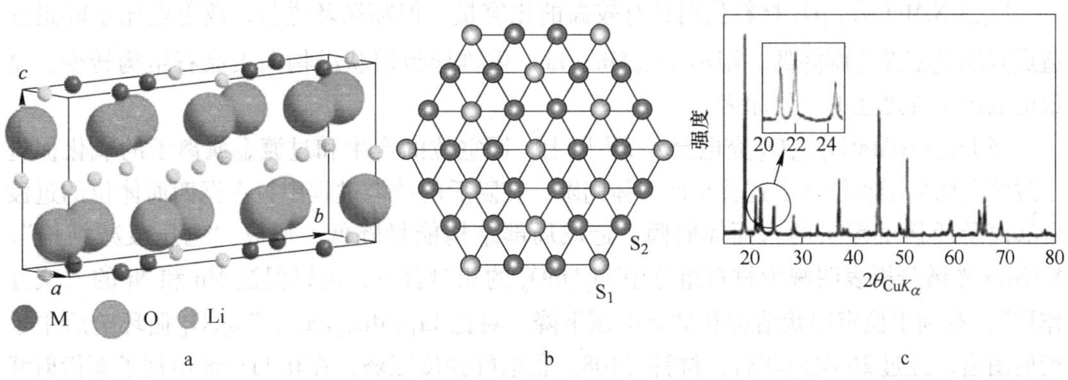

图 6-11 Li_2MnO_3 的结构（a）、过渡金属层原子分布图（b）和 Li_2MnO_3 的 XRD 图（c）

α-$NaFeO_2$ 层状结构，属于六方晶系，R-3m 空间群，Li 占据 3a，Li、Mn 和 M 占据 3*b* 位置，Li_2MnO_3 结构可看成 $LiMO_2$ 结构的一种特殊形式。

$Li_{1+x}(NiMnCo)_{1-x}O_2$ 材料的放电比容量高达 270mA · h/g，在较小放电电流及高温下放电比容量更高达 300mA · h/g 及以上。针对其放电比容量高于理论比容量的原因与机理，分析研究表明：$Li[Li_x(MnM)_{1-x}]O_2$ 材料的充放电机理与其结构有关，在首次充电过程中，电压低于 4.5V，Li^+ 由 $LiMO_2$ 结构的锂层脱出，同时伴随着过渡金属离子（$Ni^{2+/4+}$，$Co^{3+/4+}$）的氧化；当充电电压大于 4.5V，充电曲线呈现一个特殊的平台，如图 6-12 所示，而在随后的循环过程中 4.5V 特征平台消失。在 4.5V 电压平台阶段伴随有氧的析出及结构重排。Lu 等人提出此类材料充电至 4.5V 以上，Li_2MnO_3 结构中的 Li 脱出，为了保持电荷平衡，由 O 提供多余电子，因此净脱出形式为"Li_2O"，从而产生了 4.5V 以上对应的高容量。利用原位微分电化学质谱法发现 $Li_{1.2}[Ni_{0.2}Mn_{0.6}]O_2$ 充电至 4.5V 以上，氧从表面析出，同时过渡金属离子从表面向内部迁移，占据过渡金属层锂脱出后产生的八面体间隙。通过 X 射线衍射技术及精修计算，证实大约有 7.5% 的氧离子从晶格中脱出，并且有 5% Ni 由过渡金属层进入锂层，为解释该材料高容量机理提供更直接的实验证据。

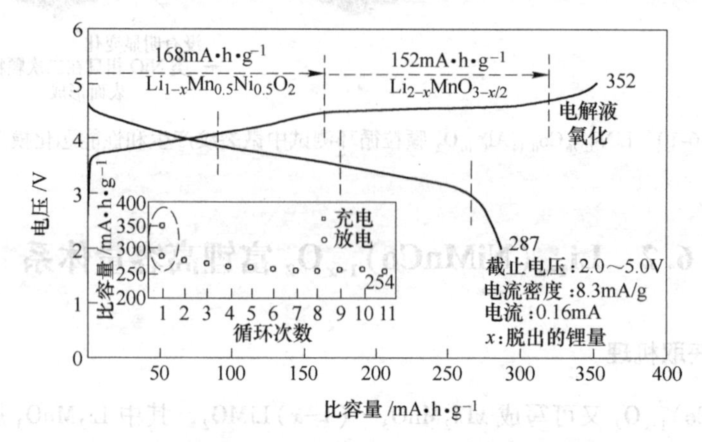

图 6-12　$Li/Li_{1+x}(NiMnCo)_{1-x}O_2$ 首次充放电曲线

6.2.2　随循环电压下降问题

$Li_{1+x}(NiMnCo)_{1-x}O_2$ 材料虽然具有较高的比容量，但随循环进行，放电电压下降迅速造成其能量密度急剧降低。阳离子（Mn、Li）重排导致层状结构向尖晶石结构转变，是放电电压下降迅速的主要原因。

当 $Li_{1+x}(NiMnCo)_{1-x}O_2$ 充电至 4.3V 以上，锂空位的产生和过渡金属离子的氧化促进了过渡金属离子和锂离子迁移至四面体间隙；在随后的放电过程中，占据四面体位的过渡金属离子迁移至锂层的八面体间隙，造成局部结构能量降低，形成"电压衰减结构"。XANES 光谱分析表明减少材料组分中 Li_2MnO_3 的相对含量，可以促进 Mn 和 Ni 的"交互作用"，有利于稳定层状结构和抑制电压下降。对比 $Li_{1.2}Mn_{0.55}Ni_{0.15}Co_{0.1}O_2$ 循环前后中子衍射图谱，经过 26 次循环后，材料（108）衍射峰强度减弱，在 0.113nm 出现了新衍射峰（400），这些变化证明 $Li_{1.2}Mn_{0.55}Ni_{0.15}Co_{0.1}O_2$ 循环后结构中出现了类尖晶石结构。为了阐明该类材料体相结构的转变途径，研究者对其结构中阳离子的占位进行了精修，推断出层状结构向尖晶石结构的转变过程，如图 6-13 所示。（1）首次充电过程中（小于 3.2V）Li_{Li} 从锂层八面体间隙脱出，形成八面体 3*b* 空位，继续充电（小于 4.1V）形成足够多的八面体 3*b* 空位，此时，锂层中的八面体位 Li_{Li} 迁移至邻近的四面体间隙，形成四面体位 Li_{tet}；（2）过渡金属层中的八面体位 Li_{TM} 迁移至锂层四面体间隙，与（1）过程形成的 Li_{tet} 及 3*b* 空位形成“Li_{tet}-□-Li_{tet}”（□代表 3*b* 空位）结构，为过渡金属离子 Mn_{TM} 的迁移提供热力学条件；（3）充电电压大于等于 4.1V 时，Mn_{TM} 通过氧空位迁移至锂层四面体位，形成四面体位 Mn_{tet}；（4）在随后的充放电过程中（充电大于 4.5V，放电小于 3.2V），Mn_{tet} 迁移至锂层八面体位。经过上述的阳离子重排，最终导致在材料体相局部出现尖晶石结构。

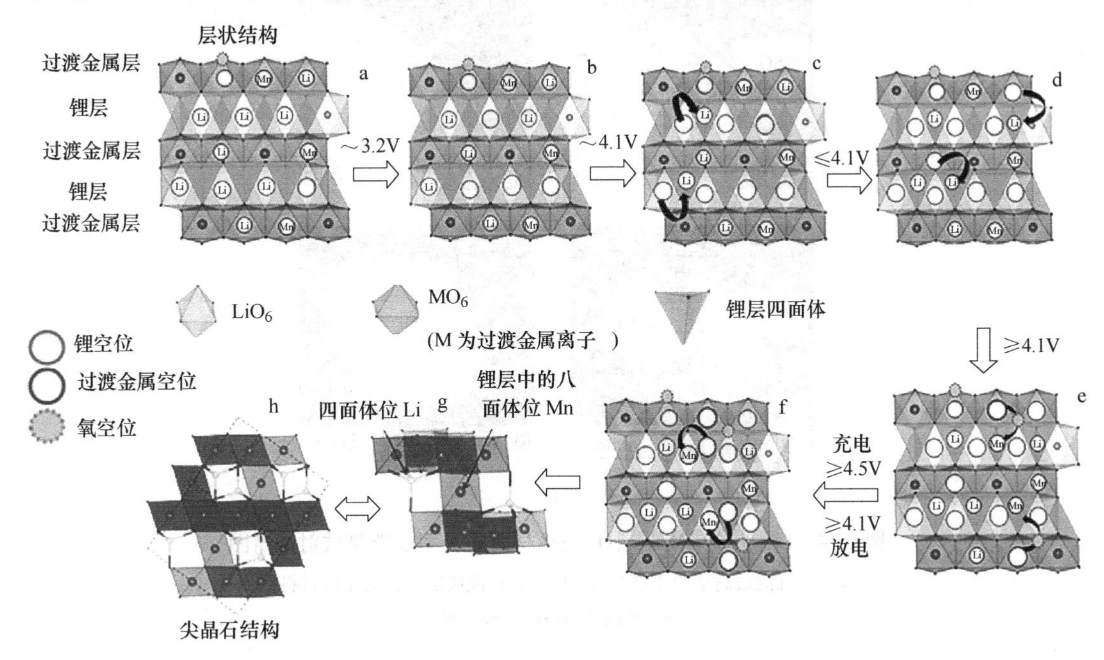

图 6-13 $Li_{1+x}(NiMnCo)_{1-x}O_2$ 充电过程中层状结构向尖晶石结构的转变过程

通过 X 射线能量散射能谱（XEDS）发现共沉淀法和溶胶-凝胶法制备的 $Li_{1.2}Ni_{0.20}Mn_{0.60}O_2$ 材料颗粒表面发生 Ni 的富集，如图 6-14 所示，材料呈两相共存的复合结构（R-3m 和 C2/m）；而水热辅助法（HA）制备的颗粒表面未发生 Ni 富集现象，材料呈单相固溶体结构（C2/m）。因此，研究者认为由于 Ni 的富集，材料以 R-3m 相为主，并且表面结构中 Ni 和 Mn 的交互作用减弱，从而造成了循环过程中电压下降加剧。

材料结构转变方式与材料的制备方法、元素分布等具有密切联系。其中，共沉淀法制备的材料循环过程中表面结构发生如下转变：C2/m→I41→M_3O_4-spinel。同时，颗粒内部的 Ni 向表面偏析并且发生溶解，表面结构中 Mn 的平均价态低于+3，加剧了 Jahn-Teller 效应，这一系列变化造成了材料表面结构的不稳定。水热法制备的材料 Ni 和 Mn 在颗粒表面及内部呈均匀分布，循环过程中表面结构的转变方式为：C2/m→R-3m→LT-$LiCoO_2$-defect spinel→无序岩盐结构，并且随着循环的进行 Ni 未发生偏析现象，颗粒表面结构稳定性提高。

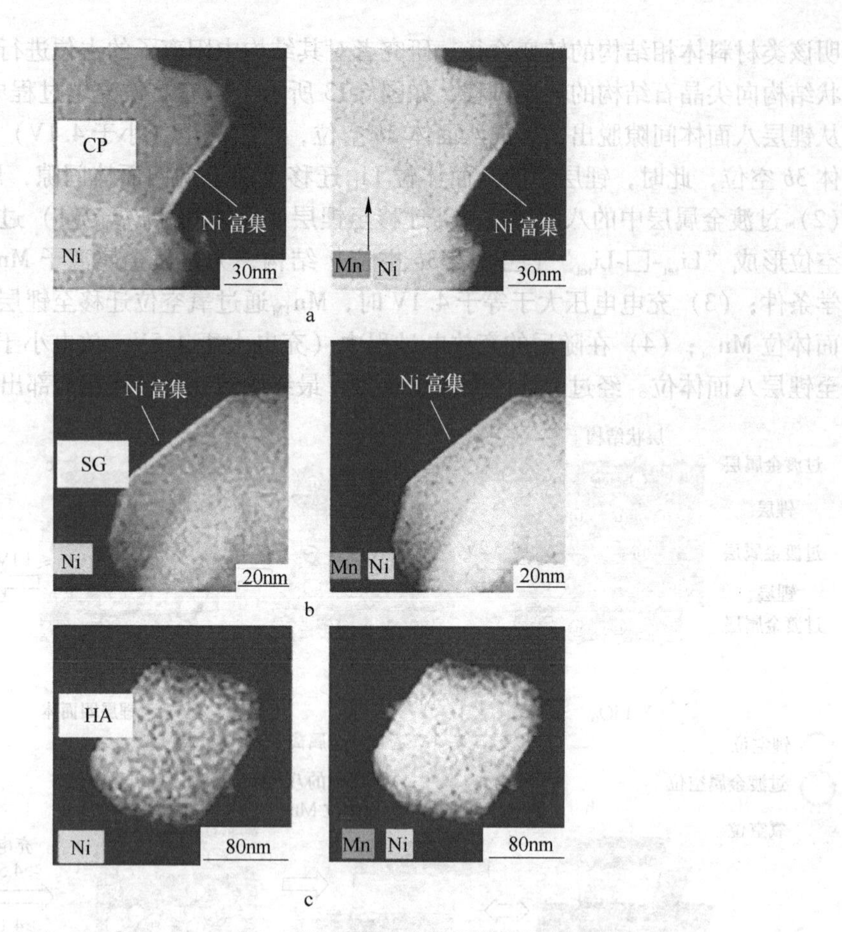

图 6-14　$Li_{1.2}[Ni_{0.20}Mn_{0.60}]O_2$ 正极材料的 X 射线能量散射能谱图

a—共沉淀法制备的正极材料；b—溶胶-凝胶法制备的正极材料；
c—水热法制备的正极材料

通过以上分析，可知层状富锂锰基正极材料循环过程中结构演变具有以下特点：（1）过渡金属离子借助氧空位迁移至锂位；（2）部分过渡金属离子的价态发生异常改变；（3）晶体结构发生改变。因此，可以通过以下方法有效提高 $Li[Li_x(MnM)_{1-x}]O_2$ 材料的结构稳定性：一方面，通过离子掺杂（K^+，Na^+）和控制 Li_2MnO_3 的含量等措施稳定层状结构；另一方面，优化制备方法或采用表面改性防止 Ni 偏析，抑制造成颗粒表面不稳定的连锁反应的发生。

6.2.3　表面/界面的特殊性

对 $Li_{1+x}(NiMnCo)_{1-x}O_2$ 材料在循环过程中表面的微观变化及界面化学反应的研究，为材料充放电过程模型的建立提供了可靠证据。进而，有针对性地探索材料表面改性和性能优化的方法，可以更有效地提升材料的循环稳定性等电化学性能。

通过同步实验气体分析手段检测到 $Li[Li_{0.2}Ni_{0.2}Mn_{0.6}]O_2$ 在首次充电至 4.6V 时有 O_2 释放，同时伴随有大量 CO 与 CO_2 气体的产生。并且，随循环进行 Li_2CO_3 在颗粒表面不断的生成与分解，详细的反应机理如图 6-15 所示。首次充电过程中 O_2 从材料结构中析出，

易得电子生成 $O_2^{\cdot -}$，$O_2^{\cdot -}$ 与电解液中的碳酸乙烯酯（EC）发生反应，生成 H_2O、CO、CO_2 及其他副产物，这些副产物在随后放电过程中生成 Li_2CO_3，Li_2CO_3 在充电过程中又发生分解生成 CO_2 等。此外，副产物中生成的酸性物质如 HF、LiF、POF_3 会严重损害颗粒表面，加速 Mn^{3+} 的溶解，造成了循环性能和倍率性能的恶化。

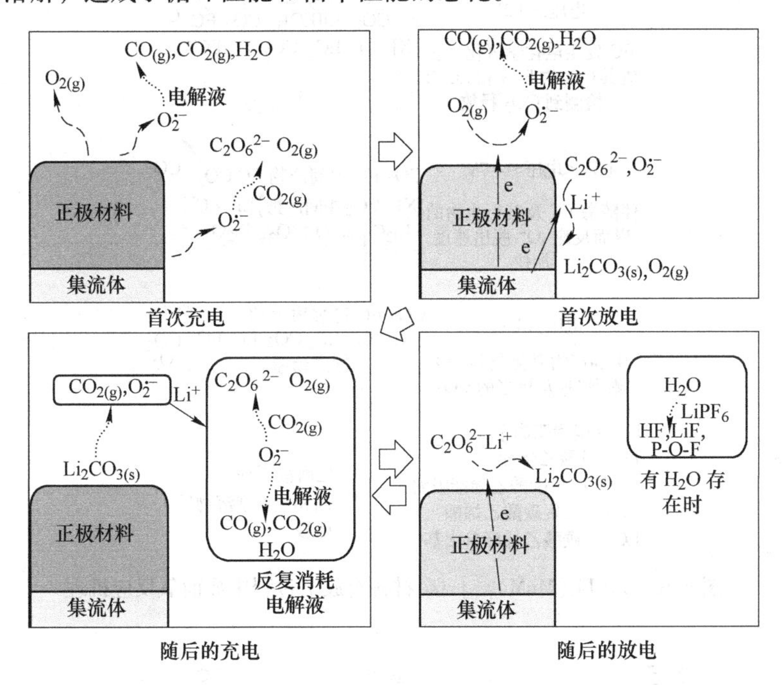

图 6-15 充放电过程中 $Li_{1+x}(NiMnCo)_{1-x}O_2$ 表面反应过程

采用电化学质谱法也对 $Li[Li_x(MnM)_{1-x}]O_2$ 材料界面特性进行分析，表明界面气体的释放量与电流密度大小有关，不同电流密度下发生的界面化学反应也不同。图 6-16 阐明了界面氧的演变过程：（1）充电至 4.2V，电解液中碳酸乙烯酯（EC）发生分解，并伴随有 CO_2 释放；（2）电压增大至 4.5V，Li_2MnO_3 发生活化，同时生成部分 $O_2^{\cdot -}$，$O_2^{\cdot -}$ 的存在可以加速电解液中碳酸乙烯酯（EC）及其衍生物的氧化分解；（3）电压增大至 4.7V，CO_2 和 O_2 一起从界面处释放。在此基础上，探究界面膜的生成与释放气体之间的关系，结果表明：（1）电解液的成分对界面膜的生成及气体的产生没有决定性作用；（2）充电至 3V，界面膜开始形成，主要成分为聚环氧乙烯（PEO）、Li_2CO_3、烷基碳酸盐等；（3）充电至 4V，界面膜成分中的一些碳酸盐发生分解，界面膜厚度减小，电解液重新发生氧化分解产生 CO_2。

结合原位表面增强拉曼散射技术，直接检测循环过程中 $Li_{1.2}Ni_{0.2}Mn_{0.6}O_2$ 颗粒表面变化，分析 Li_2O 的形成及变化过程，为 4.5V 电压平台处 Li 和 O 的共脱出提供了直接实验证据。$Li_{1.2}Ni_{0.2}Mn_{0.6}O_2$ 材料首次充电至 4.4V，在 $534cm^{-1}$ 产生 Li_2O 特征峰，充电至 4.52V 特征峰强度达到最大，电压继续增大至 4.8V，Li_2O 特征峰逐渐消失，如图 6-17 所示。Li_2O 的消失是因为发生了反应（6-1）和反应（6-2）。

$$Li_2O + 2H^+ \longrightarrow 2Li^+ + H_2O \tag{6-1}$$

$$Li_2O + CO_2 \longrightarrow Li_2CO_3 \tag{6-2}$$

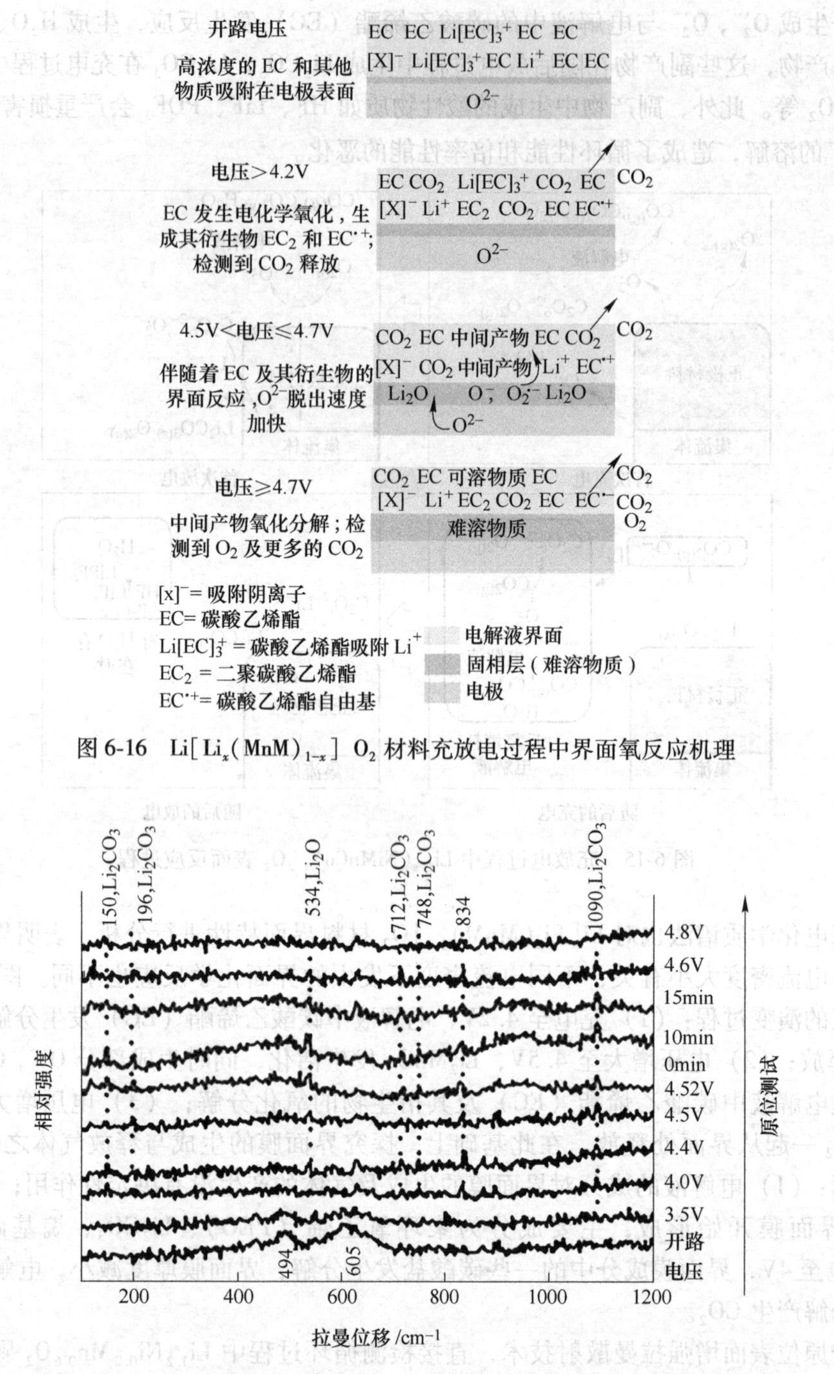

图 6-16 $Li[Li_x(MnM)_{1-x}]O_2$ 材料充放电过程中界面氧反应机理

图 6-17 $Li_{1.2}Ni_{0.2}Mn_{0.6}O_2$ 首次充电过程中的原位表面增强拉曼散射光谱

其中，副反应产物 H_2O 与电解液发生水解并在负极生成 LiOH，从而降低电解液的酸性，为 Li_2CO_3 的析出提供了便利条件。因此，抑制电解液水解，减少 Li_2CO_3 的沉积，对稳定颗粒表面特性具有重要的作用。

由此可知，正极材料的表面/界面反应涉及气体释放、界面阻抗增加、颗粒表面稳定性变差等过程。目前，也可以通过引入电解液添加剂如磷类化合物三苯基磷（TPP）、乙基二苯基次亚磷酸酯（EDP）等的方法，改善界面稳定性，实现材料循环性能及倍率性能的提高。

6.3 $LiMn_2O_4$

1983 年，Thackeray 等人首次提出尖晶石结构材料 $LiMn_2O_4$ 可以作为正极活性材料应用于锂离子电池。$LiMn_2O_4$ 具有立方对称结构，属于 Fd-3m 空间群，其中，氧原子呈立方密堆积排列，过渡金属离子占据八面体间隙 16*d* 位置，Li^+ 占据四面体间隙 8*a* 位置，氧原子占据 32*e* 位置。在氧原子堆积形成的八面体间隙中，有 1/4 的八面体间隙未被过渡金属离子占据，这些八面体空位形成了 Li^+ 扩散的三维通道，如图 6-18 所示。尖晶石结构材料 $LiMn_2O_4$ 具有良好的倍率性能。$LiMn_2O_4$ 的充放电电压平台约为 4V，理论放电比容量为 148mA · h/g，实际放电比容量只有 120mA · h/g。充放电过程中，四面体 8*a* 位的 Li^+ 发生可逆的脱出和嵌入，同时，Mn^{3+}/Mn^{4+} 发生氧化还原。由于 Mn^{3+} 的存在，此类材料在充放电循环过程中会发生严重的容量衰减，这是由于 Mn^{3+} 易发生 John-Teller 畸变，导致晶体结构不稳定。而且 Mn^{3+} 易发生歧化反应生成 Mn^{2+}，Mn^{2+} 不断发生溶解，造成材料循环稳定性下降。此外，$LiMn_2O_4$ 在充放电过程中会发生两相结构转变，不利于材料的结构稳定性。通过对 $LiMn_2O_4$ 进行体相掺杂可以有效提高结构稳定性和循环性能，常用的掺杂元素有 Mg、Al、Zn、Ni 等。

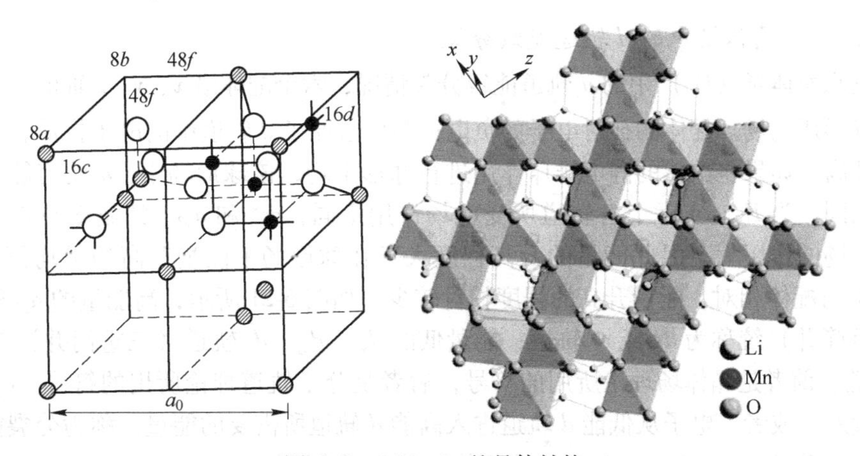

图 6-18　$LiMn_2O_4$ 的晶体结构

6.3.1 John-Teller 效应

在晶体场中，络合物的中心原子（或离子）和周围配体之间的相互作用是纯粹的静电作用。这种化学键类似于离子晶体中正、负离子间的静电作用，不具有共价键的性质。在自由的过渡金属离子中，5 个 *d* 轨道是能量简并的，但在空间的取向不同，图 6-19 表示了各个 *d* 轨道的空间取向。在电场的作用下，原子轨道的能量升高。若是球形对称的电场，各个 *d* 轨道能量升高的幅度一致（如图 6-20 所示）。在非球形对称的电场中，由于 5 个 *d*

轨道在空间有不同取向，根据电场的对称性不同，各轨道能量升高的幅度可能不同，即原来的简并的 d 轨道将发生能量分裂，分裂成几组能量不同的 d 轨道。配体形成的静电场是非球对称的，中心原子（或离子）的简并的 d 轨道能级在配体的作用下产生分裂被称为配位场效应。$LiMn_2O_4$ 材料的过渡金属离子 Mn^{3+} 在与六个氧离子形成配位的作用下，其 d 轨道能级将产生分裂，出现配位场效应。

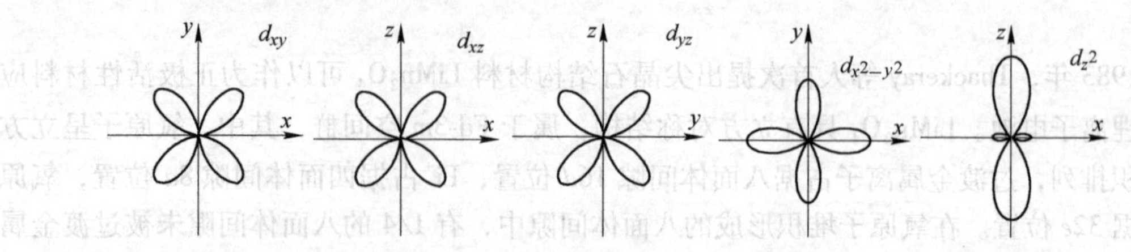

图 6-19　过渡金属原子 d 轨道的空间取向

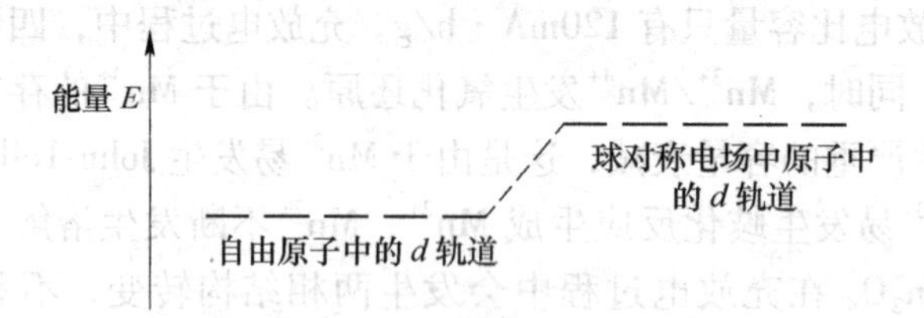

图 6-20　在球形对称的电场中过渡金属原子 d 轨道的能量

6.3.1.1　晶体场中的 d 轨道能级分裂

在正八面体场（O_h）中的 d 轨道能级分裂情况，六个配体沿 x、y、z 轴的正负 6 个方向分布以形成电场。配体的孤对电子的负电荷与中心原子 d 轨道中的电子排斥，导致 d 轨道能量升高。如果将配体的静电排斥作用进行球形平均，该球形场中，d 轨道能量升高的程度都相同，为 E_S。实际上各轨道所受电场作用不同，dz^2 和 $d_{x^2-y^2}$ 的波瓣与六个配体正对，受电场的作用大，因此能量的升高程度大于在球形场中能量升高的平均值。而 d_{xy}、d_{yz}、d_{xz} 不与配体相对，能量升高的程度相对较少。如图 6-21 所示，高能量的 d_{z^2} 和 $d_{x^2-y^2}$ 轨道（二重简并）统称为 d_γ 或 e_g 轨道；能量低的 d_{xy}、d_{yz}、d_{xz} 轨道（三重简并）统称为 d_ε 或 t_{2g} 轨道。前者是晶体场理论所用的符号，后者是分子轨道理论所用的符号。e_g 和 t_{2g} 轨道的能量差，或者，电子从低能 d 轨道进入高能 d 轨道所需要的能量，称为分裂能，记作 Δ 或 $10D_q$，D_q 是分裂能 Δ 的 1/10。八面体中的分裂能记作 Δ_O。

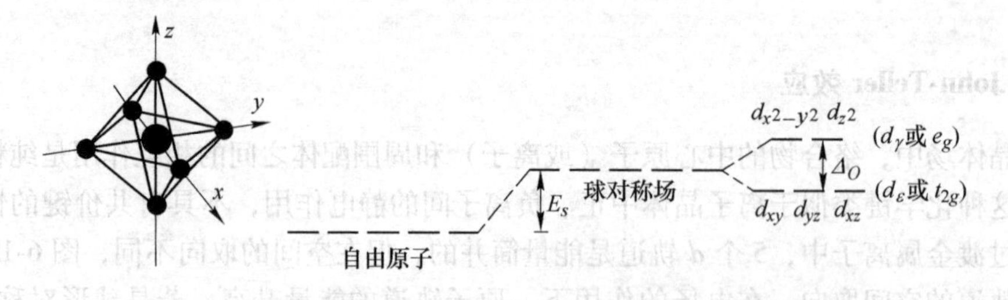

图 6-21　正八面体场（O_h）以及在其中的原子 d 轨道能级分裂

量子力学指出，在能级分裂前后，5 个 d 轨道的总能量不变。以球形场中 d 轨道的能量为零点，则：

$$\begin{cases} E_{e_g} - E_{t_{2g}} = \Delta_O \\ 2E_{e_g} + 3E_{\tau_{2g}} = 0 \end{cases} \tag{6-3}$$

解方程组，得到分裂后两组 d 轨道的能量分别为：

$$\begin{cases} E_{e_g} = \dfrac{3}{5}\Delta_O = 6D_O \\ E_{t_{2g}} = -\dfrac{2}{5}\Delta_O = -4D_q \end{cases} \tag{6-4}$$

在正四面体场（T_d）中的 d 轨道能级分裂情况，坐标原点位于图 6-22 所示的立方体的中心，x、y、z 轴分别沿立方体的三条边方向。配体的位置如图 6-22 所示，形成正四面体场。在正四面体场中，d_{xy}、d_{yz}、d_{xz}离配体近，受电场的作用大，因此能量的升高程度大；而 d_{z^2}和 $d_{x^2-y^2}$的能量则较低。正四面体场中的分裂能记作 Δ_T。正四面体场中只有四个配体，而且金属离子的 d 轨道未直接指向配体，因而，受配体的排斥作用不如在八面体中那么强烈，两组轨道的差别较小，其分裂能 Δ_T只有 Δ_O的 4/9：

$$\Delta_T = \frac{4}{9}\Delta_O = \frac{40}{9}D_q \tag{6-5}$$

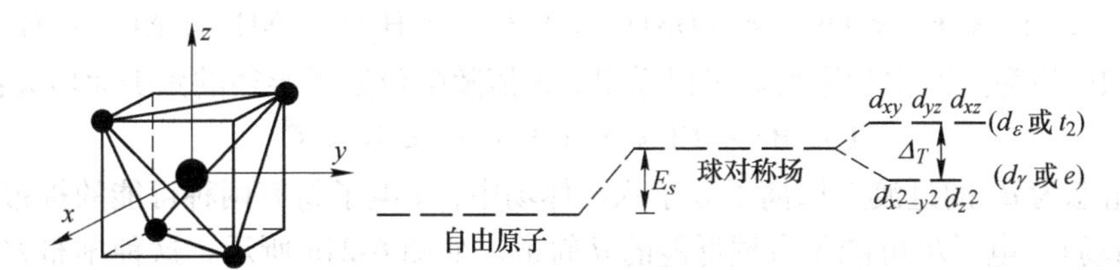

图 6-22　正四面体场（T_d）以及在其中的原子 d 轨道能级分裂

以球形场中 d 轨道的能量为零点，即：

$$\begin{cases} E_{t_{2g}} - E_{e_g} = \Delta_T \\ 3E_{t_{2g}} + 2E_{e_g} = 0 \end{cases} \tag{6-6}$$

解方程组，得到分裂后两组 d 轨道的能量分别为：

$$\begin{cases} E_{e_g} = \dfrac{2}{5}\Delta_T = 1.78D_q \\ E_{t_{2g}} = -\dfrac{3}{5}\Delta_T = -2.67D_q \end{cases} \tag{6-7}$$

在正方形场中的 d 轨道能级分裂情况，坐标原点位于正方形中心，x 轴和 y 轴沿正方形对角线伸展，z 轴垂直于正方形。配体位于正方形的四个顶点上（如图 6-23 所示）。在正方形场中，$d_{x^2-y^2}$位于 xy 平面内，并正对配体，能量升高的程度最大；d_{xy}也位于 xy 平面内，但不正对配体，能量次高；d_{z^2}有一个环形波瓣位于 xy 平面内，其能量低于 d_{xy}；d_{yz}和 d_{xz}受配体的排斥作用最小，能量最低。在正方形场中，$d_{x^2-y^2}$和 d_{xy}之间的分裂能较大。即：

$$d_{x^2-y^2} > d_{xy} > E_S > d_{z^2} > d_{yz},\ d_{xz}$$

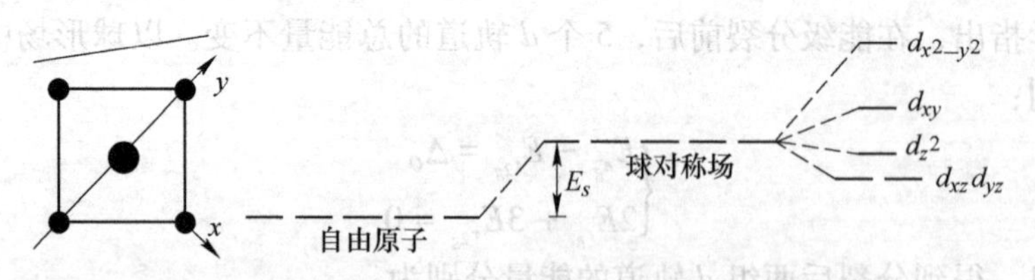

图 6-23 正方形场以及在其中的原子 d 轨道能级分裂

6.3.1.2 d 轨道中电子的排布——高自旋态和低自旋态

d 电子的排布取决于成对能 p 和分裂能 Δ 的大小关系。依据洪特规则，电子分占不同轨道且自旋平行时能量较低。如果迫使本来自旋平行分占不同轨道的两个电子挤到同一轨道上去，必使能量升高，这升高的能量为电子的成对能，记作 P。同时，影响分裂能 Δ 大小的因素有：（1）中心离子。1）中心离子的电荷数：随着金属离子电荷的增加，其对配体的静电作用加强，并且使配体更靠近金属离子，从而对 d 轨道产生较大影响，导致 Δ 值较大。2）中心离子所在的周期：对于同族同价的金属离子，周期数越大，则分裂能越大。如第二周期过渡金属比第一周期过渡金属分裂能增加 40%~50%。第三周期过渡金属比第二周期过渡金属分裂能增加 20%~25%。（2）配体。当中心离子固定时，分裂能 Δ 随配体而发生变化。配位场强度的顺序如下：

$$I^- < Br^- < Cl^- < F^- < OH^- < -ONO^- < C_2O_4^{2-} < H_2O < NH_3 < NO_2^- < CN^-, CO$$

以上顺序称为光谱化学序列。可以看出，Δ 值随配位原子半径的减少而增大：

$$I < Br < Cl < S < F < O < N < C$$

设一组态为 d^4 的过渡金属离子处于八面体场中，d 电子将有两种可能的排布方式。当 $\Delta > P$（强场），电子尽可能先占据低能的 d 轨道。如图 6-24a 所示，这种排布方式中，未成对电子数较少，为低自旋态。当 $\Delta < P$（弱场），电子尽可能分占 5 个不同的 d 轨道。如图 6-24b 所示，这种排布方式中，未成对电子数较多，为高自旋态。

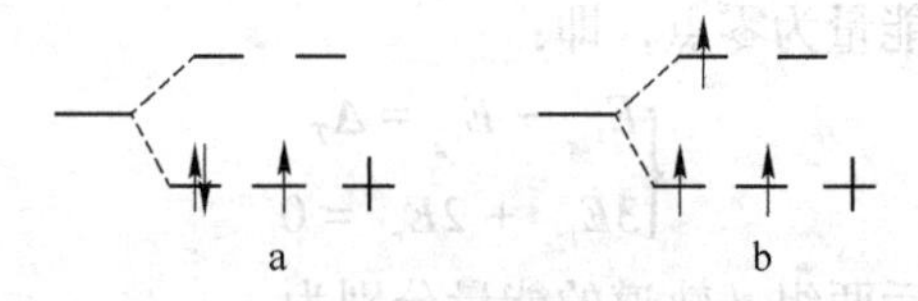

图 6-24 在八面体场中过渡金属离子 d^4 的 d 电子排布

在光谱化学序列中，NO_2^-、CN^-、CO 等配体的分裂能大，导致 $\Delta > P$，d 电子排布方式为强场低自旋态。卤素离子、OH^-、H_2O 等配体的分裂能小，$\Delta < P$，d 电子排布方式为弱场高自旋态。不管是强场还是弱场，d^1、d^2、d^3 和 d^8、d^9、d^{10} 的电子排布方式只有一种，未成对电子数相同，磁性变化不大，无高自旋态和低自旋态之分。四面体络合物中 d 轨道的分裂能小（只有八面体场分裂能的 4/9），而在配体相同的条件下，成对能变化不大，其分裂能通常小于成对能，因而四面体络合物一般是高自旋的。在正方形场中，$d_{x^2-y^2}$ 和 d_{xy} 之间的分裂能较大，一般大于成对能。如 Ni^{2+} 的组态为 d^8，其正方形络合物通常为低自旋态。

6.3.1.3 晶体场稳定化能

d 电子从未分裂的球形场中的 d 轨道能级 E_S 进入分裂的 d 轨道时，所产生的总能量下降值，称为晶体场稳定化能（Crystal Field Stabilization Energy），用 CFSE 表示。晶体场稳定化能是衡量络合物稳定性的一个因素。能量下降得越多，即 CFSE 越大，络合物越稳定。令球形场中 d 轨道的能量为能量零点，即 $E_S=0$。设所有 d 电子在球形场中的总能量为 $E_{球}$，在晶体场中的各 d 电子的总能量为 $E_{晶}$，则：

$$\mathrm{CFSE} = E_{球} - E_{晶} = 0 - E_{晶} \tag{6-8}$$

八面体强场中 d^5 组态的 CFSE，如图 6-25 所示。

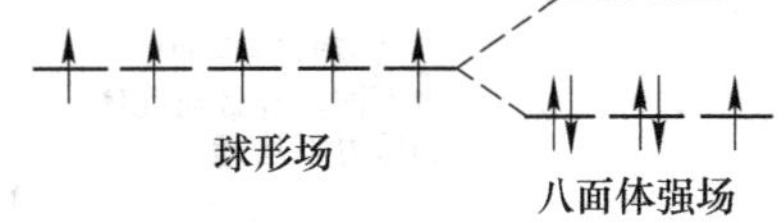

图 6-25 在八面体场中 d^5 组态的电子排布

$$E_{球} = 0 \tag{6-9}$$

$$E_{晶} = \left(-\frac{2}{5}\Delta_O\right) \times 5 + 2P = (-4D_q) \times 5 + 2P = (-20D_O) + 2P \tag{6-10}$$

$$\mathrm{CFSE} = E_{球} - E_{晶} = 20D_q - 2P \tag{6-11}$$

对于强场低自旋态，d 电子从球形场进入晶体场后，电子配对情况发生了变化，计算 CFSE 时需考虑成对能 P。

6.3.1.4 John-Teller 效应与 John-Teller 稳定化能

以水合铜离子 $[Cu(H_2O)_6]^{2+}$ 为例。Cu^{2+} 属于 d^9 电子组态，如图 6-26 所示，在八面体场中的电子构型为 $(t_{2g})^6(e_g)^3$，其中属于 $(t_{2g})^6$ 已经饱和，即 $(d_{xy})^2\ (d_{yz})^2\ (d_{xz})^2$；而属于 $(e_g)^3$ 有两种可能的排布方式：$(d_{x^2-y^2})^2\ (d_{z^2})^1$ 或 $(d_{x^2-y^2})^1\ (d_{z^2})^2$。

（1）如果 $[Cu(H_2O)_6]^{2+}$ 是理想的八面体构型，d 电子的两种排布方式不会影响体系的能量，基态 $(t_{2g})^6(e_g)^3$ 的能级是二重简并的。

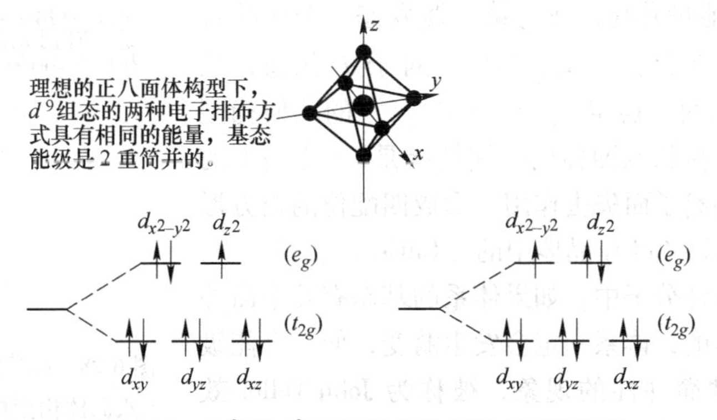

图 6-26 Cu^{2+} 的 d^9 电子组态的理想八面体构型

（2）实际上，$[Cu(H_2O)_6]^{2+}$ 不可能保持理想的八面体构型，必然会发生畸变。

1) $(e_g)^3 = (d_{x^2-y^2})^2(d_{z^2})^1$。如图 6-27a 所示，$d_{x^2-y^2}$ 上的电子多，对 xy 平面上的 4 个配体的斥力大；而 d_{z^2} 的电子少，对 z 轴方向上的 4 个配体的斥力小，导致八面体发生畸变，形成压扁的八面体。

2) $(e_g)^3 = (d_{x^2-y^2})^1(d_{z^2})^2$。如图 6-27b 所示，$z$ 轴方向上的配体被斥远；xy 平面上的配体靠近，形成拉长的八面体。

无论是上面哪种变形，能量最低的能级只有一种电子排布方式，即基态能级变为非简并。

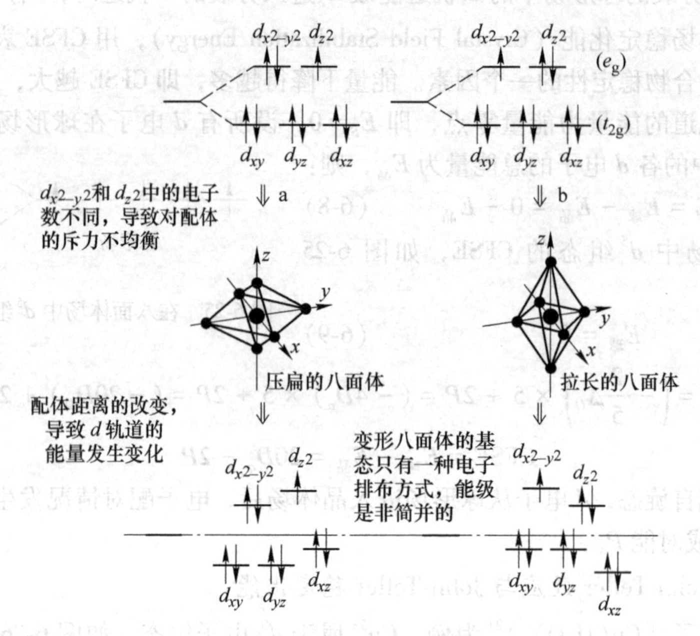

图 6-27　Cu^{2+} 的 d^9 电子组态的八面体构型畸变

理想八面体的基态有 $(d_{x^2-y^2})^2(d_{z^2})^1$ 和 $(d_{x^2-y^2})^1(d_{z^2})^2$ 两种可能的电子排布，若畸变成压扁八面体构型，基态为 $(d_{x^2-y^2})^2(d_{z^2})^1$，能量低于理想八面体的基态能量；而 $(d_{x^2-y^2})^1(d_{z^2})^2$ 的能量升高，成为第一激发态。对于拉长八面体构型也有类似结论。实验表明，对于 d^9 组态，拉长八面体比压扁八面体稳定，$[Cu(H_2O)_6]^{2+}$ 的几何构型为拉长的八面体。拉长八面体的极端情况是：z 方向上的两个配体远离中心离子而失去作用，形成四配位的正方形场。如图 6-28 所示，$CuCl_2$ 晶体中的 $[CuCl_4]^{2-}$。

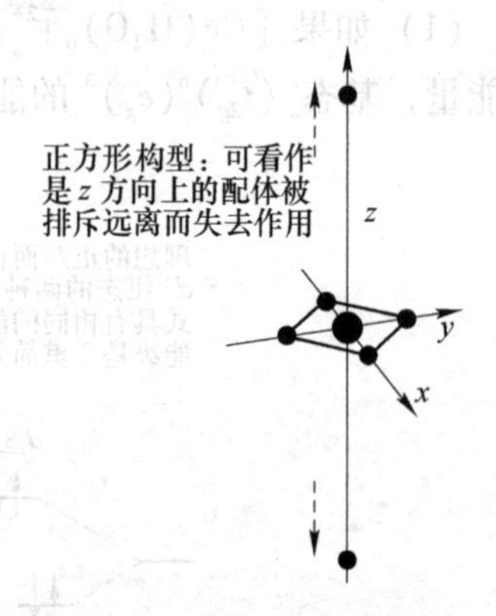

图 6-28　Cu^{2+} 的 d^9 电子组态的八面体构型拉长的极端情况形成四配位的正方形场

在对称的非线性分子中，如果体系的基态有几个简并能级，则是不稳定的，体系一定会发生畸变，使一个能级降低，以消除这种简并性的现象，被称为 John-Teller 效应。其中，几何构型的畸变导致基态的能级能量降低，从而使体系获得额外的稳定化能（能量降低值），称为 John-Teller 稳定化能。

6.3.1.5　John-Teller 畸变程度

八面体络合物基态的简并性，如果来源于高能的 e_g 轨道上的电子排布，e_g 轨道上的电子未半满或未全满，络合物将发生较大的畸变。例如，d^4 组态处于八面体弱场，高自旋，$(t_{2g})^3(e_g)^1$，发生大畸变，如图 6-29 所示。八面体络合物基态的简并性，如果来源于低能的 t_{2g}轨道上的电子排布，t_{2g} 轨道上的电子未半满或未全满，e_g 轨道上为空、半满或全满，络合物将发生较大的畸变。例如，d^4 组态处于八面体强场，低自旋（t_{2g}）^{4}，发生小畸变，如图 6-30 所示。如果 d 电子结构不会产生简并态，t_{2g} 和 e_g 轨道均为空、半满或全满，就不会发生畸变，如图 6-31 所示。例如，d^3 组态处于八面体场（t_{2g}）^{3}，不发生畸变，为理想的正八面体构型。以上构型的电子结构特征汇总于表 6-1。

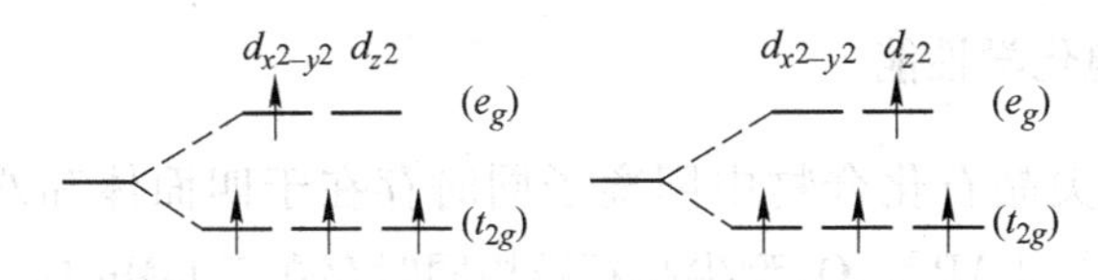

图 6-29 八面体络合物对应大畸变的 d^4 组态

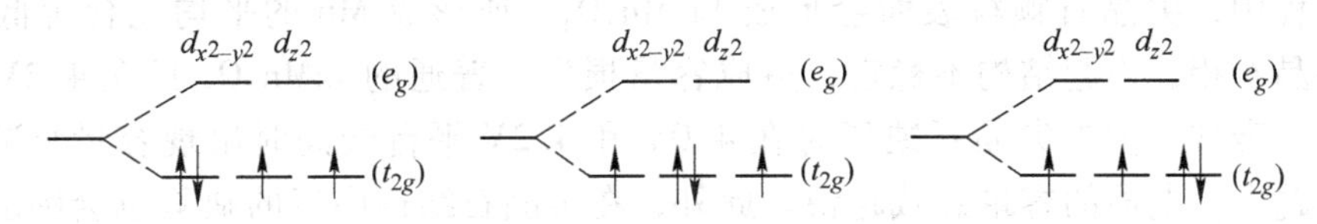

图 6-30 八面体络合物对应小畸变的 d^4 组态

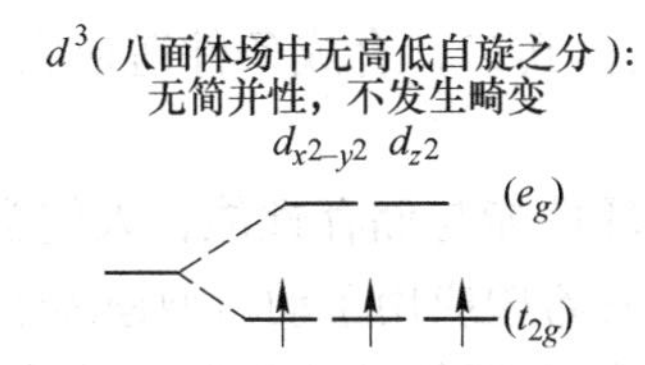

图 6-31 八面体络合物不发生畸变的 d^3 组态

表 6-1 八面体发生畸变的电子结构

八面体的畸变	电子构型
大畸变	d^4［弱场，高自旋，$(t_{2g})^3(e_g)^1$］ d^7［强场，低自旋，$(t_{2g})^6(e_g)^1$］ d^9［$(t_{2g})^6(e_g)^3$］
小畸变	d^1［$(t_{2g})^1$］ d^2［$(t_{2g})^2$］ d^4［强场，低自旋，$(t_{2g})^4$］ d^5［强场，低自旋，$(t_{2g})^5$］ d^6［弱场，高自旋，$(t_{2g})^4(e_g)^2$］ d^7［弱场，高自旋，$(t_{2g})^5(e_g)^2$］
不发生畸变（正八面体）	d^0 d^3［$(t_{2g})^3$］ d^5［弱场，高自旋，$(t_{2g})^3(e_g)^2$］ d^6［强场，低自旋，$(t_{2g})^6$］ d^8［$(t_{2g})^6(e_g)^2$］

对于四面体络合物也可能发生变形。简并性来源于高能的 t_2 轨道上的电子排布，络合物发生畸变。简并性来源于低能的 e 轨道上的电子排布，络合物的畸变非常微小，可以忽略不计。由于四面体场为弱场（分裂能仅为八面体场的4/9），络合物取高自旋态，因此，能发生变形的 d 电子组态为：d^3、d^4［四面体场中为高自旋］、d^8、d^9。

6.3.2 $LiMn_2O_4$ 的电化学性能

通式为 AB_2O_4 的尖晶石化合物中阳离子同时存在于四面体和八面体间隙内，导致 $[A]_{Tet}[B_2]_{Oct}O_4$ 和 $[B]_{Tet}[AB]_{Oct}O_4$ 型尖晶石结构同时存在于 $LiMn_2O_4$ 材料中。而且，存储和循环后的尖晶石颗粒表面锰的氧化态比内部锰的低，即表面含有更多的 Mn^{3+}。因此，在放电过程中，尖晶石颗粒表面会形成 $Li_2Mn_2O_4$，或形成 Mn 的平均化合价低于+3.5的缺陷尖晶石相，引起结构不稳定，造成容量损失。普通的 $LiMn_2O_4$ 只在 4.2V 放电平台出现容量衰减，但当尖晶石缺氧时在 4.0V 和 4.2V 平台会同时出现容量衰减，并且氧的缺陷越多，电池的容量衰减越快。此外，在尖晶石结构中氧的缺陷也会削弱金属原子和氧原子之间的键能，导致锰的溶解加剧。引起尖晶石锰酸锂循环过程中氧缺陷主要来自两个方面：其一，高温条件下锰酸锂对电解液有一定的催化作用，可以引起电解液的催化氧化，其本身溶解失去氧；其二，合成条件造成尖晶石中氧相对于标准化学计量数不足。

为了改善 $LiMn_2O_4$ 的高温循环性能与储存性能，人们尝试了多种元素的掺杂和包覆，经过表面改性的 $LiMn_2O_4$ 将是最有希望应用于动力型锂离子电池的正极材料之一。

利用尿素作为助燃剂的湿法技术制备尺寸 0.5μm 左右的小颗粒 $LiMn_2O_4$ 尖晶石型氧化物。在图 6-32 中是以锂片为负极，以尿素作为助燃剂的湿法技术制备的 $LiMn_2O_4$ 尖晶石为正极的电池的充放电曲线图。与以前的研究结果相同，当电压在 3.0~4.5V 之间时，充放电曲线对应的尖晶石型 $LiMn_2O_4$ 阴极材料的电压分布特性与锂四面体的占位有关联。从 $Li_xMn_2O_4$ 中晶胞电位随 x 发生的变化，能够区分两个区域的存在。电压曲线的形状说明脱锂 $LiMn_2O_4$ 可能以单相或多相的形式存在，在后一种情况下，电位随组成基本不变。第一区域（Ⅰ）的特点为电压曲线呈 S 形，而第二区域（Ⅱ）则对应平台的部分。在区域Ⅰ，

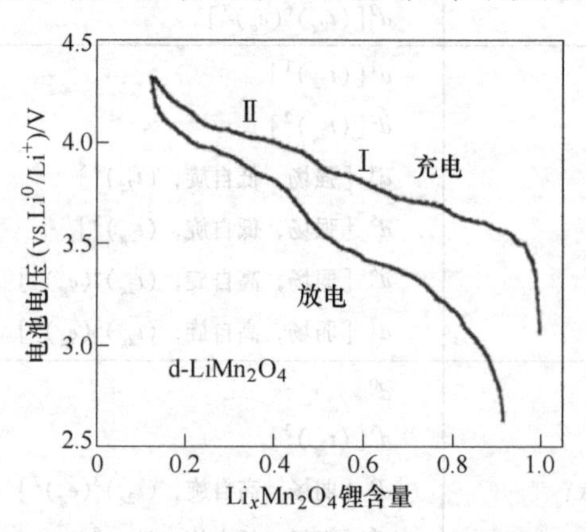

图 6-32 采用燃烧尿素辅助方法制备的 $LiMn_2O_4$ 尖晶石电极的电压

（充放电电流密度为 0.05mA/cm²）

充电电压在3.80~4.05V范围内连续增加；而在区域Ⅱ，充电电压则稳定在4.10V。在区域Ⅱ对应的电压平台上，公认存在两个立方相，而区域Ⅰ的S形电压曲线的特征则是由单一立方相引起的。由于具有优越的循环性能和高的活性物质利用率，4V平台可提供超过110mA·h/g的容量。

6.3.3 高电压 $LiNi_{0.5}Mn_{1.5}O_2$ 体系

为了改善 $LiMn_2O_4$ 较差的循环性能，在 $LiMn_2O_4$ 中掺杂金属阳离子 M^{n+}，形成 $LiM_xMn_{2-x}O_4$(M=Co，Ni等)，降低了尖晶石型 $LiMn_2O_4$ 中Mn的含量，减弱了其溶解所引起的负面影响，使得正极材料的循环性能提高，同时提高了其氧化还原电位。其中，掺杂Ni形成的 $LiNi_{0.5}Mn_{1.5}O_4$ 材料性理论比容量约为146.7mA·h/g，主要的充放电电压平台在4.7V的，对应 Ni^{2+}/Ni^{4+} 的氧化还原反应，同时在4.1V出现的电压平台是由 Mn^{3+}/Mn^{4+} 产生的。在尖晶石 $LiMnO_4$ 中嵌入 Li^+ 会使其转变为四方晶型，而在 $LiNi_{0.5}Mn_{1.5}O_4$ 中嵌入 Li^+ 若形成 $Li_2Ni_{0.5}Mn_{1.5}O_4$ 依然保持立方晶型结构。

高电压尖晶石结构 $LiNi_{0.5}Mn_{1.5}O_4$ 具有两种不同的空间群，根据Ni在晶格中的位置分为简单立方 $P4_332$ 和面心立方Fd-3m。标准化学计量比的 $LiNi_{0.5}Mn_{1.5}O_4$ 中Ni为+2价，Mn为+4价，其结构是有序相 $P4_332$ 。在有序结构 $P4_332$ 中，Ni占据4*b*位置，Mn占据12*d*位置，氧原子占据8*c*和24*e*位置，Li离子占据8*c*位置，晶体结构如图6-33所示。在有序相尖晶石正极材料中，全部Mn的价态为+4价，可避免由于 Mn^{3+} 引起的Jahn-Teller效应以及Mn溶解现象，所以有序相 $P4_332$ 尖晶石材料在长期充放电循环测试中的循环稳定性优于无序相Fd-3m。非标准化学计量比的 $LiNi_{0.5-x}Mn_{1.5+x}O_4$ 随着 x 的增加，Mn^{3+} 的含量也随之增加，这使得材料整体上处于存在氧缺陷状态以补偿 Mn^{3+} 的形成，其结构是无序相Fd-3m。在无序结构Fd-3m中，过渡金属离子是随机分布在八面体16*d*位置，氧原子占据立方堆积四面体的32*e*位置，锂离子占据四面体的8*a*位置。Mn^{3+} 的存在可以提高离子电导率，获得更优异的倍率性能。但是，随着 Mn^{3+} 离子含量的增加，Jahn-Teller效应和Mn溶解现象也随之变得更加明显，最终导致无序结构Fd-3m尖晶石材料的循环稳定性较差，尤其是在高温条件下，容量衰减更加严重。

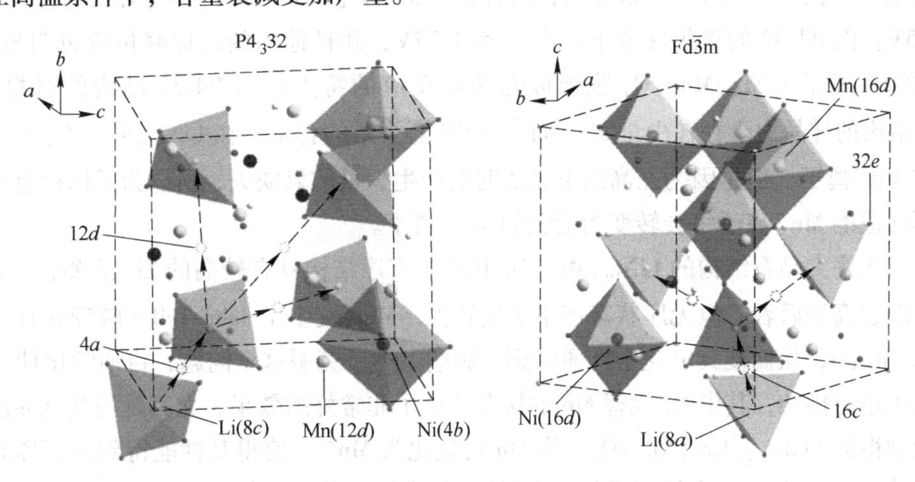

图6-33 有序相和无序相尖晶石结构示意图

高电压尖晶石 $LiNi_{0.5}Mn_{1.5}O_4$ 的有序相和无序相在一定条件下可以相互转化。这两种结构是由热处理过程中温度和气氛等条件共同决定的。当合成温度大于700℃时，会由于失氧生成 $LiNi_{0.5}Mn_{1.5}O_{4-x}$，由于失氧也常会有 NiO 或者 $Li_yNi_{1-y}O$ 杂质出现，高温烧结得到的无序相 Fd-3m 材料。如果在低温或氧气中退火，可以转化为有序相 $P4_332$ 材料。如图6-34a 所示，4V 左右充放电平台对应的是 Mn^{3+}/Mn^{4+} 的氧化还原对，退火处理后 $LiNi_{0.5}Mn_{1.5}O_4$ 的4V 峰明显减弱，说明 Mn^{3+} 的含量下降，使得无序相向有序相转变；如图6-34b 所示，经过退火处理的 $LiNi_{0.5}Mn_{1.5}O_4$ 出现有序相 $P4_332$ 的特征峰。

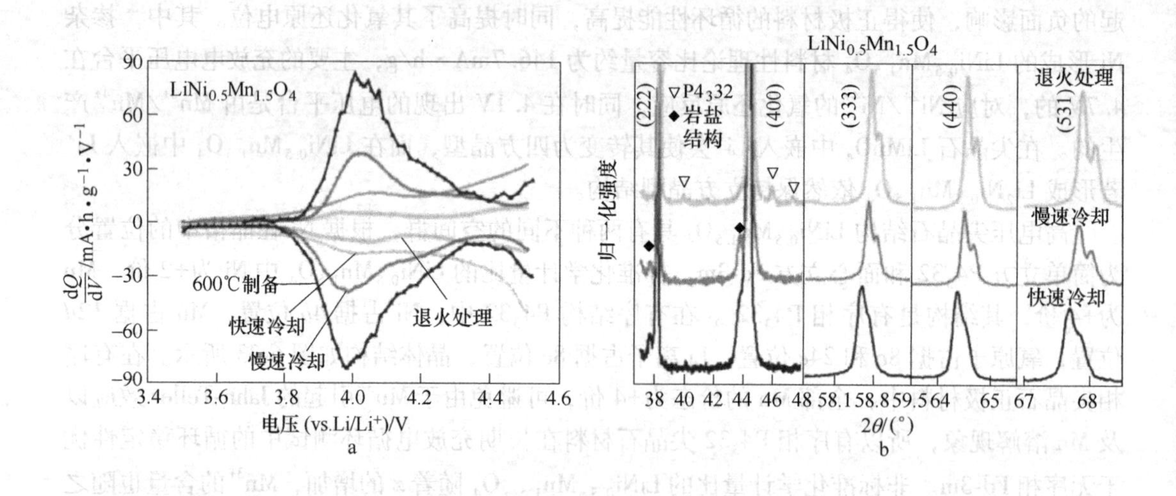

图6-34　快速冷却、慢速冷却、退火处理后的 $LiNi_{0.5}Mn_{1.5}O_4$

a—容量微分曲线；b—XRD 图

两种结构的 $LiNi_{0.5}Mn_{1.5}O_4$ 材料的充放电曲线如图6-35 所示。由图6-35 可知，无序 A[B_2]O_4 尖晶石晶格（a）和1∶3 有序尖晶石晶格（b）构成的正极相对于 Li^0/Li^+ 负极的充放电电压都在3.5~4.9V 的范围内，而且在4.5V 以上，Fd-3m 的氧化峰分别位于4.69V 和4.75V，而 $P4_332$ 的氧化峰位于4.74V 和4.77V，并且他们的还原峰位置也明显不同。这个曲线描述了 $LiNi_{0.5}Mn_{1.5}O_4$ 脱锂嵌锂两步反应的特点：与 $P4_332$ 结构的材料相比，Fd-3m 结构的样品由于存在少量 Mn^{3+} 而在4.0V 有少量的容量。在 $LiNi_{0.5}Mn_{1.5}O_4$ 中本不应该存在 Mn^{3+} 离子，但是因为在高温下合成时会产生少量的氧缺失，所以为了保持电中性一部分不活泼的 Mn^{4+} 离子将会转变为活泼的 Mn^{3+} 离子。

由于无序尖晶石结构的 $LiNi_{0.5}Mn_{1.5}O_4$ 相对于有序结构具有较高的 Li^+ 迁移率，所以其循环性能也高于后者。但无序状态产生了氧缺失，Mn^{3+} 发生了 Jahn-Teller 畸变并且产生了杂质 $Li_yNi_{1-y}O$，从而使其电化学性质受到了影响。为了克服这个问题，目前尝试使用了多种阳离子进行掺杂，其中 Cr 代替 Mn 的掺杂产生了非常好的效果，尤其是用共沉淀法配合热处理制得的 $LiMn_{1.45}Cr_{0.1}Ni_{0.45}O_4$，将 Mn 再氧化为 Mn^{4+}，使得其性能得到显著提高，在5C 放电倍率下进行125 次循环后仅产生了6%的容量损失。

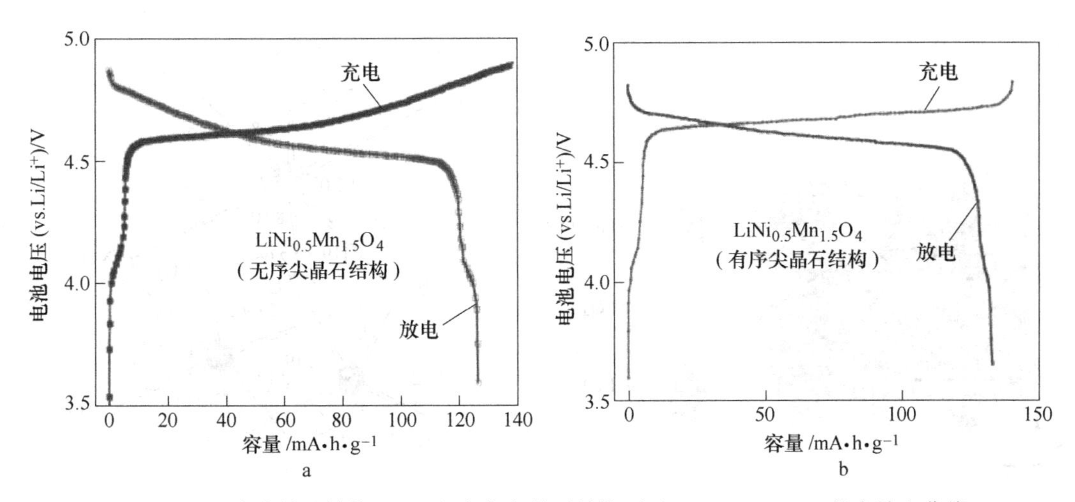

图 6-35 无序尖晶石结构（a）和有序尖晶石结构（b）$LiNi_{0.5}Mn_{1.5}O_4$ 的充放电曲线

6.4 LiFePO$_4$

6.4.1 LiMPO$_4$ 橄榄石结构

磷铁锂矿是一个罕见的正磷酸盐原生矿物，发现于磷酸盐的伟晶岩和伟晶岩脉中，它的分子式是 $Li(Mn,Fe)PO_4$。由于富含铁而不是锰，它和其他矿物-磷锰锂矿有所不同。磷铁锂矿与磷锰锂矿是完全类质同象系列中两个端元矿物，并且能形成一种固溶体，与橄榄石同晶。所以在同系列中的不同晶体，其所有在物理性能上的差异都与铁锰含量有关。这些差异通过比较两个端元——也就是 $LiFePO_4$ 和 $LiMnPO_4$ 的物理性能可以很好地得到证明。磷铁锂矿易转换成其他磷酸盐矿物，所以其他磷酸盐矿物的存在变得可能了，然而这种容易的转换意味着要得到好质量和充分晶体化的磷铁锂矿很困难。$LiMnPO_4$ 和 $LiFePO_4$ 这些材料属于种类丰富的 Mg_2SiO_4 型橄榄石系列，通式为 B_2AX_4。

$LiFePO_4$ 属于斜方晶系（No. 62）且具有空间群 Pnma，晶胞参数 $a=0.6008$nm，$b=1.0334$nm，$c=0.4693$nm。它的结构由一个六方紧密堆积的氧框架构成，其中 Li^+在八面体的 4a 位置，Fe 在八面体的 4c 位置。以 b 轴方向出发，可以看到 FeO_6 八面体在 bc 平面上以一定角度连接起来，然而 FeO_6 八面体是扭曲的，把立方八面体的对称性 O_h降低到了 C_s。而 LiO_6 八面体沿 b 轴方向共边，形成链状。一个 FeO_6 八面体分别与一个 PO_4 四面体和两个 LiO_6 八面体共边，同时，一个 PO_4 四面体还与两个 LiO_6 八面体互为共边关系。图 6-36 显示了在这种结构中锂离子的一维迁移通道。

$LiFePO_4$ 晶体结构中包含三种不同的氧位置。橄榄石结构中除了大部分的 O(3) 存在于 8d 位置上，其余大多数原子都占据了 4c Wyckoff 位置，锂离子只占据 4a 的 Wyckoff 位置（M1 位于翻转平面中心）。铁以二价铁离子的形式存在 FeO_6 单元中，并且彼此隔离开来，位于 $TeOc_2$ 层，垂直于（001）六角方向，这种结构有很强的二维特性。$TeOc_2$ 层相互垂直，加上 LiO_6 八面体与 PO_4 四面体的混合面构建了共角的八面体 FeO_6 共角形成的（100）面，如图 6-37 所示。

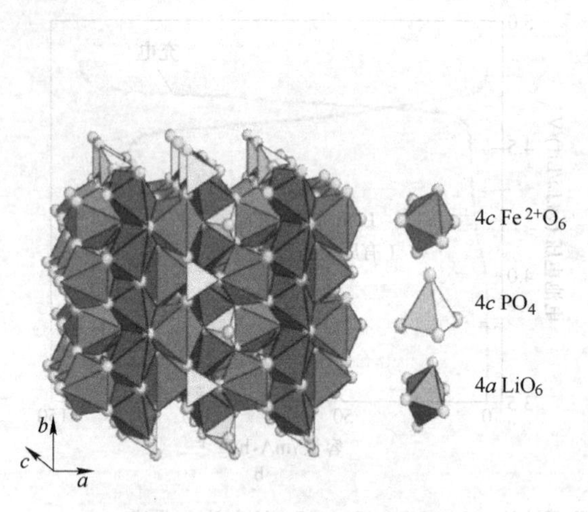

图 6-36 $LiFePO_4$ 橄榄石晶体结构

（在 bc 平面上 FeO_6 八面体连接形成层，沿着 b 方向 LiO_6 八面体相连成链；在 FeO_6 层上面，PO_4 四面体与一个 FeO_6 八面体相连，同时还与两个 LiO_6 八面体相连）

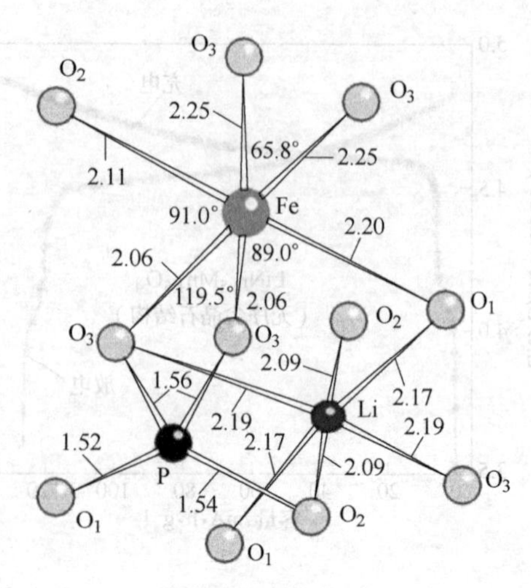

图 6-37 $LiFePO_4$ 晶胞中的阳离子配位示意图

（晶胞中有三种不同的氧原子，从 O_1 到 O_3；FeO_6 八面体的出现使得对称性从 O_h 变为 C_s，降低了对称性）

三种橄榄石结构群能够用磁性离子占据特定位置所带来功能不同而加以区分。在 Mn_2SiS_4 和 Fe_2SiS_4 中，磁性离子（Mn，Fe）位于 M1 和 M2 位置上。然而在 $NaCoPO_4$ 和 $NaFePO_4$ 中，磁性离子只在 M1 上存在。第三族是磷酸化的橄榄石 $LiMPO_4$（M = Ni, Co, Mn, Fe），其中磁性离子位于 M2 位置，非磁性离子（锂离子）位于 M1 位置。斜方晶系的橄榄石结构单位晶胞由 28 个原子组成（$Z=4$），属于空间群 Pnma(62)，晶格常数分别为 $a=1.033$nm，$b=0.601$nm，$c=0.469$nm，结构参数和原子间距在表 6-2 和表 6-3 中列出了。Fe—O 的间距范围在 0.2064nm 和 0.2251nm 之间，在 $LiFePO_4$ 中 Fe—Fe 的距离达到 0.387nm。

表 6-2 $LiFePO_4$(Pnma) 中原子的坐标和位置对称性

原子	x	y	z	位置对称性
Li	0	0	0	1 上面-（4a）
Fe	0.28222	1/4	0.97472	M（4c）
P	0.09486	1/4	0.41820	M（4c）
O（1）	0.09678	1/4	0.74279	M（4c）
O（2）	0.45710	1/4	0.20602	M（4c）
O（3）	0.16558	0.04646	0.28478	1（8d）

表 6-3 $LiFePO_4$(Pnma) 原子间距 （nm）

Fe 八面体		Li 八面体		P 四面体	
Fe—O(1)	1×0.2204(2)	Li—O(1)	2×0.2171(1)	P—O(1)	0.1524(1)
Fe—O(2)	1×0.2108(2)	Li—O(2)	2×0.2087(1)	P—O(2)	0.1538(1)
Fe—O(3)	1×0.2251(1)	Li—O(3)	2×0.2189(1)	P—O(3)	2×0.1556(1)
Fe—O(3)	1×0.2064(2)				

$LiFePO_4$ 晶格由六个环绕在八面体环境中的Fe3d过渡金属原子的氧原子组成。主要的O_h短程对称性降低到C_s对称性，这是由于3*d*轨道分裂为在氧晶体场中的e_g和t_{2g}态。氧原子能够被粗略的划分到轴向（O_{ax}）和赤道（O_{eq}）的类型。O_{ax}—Fe—O_{ax}的键角基本达到180°；在垂直于O_{ax}—Fe—O_{ax}的层上，O_2FeO_2大致组成了一个剪刀状的结构。在赤道平面，Fe—O键长有0.02nm的变化，O—Fe—O键角明显偏离90°。显著的结构特点包括在PO_4四面体中短的O—O键和六条边中的三个都和金属八面体共用。

6.4.2 $LiMPO_4F$

6.4.2.1 $LiVPO_4F$

Barker等人首先提出了可以作为4V锂离子电池正极材料的含有钒磷酸盐聚阴离子化合物——$LiVPO_4F$，由于具有相比于传统的氧化物材料更高的安全性，因此考虑将它作为锂离子电池正极的候选材料。$LiVPO_4F$和矿物羟磷锂铁石结构相同，都属于含锂的伟晶岩家族，其中有$LiFe^{3+}(PO_4)(OH)$、$(Li,Na)AlPO_4(F,OH)$、$LiAlPO_4(F,OH)$同质异相体。Tavorite结构的相为三斜晶系（P-1 S. G.），它的空间骨架由$V^{3+}O_4F_2$的八面体组成，八面体之间通过F共顶点链接，沿*c*轴方向形成链状的（$V^{3+}O_4F_2$）（如图6-38所示）。八面体链和PO_4四面体共顶点相互链接，形成了一个敞开的、在*a*、*b*、*c*方向上有通道的三维网状结构。锂离子在这些通道上有两个占位。即：Li(1)有五个等效位置，占位率低（18%），Li(2)有六个等效位置，占位率高（82%），在2iWyckoff位置上。

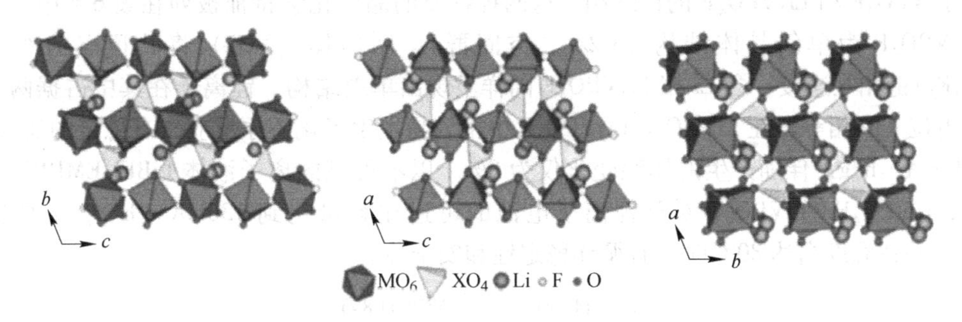

图6-38 沿晶体的*a*、*b*、*c*轴方向观察Tavorite结构示意图

采用碳热还原法两步法合成$LiVPO_4F$的Tavorite相的晶格常数为$a=0.51830$nm，$b=0.53090$nm，$c=0.82500$nm，$\alpha=82.289°$，$\beta=108.868°$，$\gamma=81.385°$，体积为$V=184.35\times10^{-3}nm^3$。最初正极材料$LiVPO_4F$的电化学研究证实了：由于$V^{3+/4+}$氧化还原对存在，使得$LiVPO_4F$可以可逆的嵌入/脱出锂。并且表明：（1）放电电位在4.19V左右（vs. Li/Li^+）；（2）两相反应机理是相的核耦合；（3）比容量为115mA·h/g左右，大致上相当于$x=0.84$的$Li_{1-x}VPO_4F$的循环比容量。图6-39a所示是$LiVPO_4F$在不同的放电率下，电解质为1mol/L $LiPF_6$/EC-DEC的$LiVPO_4F$//Li电池充放电的情况。将首次充电曲线作为参照。图6-39b所示是锂离子在$LiVPO_4F$主晶格中嵌入、脱出过程中（即充放电），电容斜率随电压函数的变化。在充电图中两个相差60mV的电位峰符合$V^{3+/4+}$氧化还原对和Li(1)Li(2)的占位情况。通过示差扫描热量法（DSC）获得完全脱锂$Li_{1-x}VPO_4F$相的热流量为-205J/g，可见$Li_{1-x}VPO_4F$的安全性远远优于氧化物正极材料。

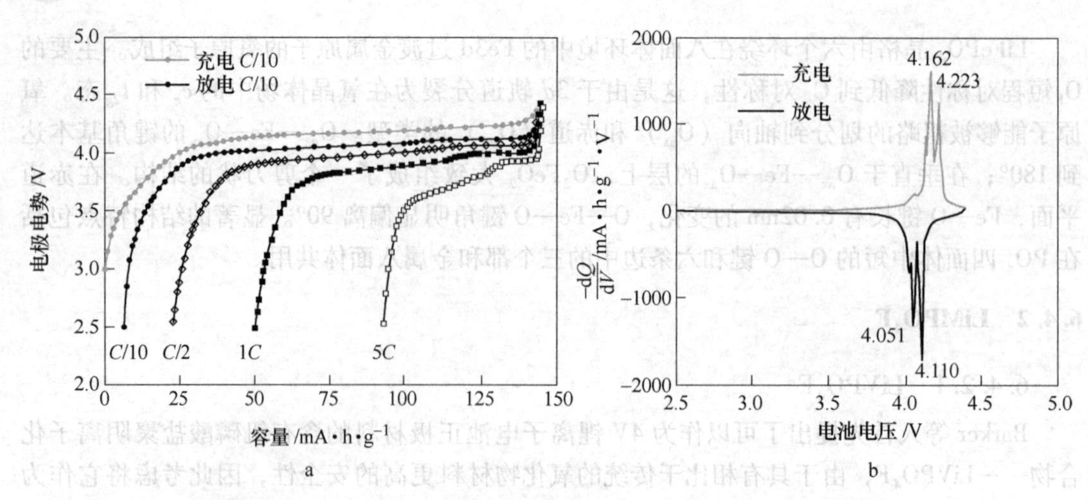

图 6-39　在不同的放电倍率下，电解质为 1mol/L $LiPF_6$/EC-DEC 的 Li//$LiVPO_4F$ 电池充放电曲线图（a）和锂离子在 $LiVPO_4F$ 主晶格中嵌入、脱出过程中（即充放电），容量微分随电压函数变化图（b）

由于 V 离子多电价，在 1.8V 左右（vs. Li/Li^+）有额外的锂离子脱出，与 $V^{3+/4+}$ 氧化还原对有关，因此基于 $V^{3+/4+}$ 和 $V^{3+/2+}$ 离子对 $LiVPO_4F$ 有两个氧化还原电势，这使得这种材料既可作为阳极也可作为阴极，如图 6-40 所示。Ellis 等人利用了 X 射线衍射和中子衍射讨论了 VPO_4F 和 Li_2VPO_4F 的最终相，这两种物质的晶体化学特征被列在表 6-4 中。不含锂的 VPO_4F 为单斜晶体结构（C2/c，空间群），四面体（PO_4）将共顶点的八面体（VO_4F_2）链相互连接。含 Li 相 Li_2VPO_4F 同样呈现出单斜结构，锂离子在其中占据两个位置，占位几率相等。在 $LiVPO_4F$-Li_2VPO_4F 中很容易发生氧化还原反应，有稳定的比容量，为 145mA · h/g，伴随产生的体积变化仅为 8%。以不可燃的离子液体 $LiBF_4$-$EMIBF_4$ 为电解质，$LiVPO_4F$//$LiVPO_4F$ 对称锂离子电池的可逆比容量达到 130mA · h/g，电位窗口 2.4V，并在温度高达 80℃时具有循环稳定性和安全性。

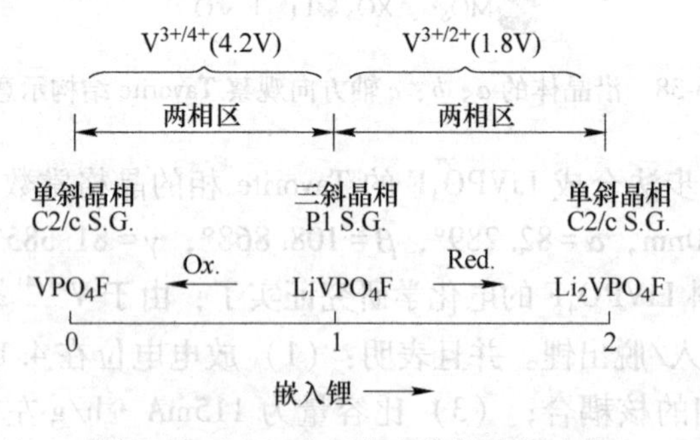

图 6-40　Li_xVPO_4F 的电化学转变过程

表 6-4　VPO_4F 和 Li_2VPO_4F 的晶体化学特征

化合物	空间群	a/nm	b/nm	c/nm	α/(°)	β/(°)	γ/(°)	V/nm³
VPO_4F	C2/c	0.81553(2)	0.81014(1)	0.81160(2)	90	118.089(1)	90	319.00×10⁻³(8)
Li_2VPO_4F	P-1	0.51830(8)	0.53090(6)	0.82500(3)	82.489(4)	108.868(8)	84.385(8)	184.35×10⁻³(0)

6.4.2.2 $LiMPO_4F$(M=Fe,Ti)

采用平面波方法对 Li_2MPO_4F、$LiMPO_4F$ 和 MPO_4F(M = V,Mn,Fe,Co,Ni) 进行了密度泛函理论计算，判断其作为锂离子电池的高压正极材料的可行性（对于锂金属来说大于 3.5V)。在 4.9V、5.2V 和 5.3V 平均开路电压下分别计算了 Mn、C 和 Ni 作为取代离子的可行性。用 CRT 方法或通过氢还原反应得到 $LiFePO_4F$ 晶体是三斜晶系结构（P-1，空间群)，晶格参数为 $a=0.51527$nm，$b=0.53031$nm，$c=0.84966$nm，$\alpha = 68.001°$，$\beta = 68.164°$，$\gamma = 81.512°$，晶胞体积 $V = 183.89\times10^{-3}nm^3$。由相同的方法制备的 $LiCrPO_4F$ 为 P-1 空间群，晶格参数为 $a=0.4996$nm，$b = 0.5308$nm，$c = 0.6923$nm，$\alpha = 88.600°$，$\beta = 100.81°$，$\gamma = 88.546°$，晶胞体积 $V = 164.54\times10^{-3}nm^3$。

钛基 Li_2MPO_4F 是由氟离子连接的扭曲八面体结构的 TiO_4F_2 构成，属于 Tavorite 结构。单相 $LiTiPO_4F$ 是在低温（260℃）下制备的粉末，晶格参数为 $a = 0.51991$nm，$b = 0.53139$nm，$c = 0.82428$nm，$\alpha= 106.985°$，$\beta= 108.262°$，$\gamma= 98.655°$，晶胞体积 $V = 180.10\times10^{-3}nm^3$。Li 脱出/嵌入反应对于 $Li_{1+x}TiPO_4F$ 框架发生范围在 $-0.5\leqslant x\leqslant0.5$，分别对应于 $Ti^{3+}\rightarrow Ti^{2+}$ 氧化还原对，集中在 2.9V 和 1.8V 有两个平台。然而，由于合成时的轻度变形造成电化学特性改变，$LiTiPO_4F$ 不能作为正极材料在电池中应用。

6.4.2.3 Li_2CoPO_4F

与 MO_4F_2 八面体的连接方式不同，通式 A_2MPO_4F 的氟磷酸（A = Li，Na，M = Fe，Mn，Co，Ni）晶体有三种结构类型，分别是：共面（Na_2FePO_4F），共边（Li_2MPO_4F，M=Co，Ni）和共角（Na_2MnPO_4F），分别对应三斜晶系（Tavorite）、二维正交（Pbcn，空间群）以及隧道状单斜（$P2_1/n$，空间群）。Li_2MPO_4F 可以作为锂离子电池的正极，此化合物对 Li^+ 的运动具有简单二维路径，并在氧化还原反应中的结构改变最小仅有 3.8% 的体积变化。单相 $LiFePO_4F$ 通过在 1mol/L 的溴化锂乙腈溶液 Na_2FePO_4F 的离子交换来制备，是正方结构（Pbcn，空间群），晶格参数为 $a = 0.5055$nm，$b = 1.3561$nm，$c = 1.10526$nm，$\beta = 90°$，晶胞体积 $V = 858.62\times10^{-3}nm^3$，开路电压比 $LiFePO_4$（3.0V 与 3.45V）更低。

Li_2CoPO_4F 和 $LiCoPO_4$ 都属于正交晶系（空间群 Pnma，$Z=8$），不过晶体结构也存在着显著的差异。$LiCoPO_4$ 具有 CoO_6 八面体结构、LiO_6 八面体结构和 PO_4 四面体结构。与此相反，Li_2CoPO_4F 具有 CoO_4F_2 八面体结构而不是 CoO_6 八面体结构。此外，Li_2CoPO_4F 有 $4c$ 和 $8d$ 两种 Li 位置，是一类新的类似 $LiCoPO_4$ 的 5V 正极材料。但是，Li_2MPO_4F 的合成仍然是困难的，需要钠离子交换或非常耗时的固态反应。

Li_2CoPO_4F 和 Li_2NiPO_4F 具有约 310mA · h/g 的理论容量。Li_2CoPO_4F 理论电压约为 4.9V，与观察到的电压平台一致（5V）。Li_2CoPO_4F 和 $LiCoPO_4$ 有很高的不可逆容量（特别是在第一次循环)，这与高电位下电解液的分解有关。$LiNiPO_4F$ 的放电电压接近 5.3V。Li_2CoPO_4F 在高于 4.8~5.0V 显示出结构转变，该转化后发生的锂脱嵌几乎是不可逆的，随后的锂嵌入不会修复初始的结构。但是，可逆的脱/嵌反应会在一个新的结构框架内发生，这个框架涉及可相互旋转的（CoO_4F_2）八面体结构和（PO_4）四面体结构，它们具有相当大的结构变形能力，可实现锂的可逆脱嵌，获得稳定的放电容量 60mA · h/g，从而有望提高随后的电池循环性能。

6.5　V_xO_{2x+1}钒氧化物

钒具有多种介于4价和5价间混合价态的氧化物相，并且这些氧化物相具有高的电子电导率，可表示为V_nO_{2n+1}（$n>2$），如V_2O_5、$VO_2(B)$、V_6O_{13}、LiV_3O_8都可发生锂嵌入反应。它们的结构由在共边八面体形成的单一锯齿状线和双锯齿带组成。这些单一和双锯齿面通过共角组合在一起形成了三维结构。

（1）五氧化二钒（V_2O_5）。五氧化二钒是最早研究的嵌锂化合物之一。每摩尔的V_2O_5中可嵌入三个摩尔的Li^+，伴随此过程产生多种不同的相。V_2O_5属正交晶系，Pmnm空间群，晶格参数为$a=1.1510$nm，$b=0.3563$nm，$c=0.4369$nm。通常认为链状的正方棱锥型VO_5共边形成正交晶型的V_2O_5（如图6-41a所示）。这些链状结构是通过共角的方式联在一起，扭曲的多面体中有一条短的钒氧键（0.154nm）以及四个位于一组相距0.178～0.202nm的底面上的氧原子（如图6-41b所示）。为了方便表达，将围绕在一个钒原子周围的氧原子分别标记为O_1，O_{21}，O_{23}，O'_{23}和O_3。在一个畸变的八面体中包含有O'_1原子，一条键长最短的V—O_1键（0.154nm）和一条键长为0.281nm的V—O'_1键。这些畸变的八面体在b方向上具有共同的中心，以共边的方式相连，并在a方向上形成链条。

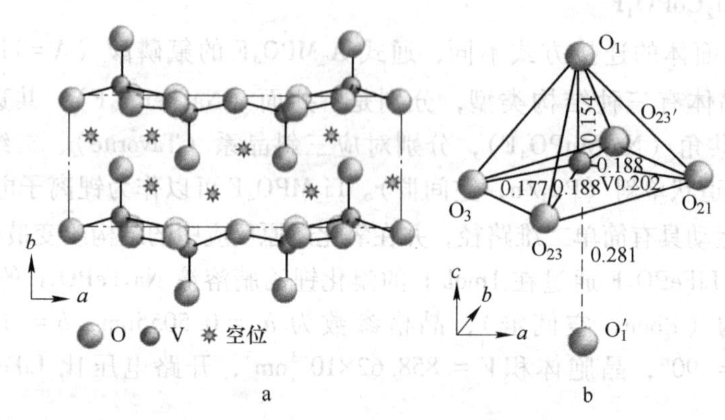

图6-41　层状结构的V_2O_5在（001）面上的投影，重叠的氧原子对称地置换（a）和畸变的V_2O_5结构的角锥体的坐标表示，并且标注出了V，O_1，O_{21}，O_{23}和O_3原子（b）
（图示中的短实线代表化学键，数值表示原子间的键长（nm）；
O'_1原子是邻近锥体的O_1型原子在相反方向的原子）

通过电化学分析和化学分析手段绘制出了Li-V_2O_5的复杂相图。图6-42显示了α-和γ-$Li_xV_2O_5$结构示意图以及由Galy提出的Li-V_2O_5相图。当$0\leqslant x\leqslant 3$时，Li//$Li_xV_2O_5$电池的放电曲线如图6-43所示，从图中可以看出在每分子物质中嵌入的Li量达到1的过程中，是分两步进行的。随着$Li_xV_2O_5$中嵌入锂量的增多直到$x=3$，会出现一系列的结构重排（α-，ε-，δ-和γ-$Li_xV_2O_5$相），直到嵌锂量达到$x=3$时，此时的比容量与理论比容量值（442mA·h/g）一致。当锂含量增加到超过$x=1$时，放电电压急剧下降，之后出现δ-和γ-$Li_xV_2O_5$两相均衡的特征平台。当嵌入锂的数量被限制在$x<2$的时候，并不会与组成范围在$0<x<1$之间时材料的可逆性产生太大的差异。在$x\approx 3$时，出现了新的ω-V_2O_5相，其中ω-V_2O_5相具有NaCl型结构及大量的空位。

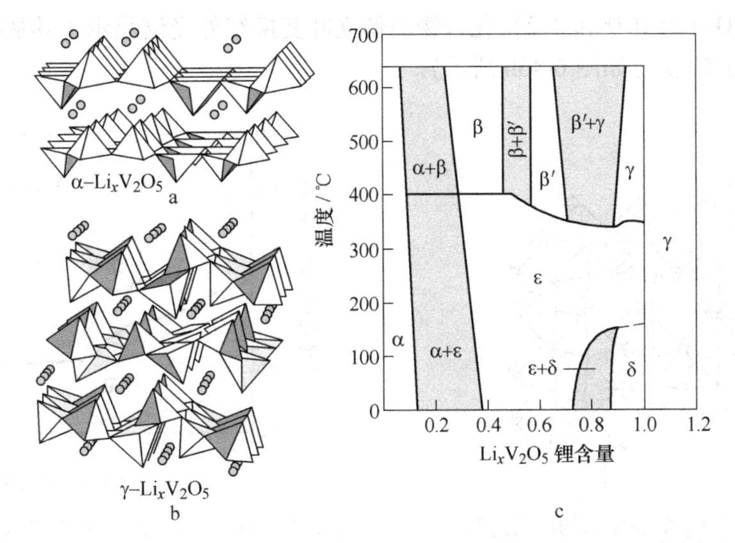

图 6-42 α-$Li_xV_2O_5$（a），γ-$Li_xV_2O_5$ 的图解表示（b）和 Li-V_2O_5 相图（c）

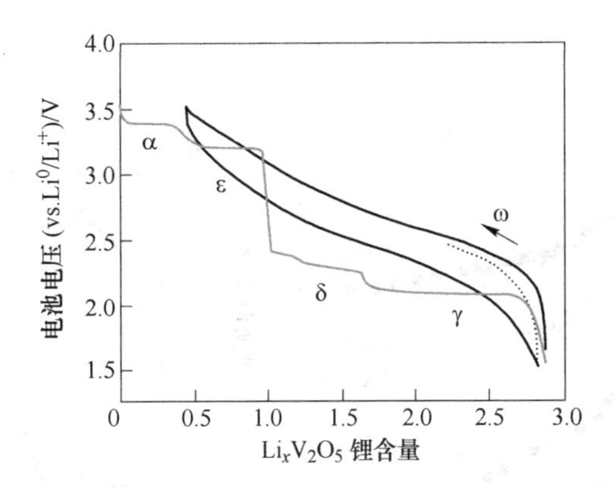

图 6-43 Li//$Li_xV_2O_5$ 电池的放电曲线

（在 $x-3$ 时，系统到达具有 NaCl 晶型的 ω-$Li_{3-x}V_2O_5$ 相（深黑线））

（2）V_6O_{13}。V_6O_{13}是一种源自 ReO_3 结构，组成在 VO_2 和 V_2O_5 之间的材料。单斜结构的 V_6O_{13}包含由共边变形的 VO_6 八面体形成的单双锯齿链。形成的面（单一和双锯齿）通过共角相连，得到了一个三维框架，如图 6-44 所示，其中的空腔允许锂离子以离子交换方式沿着（010）面扩散。如果考虑钒离子的价态，化学计量式 V_6O_{13} 可以被写作 $(V^{4+})_4(V^{5+})_2(O^{2-})_{13}$。由于 V_6O_{13}具有很高的理论能量密度 890W · h/kg，所以从电化学角度看每摩尔 V_6O_{13}可容纳 8 摩尔锂离子。放电曲线显示了三个明显的平台，反映了锂在主结构中非等效位置的连续嵌入（如图 6-45 所示）。

图 6-46a 是 V_6O_{13}和 $Li_xV_6O_{13}$（$0 \leqslant x \leqslant 6$）的电导率阿伦尼乌斯图。室温下纯净材料的电导率是 0.01S/cm，并表现出了半导体行为。V_6O_{13}的电子电导来自电子在 V^{4+}和 V^{5+}之间的跃迁。嵌入的锂离子通过电子转移降低了钒离子的化合价。相关阳离子浓度的减少导致材料 $Li_xV_6O_{13}$ 的电导率的降低，接近贫电子的半导体。$Li_6V_6O_{13}$ 测得的最低电导率是 5×10^{-4}S/cm，同时伴随产生一个在小极化子导电的氧化物中普遍观察到的现象——活化能

的上升。$Li_xV_6O_{13}$（x=0.0 和 3.2）化合物的傅立叶变换红外光谱显示了其从类金属到小极化子导电机制的转变（如图 6-46b 所示）。

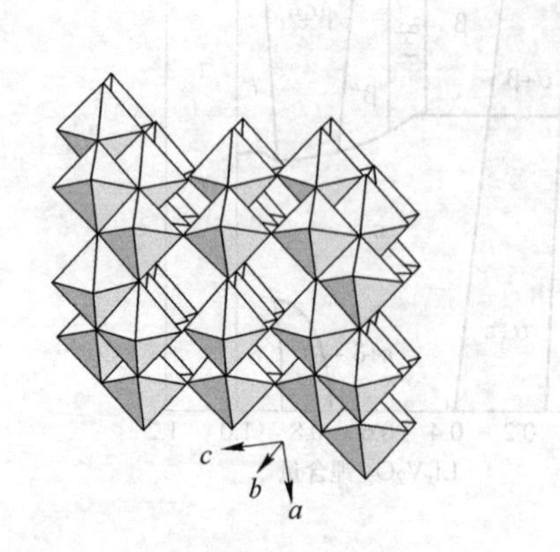

图 6-44 V_6O_{13}的晶体结构由共边和共角扭曲的 VO_6 八面体组成

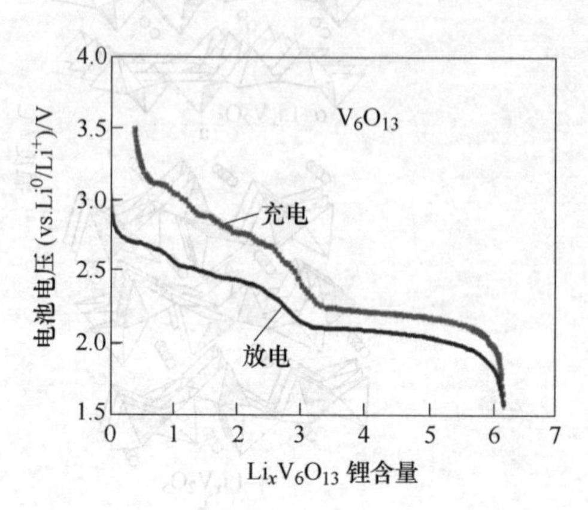

图 6-45 在 1.5~3.5V 电压范围内，倍率 $C/24$ 下得到的 Li∥V_6O_{13}电池充放电曲线

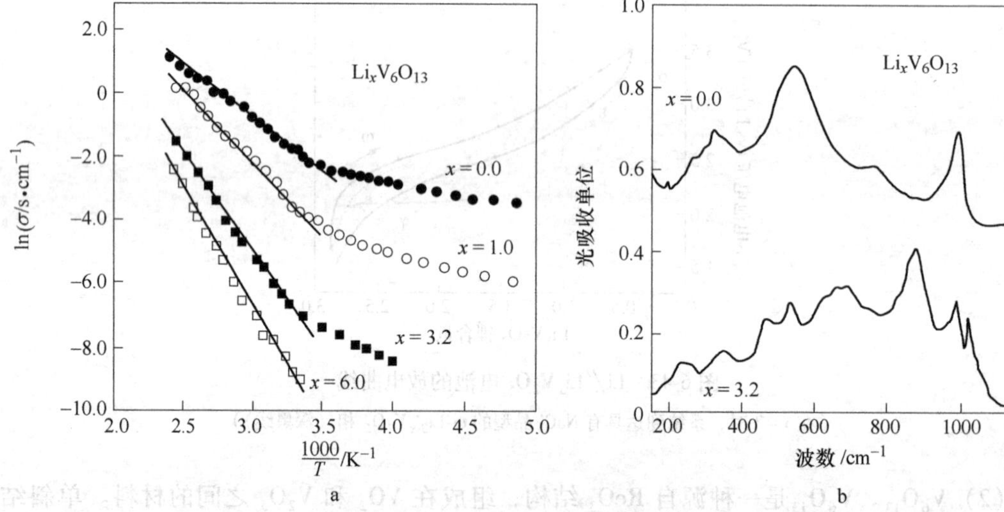

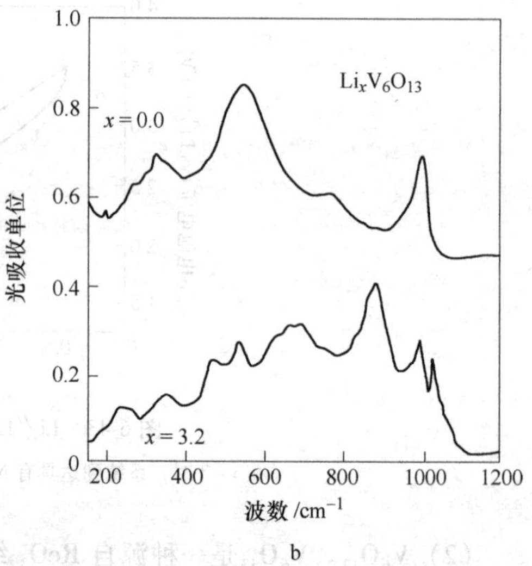

图 6-46 V_6O_{13}和 $0 \leqslant x \leqslant 6$ 的 $Li_xV_6O_{13}$的电导率阿伦尼乌斯图（a）和 V_6O_{13}和 $Li_{3.2}V_6O_{13}$的 FTIR 吸收光谱（b）

（3）钒酸锂（LiV_3O_8）。钒酸锂是一种具有混合化合价的氧化物，被视为稳定的氧化锂和 V_2O_5 的混合物。LiV_3O_8 属于单斜晶系，$P2_1/m$ 空间群，是由八面体 VO_6 和畸变的三角双锥带构型 VO_5 共同组成。在这个结构中，畸变的（VO_6）八面体通过共边和共顶连接形成 V_3O_8，然后堆垛形成层状结构（如图 6-47 所示）。层与层之间有充足且易变形的八面体和四面体间隙位置容纳嵌入离子。

在 LiV_3O_8 的结构中嵌入 Li^+形成 $Li_4V_3O_8$，V_3O_8 结构完整性未受影响，并且单斜晶体的晶胞参数随着相转变而各向同性变化。当锂化形成 $Li_{3.8}V_3O_8$ 时，V_3O_8 的亚晶格结构是很稳定的，这种稳定性主要归功于可用于传输 Li^+的 2D 间隙结构。这个特征使 LiV_3O_8 成

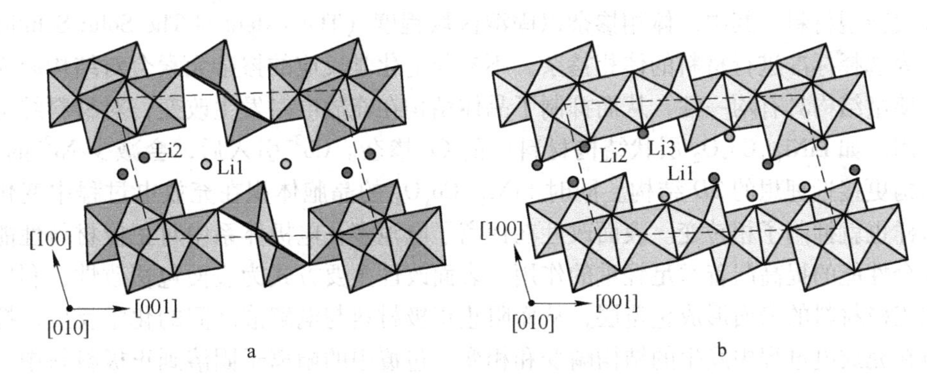

图 6-47 [010] 方向 $LiV_3O_8(P2_1/m.S.G)$ 层状结构的示意图 (a) 和 [010] 方向 $Li_4V_3O_8$ 的结构示意图 (b)

为具有吸引力的锂二次电池正极备选材料，其比容量一般高于 300mA·h/g。研究电化学嵌入机理，图 6-48 所示是 $Li//Li_{1.2+x}V_3O_8$ 电池电压和 $x(Li)$ 的关系曲线图。当 $x=3.8$ 时，放电电流为 20mA/g 的条件下，首次放电比容量为 308mA·h/g。放电曲线展示了一个相当复杂的过程，在开始阶段，$x \leqslant 0.8$ 时（S 形状的区域）$Li_{1.2+x}V_3O_8$ 开路电压迅速降到 2.85V，这个过程中锂嵌入到 Li(2) 间隙位置。然后，当 $0.8 \leqslant x \leqslant 1.7$ 时，电压从 2.85V 下降到 2.7V，比前阶段下降稍缓。在这个阶段，锂嵌入的可能是 $Li_2V_3O_8$ 结构中 $S_t(1)$ 和 $S_t(2)$ 四面体间隙位置。当 $x>1.7$ 时，曲线在 2.5V 处出现一个平台，这是 $Li_{2.9}V_3O_8$ 化合物和具有岩盐结构缺陷 $Li_4V_3O_8$ 所组成的两相系统所特有的现象。$Li_{1+\delta}V_3O_8$ 是一种具有极化电导的半导体（在室温下 $\delta_e=10^{-5}S/cm$，$E_a=0.25eV$）。

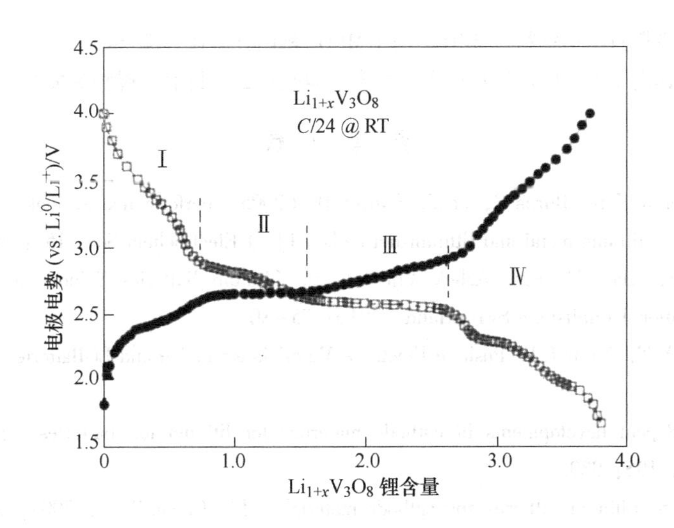

图 6-48 在 $Li//LiV_3O_8$ 电池中，电压和 $x(Li)$ 组成的关系曲线图

锂离子电池正极材料的体系还或多或少地存在电子电导率低、实际容量远远低于理论容量、高倍率性能差和拥有较低电压平台等问题，仍旧有很大一部分的改进空间，以更好地提升锂离子电池的性能。材料的改进措施主要有：体相掺杂，表面改性，优化合成工

艺，寻找新型材料。其中，体相掺杂以固溶区域程度（The Extent of The Solid Solution Domain）为选择标准进行材料的体相掺杂，不参与电化学反应的掺杂元素会对结构起支撑的作用，使微结构具有均一性，从而抑制了晶体结构在充放电时发生改变，对材料结构起到稳定作用。如 $LiNi_{1-x}Co_xO_2$ 层状结构材料中的 Co 掺杂。Co^{3+} 引入后，会减少 Ni^{2+} 的混排，使其结构更接近理想的 2*D* 结构。同时 $LiNi_{1-x}Co_xO_2$ 的晶胞体积在充放电过程中变化非常小，这样也就抑制了相转变。表面改性在锂离子电池多孔电极体系中对正极材料性能的发挥和综合性能的提高起着举足轻重的作用。表面改性主要方式为表面包覆改性，利用包覆物质在正极材料的表面形成包覆层，从而阻止正极材料与电解液之间的化学反应，抑制正极材料在充放电过程中发生的结构畸变和相变。包覆中的阳离子固溶到正极材料中，可起到掺杂或形成具有某种离子梯度的作用；同时在包覆中，部分包覆物质与电解液发生反应，生成固体酸或其他物质，使得正极材料的表面形成某种形貌（如多孔、致密），改善材料的导电性或结构的稳定性。上述机理可能单一作用，也可能几种机理并存，一定程度上改善正极材料的性能。

思考题与习题

6-1 本章中的锂离子电池正极材料在储锂过程中主要发生的反应属于哪种类别？嵌脱反应、合金化反应还是置换反应？

6-2 分析具有 R-3m 空间群的层状结构材料 $LiMO_2$（M=metal）作为锂离子电池正极活性物质的优势。

6-3 哪些材料体系容易发生 John-Teller 效应？其作为电极材料会带来什么影响？如何克服？

6-4 $LiFePO_4$ 材料的缺点是什么？针对其导电性差的问题，目前研究者们主要从哪几个方面的措施进行改善？

6-5 阴离子掺杂的橄榄石结构材料 $LiMPO_4F$ 与 $LiMPO_4$ 相比具有什么优点？

6-6 钒氧化物作为锂离子电池电极材料的主要技术障碍是什么？目前有哪些解决方案？

参 考 文 献

[1] Barker J, Gover R K B, Burns P, et al. Swoyer JL (2005) performance evaluation of lithium vanadium fluorophosohate in lithium metal and lithium-ion cells [J]. J Electrochem Soc, 152: A1886~A1889.

[2] Christian Julien, Alain Mauger, Ashok Vijh, et al. Lithium Batteries Science and Technology [M]. Springer International Publishing Switzerland, 2016: 75~80.

[3] Ellis B L, Lee K T, Nazar L F. Positive Electrode Materials for Li-Ion and Li-Batteries [J]. Chem. Mater., 2010, 22: 691.

[4] Fergus J W. Recent developments in cathode materials for lithium ion batteries [J]. Journal of Power Sources, 2010, 195: 939.

[5] Whittingham M S. Lithium batteries and cathode materials [J]. Chem. Rev., 2004, 104: 4271.

[6] Mac Neil D D, Dahn J R, The Reaction of Charged Cathodes with Nonaqueous Solvents and Electrolytes: Ⅱ. $LiMn_2O_4$ charged to 4.2V [J]. J Electrochem Soc, 2001, 148: A1211.

[7] Wohlfahrt-Mehrens M, Vogler C, Garche J. Aging mechanisms of lithium cathode materials [J]. Journal of Power Sources, 2004, 127: 58~64.

[8] 马磊磊，连芳，张帆，等. 高能量密度锂离子电池层状锰基正极材料研究进展 [J]. 工程材料学报，2017, 39(2): 167~174.

[9] Wang B, Xu B, Liu T, Mesoporous carbon-coated $LiFePO_4$ nanocrystals Co-modified with graphene and Mg^{2+} doping as superior cathode materials for lithiumion batteries [J]. Nanoscale, 2014, 6: 986~995.

[10] Choi M S, Kim H S, Lee Y M. Enhanced electrochemical performance of $Li_3V_2(PO_4)_3$/Ag-graphene composites as cathode materials for li-ion batteries [J]. Journal of Materials Chemistry A, 2014, 2: 7873~7879.

[11] Ye Feipeng, Wang Li, He Xiangming, et al. Solvothermal synthesis of nano $LiMn_{0.9}Fe_{0.1}PO_4$: reaction mechanism and electrochemical properties [J]. Journal of Power Sources, 2014, 253: 143~149.

7 锂离子电池的负极材料

锂离子电池负极材料的开发及商业化经历了三个时期。第一个时期负极材料是直接采用容量较高的金属锂，但在充放电过程中会产生枝晶锂，容易刺破隔膜而导致短路、漏电甚至发生爆炸，存在很大的安全隐患。第二个时期采用的铝锂合金可解决枝晶锂的问题，但循环几次后会出现严重的体积膨胀导致材料粉化、循环寿命降低。随后又出现了改进的氧化物负极，但仍有缺陷。20 世纪 80 年代以后，在摇椅电池的理论上，人们发现，锂在碳材料中的嵌入电位接近 Li/Li^{+}电位，且不易与有机电解质反应，循环性能更佳。这即是目前普遍使用的第三个时期负极——碳类材料，利用具有层状结构的石墨存储锂可以避免枝晶锂的产生，并且有利于锂的嵌入和脱出，从而大大提高了电池使用的安全性和循环稳定性。目前，锂离子电池负极材料的研究主要集中在：碳材料、硅、锡及其氧化物、过渡金属氧化物、钛酸锂，等。其中，碳材料凭借其电极电位低，循环效率高，循环寿命长和安全性能好等优点，是锂离子电池首选的负极材料。根据负极材料与锂离子的反应机理和其电化学性能，它们可以分为以下三类：

（1）嵌脱型负极材料。例如，碳材料（石墨、多孔碳、碳纳米管、石墨烯等），二氧化钛（TiO_2）和钛酸锂（$Li_4Ti_5O_{12}$）等。

（2）合金化反应类负极材料。例如，硅（Si）、锗（Ge）、锡（Sn）、铝（Al）、铋（Bi）、二氧化锡（SnO_2）等。

（3）转换反应类材料。例如，过渡族金属氧化物（Mn_xO_y、NiO、Fe_xO_y、CuO、MoO_2 等），各种金属硫化物、磷化物和金属氮化物（M_xX_y，其中 M 为金属元素，X 为 N、S、P 等元素）等。

7.1 碳基负极材料

碳作为一种常见元素，以多种形式广泛存在于大气、地壳及生物体之中。碳材料主要分为石墨类碳材料和无定形碳材料两大类，他们都是由石墨微晶组成的，但它们的结晶度不同，其结构参数也不一样，所以他们的物理性质、化学性质和电化学性能呈现出各自的特点。

7.1.1 石墨类碳材料

石墨类碳材料主要是指各种石墨以及石墨化的碳材料，包括天然石墨、人工石墨和改性石墨。天然石墨的种类包括：（1）致密结晶状石墨，又称为块状石墨。此类石墨结晶明显晶体肉眼可见。颗粒直径大于 0.1mm，比表面积范围集中在 0.1~1m^2/g，晶体排列杂乱无章，呈致密块状构造。这种石墨一般含碳量为 60%~65%，有时达 80%~98%，但其可塑性和滑腻性不如鳞片石墨好。（2）鳞片石墨。石墨晶体呈鳞片状，这是在高强度的压力下变质而成的。此类石墨矿石一般含碳量为2%~3%或25%~100%之间。是自然界中可浮性最好的矿石之一，经过多磨多选可得高品位石墨精矿。(3) 隐晶质石墨，又称为非晶质石墨或土状石墨。这种石墨的晶体直径一般小于1μm，比表面积范围集中在1~5m^2/g，是微晶石墨的集合体，只有在电子显微镜下才能见到晶形。此类石墨的特点是表面呈土状，缺乏光泽，润滑性也差，但品位较高，一般为60%~80%，少数高达90%以上。人工石墨是将软碳经高温石墨化处理制得，目前商品化的中间相碳微球以及石墨化碳纤维就属于人工石墨。与人工石墨相比，天然石墨的容量更高，成本低，但天然石墨容易发生溶剂共嵌入，从而造成充放电过程中石墨层逐渐剥落，石墨颗粒崩裂、粉化，影响其循环性能。通过对天然石墨表面进行氧化、镀铜、碳包覆等改性手段制得的改性石墨具有更好的比容量和循环性能。

石墨晶体具有整齐的层状结构，在每一层内，碳原子以sp^2杂化的方式与邻近其他三个碳原子形成三个共平面的δ键，这些共平面的碳原子在δ键作用下形成大的六环网络结构，并连成片状结构，形成二维的石墨层，每个碳原子的未参与杂化的电子在平面的两侧形成大π共轭体系；在层与层之间，是以分子间作用力——范德华力结合在一起。如图7-1所示，石墨由两种晶体构成，一种是六方型结构（2H，$a=b=0.2461$nm，$c=0.6708$nm，$\alpha=\beta=90°$，$\gamma=120°$），空间点群为P63/mmc，碳原子层以ABAB方式堆积；另一种是菱形结构（3R，$a=b=c$，$\alpha=\beta=\gamma\neq90°$），空间点群为R3m，碳原子以ABCABC方式堆积。

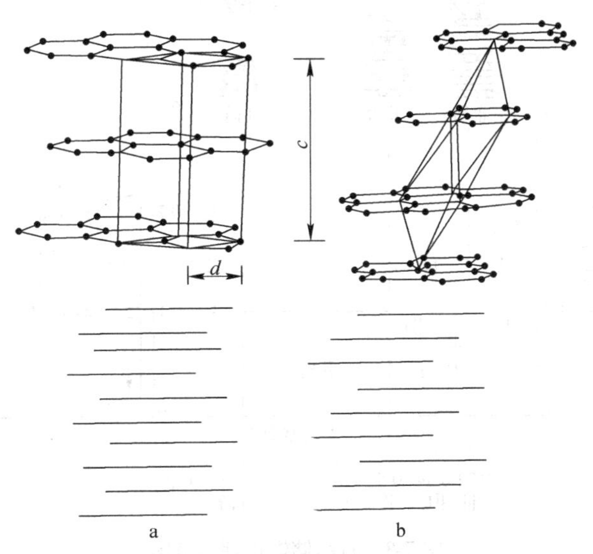

图7-1 石墨的两种晶体结构

a—六方形结构（ABAB…方式）；b—菱形结构（ABCABC…方式）

锂嵌入到石墨过程中会形成石墨插层化合物GIC（Graphite Intercalated Compound），如图7-2所示，室温下在石墨中每六个碳原子可以嵌入一个锂原子，嵌入反应可以在低电位下进行（0.01~0.2V vs. Li^+/Li），理论表达式为LiC_6，理论最大嵌入容量为372mA·h/g。其电极反应见式（7-1）。

$$6C + xLi^+ + xe^- \Longleftrightarrow Li_xC_6(0 \leqslant x \leqslant 1) \tag{7-1}$$

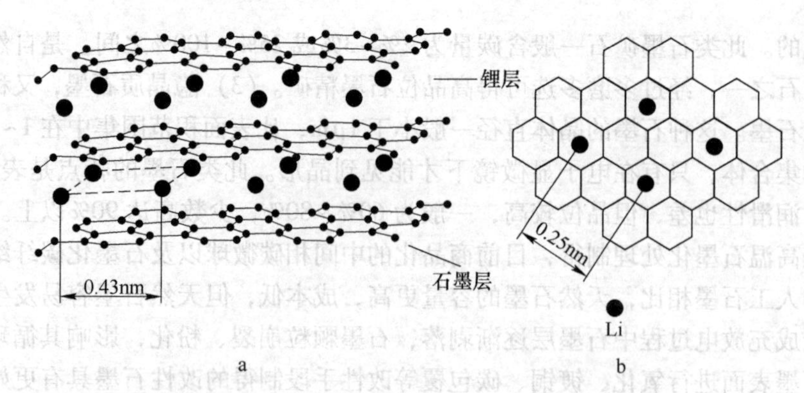

图 7-2　石墨及其插层化合物 LiC_6 的结构示意图

a—石墨以 AA 方式堆积和锂以 aa 层间有序插入的结构；b—LiC_6 的层间有序模型

在石墨嵌锂初始阶段，锂并不是嵌入所有的石墨层间，而是每隔几层嵌入一层锂，在每 k 层中嵌入一层锂的石墨插层化合物称为 k 阶石墨嵌锂化合物。随着电压的降低，在锂嵌入石墨过程中的不同阶段对应着不同阶次的石墨嵌锂化合物，这种变化规律被称为“阶变现象”，如图 7-3 所示。锂嵌入石墨的过程中存在着Ⅰ、Ⅱ、Ⅲ、Ⅳ阶石墨嵌锂化合物，可分别表示为 LiC_6、LiC_{12}、LiC_{18}、LiC_{24}。

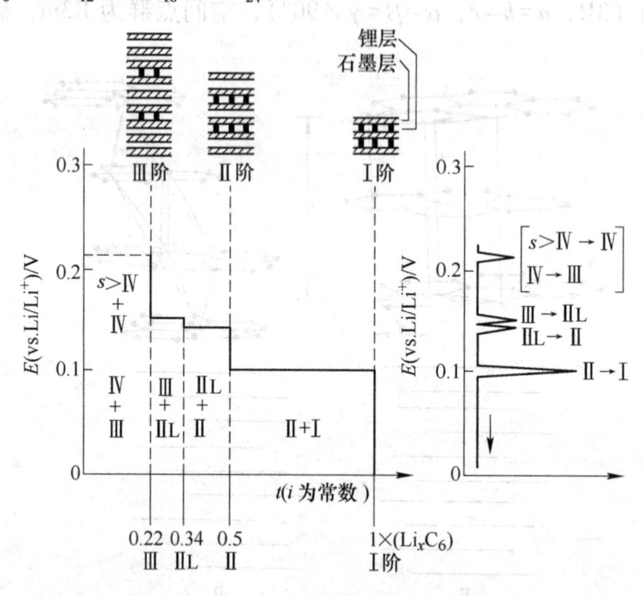

图 7-3　石墨储锂机理示意图

石墨材料在锂插入时，首先存在着一个比较重要的过程——形成钝化膜或电解质/电极界面膜（Solid-Electrolyte Interface，SEI）。其形成一般分为以下 3 个步骤：（1）约 0.5V 膜开始形成；（2）0.5~0.2V 主要成膜阶段；（3）0.2V 才开始锂的插入，如图 7-4 所示。

7.1.2　无定形碳材料

无定形碳材料也是由石墨微晶构成的，碳原子之间以 sp^2 杂化的方式结合，只是它们的结晶度低，同时石墨片层的组织结构不像石墨那样规整有序，所以宏观上不呈现晶体的性质，结构如图 7-5 所示。无定形碳材料按其石墨化难易程度，可分为易石墨化碳和难石墨化碳两种。

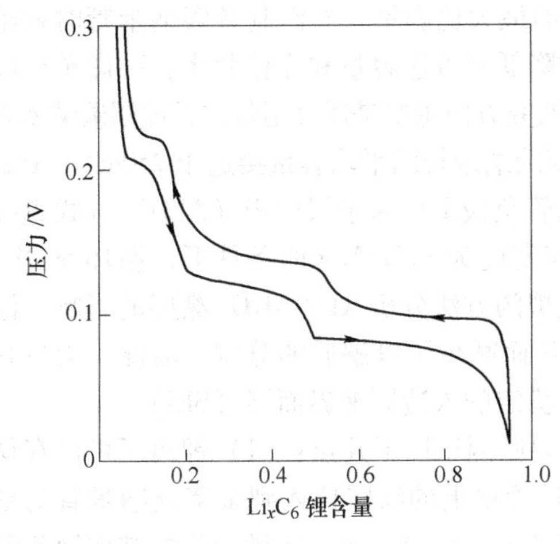

图 7-4 石墨电极首次充放电曲线

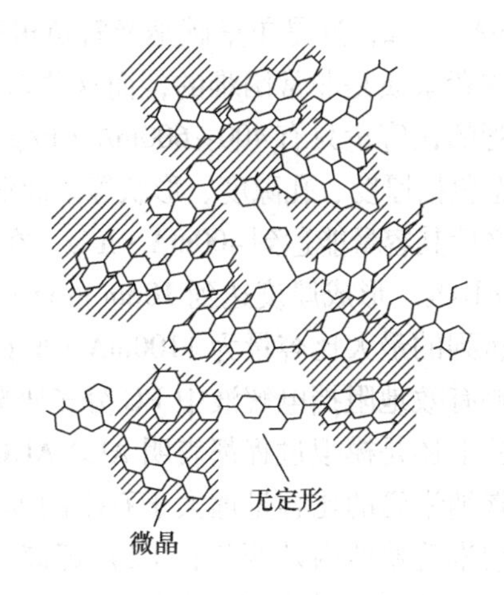

图 7-5 无定形碳的结构示意图

(1) 易石墨化碳又称为软碳，是指在 2500℃以上的高温下能石墨化的无定形碳。常见的软碳材料包括焦炭类、碳纤维、非石墨化中间相碳微球（MCBC）等，用于锂离子电池的最常见的焦炭类材料为石油焦，因为它资源丰富，价格低廉；碳纤维主要是指气相生长碳纤维（VGCF）和中间相沥青基碳纤维（MCF）两种。热处理温度对材料结构和嵌脱锂性能的影响较大。软碳的结晶度低，晶粒尺寸小，晶面间距较大，与电解液的相容性好，这些软碳负极的循环寿命长，库伦效率大于 90%，比容量接近于碳材料的理论值 372mA · h/g。但首次充放电的不可逆容量较高，输出电压较低，无明显的充放电电位，与此同时，充放电过程中存在着较大的电压滞后。

(2) 难石墨化碳也称为硬碳，是在 2500℃以上的高温下也难以石墨化的高分子聚合物的热解碳，是由固相直接碳化形成的。碳化初期由 sp^3 杂化形成立体交联，妨碍了网面平行生长，故具有无定形结构，即使在高温下也难以石墨化。硬碳的比容量范围是在 200~600mA · h/g，但是，这种碳材料的充放电电压很低，非常接近于锂，这种情况下很容易发生锂在电极材料上的沉积。同时，由于无定形碳材料内部的缺陷和间隙的随机排列导致了离子的扩散变得缓慢，造成硬碳的倍率性能较差。

无定形碳材料作为锂离子电池负极材料时的比容量一般都会大于石墨的理论容量。各种各样的模型被提出来解释锂在无定形碳材料中的过量存储，主要有锂分子机理、单层石墨片分子机理、微孔储锂机理、多层锂机理以及碳-锂-氢机理。一般来说，锂在无定形碳材料中的过量存储主要是由无定形碳材料中含有的大量的缺陷造成的。

7.1.3 碳纳米管

碳纳米管（Carbon Nanotubes，CNTs）分为单壁碳纳米管和多壁碳纳米管。碳纳米管的电导率高（10^5~10^6S/cm）、密度小、抗形变能力强（杨氏模量为 1TPa）、强度高（达 60GPa），一维柱状结构有利于离子传输。自从 1991 年发现以来，碳纳米管及其复合材料作为高性能锂离子电池负极材料已被广泛研究。单壁碳纳米管的最高可逆容量的预测值是

1116mA·h/g，这是由于锂正好嵌入的稳定位置位于伪石墨层的表面和中心管内部。这个理论预测已经被实验所证实，用激光蒸发法生产的高纯单壁碳纳米管，其容量大于1050mA·h/g，这是单壁碳纳米管负极所能达到的最大比容量。然而制备碳纳米管时杜绝缺陷或者杂质是非常困难的，而这些都会显著的降低其可逆容量和库伦效率，一般单壁碳纳米管的比容量只有400~600mA·h/g。目前的研究方向主要是通过制备方式控制碳纳米管的形态包括厚度、孔隙度、形状等。商业化的多壁碳纳米管的平均容量接近于250mA·h/g，纯化之后其容量能达到400mA·h/g。在多壁纳米管负极上以原子层沉积（ALD）方式直接复合 Al_2O_3，形成厚度达到10nm的薄层，在电流密度为372mA/g的条件下，循环50次，所能达到的最大比容量为1100mA·h/g。通过模拟的方法分析ALD-Al_2O_3 涂层的影响，涂层能够有效地阻挡电解液中EC分子吸附电子，从而减少了电解质的分解。因此，无论是从实验上还是模拟过程都表明ALD-Al_2O_3 形成了稳定的人造固液界面层（SEI）。

碳纳米管的比容量远大于石墨的理论值，主要归因于以下几点：（1）锂离子可以存储在碳纳米管壁的内外两侧；（2）锂离子可以通过管壁上的缺陷插入到多壁碳纳米管的壁间；（3）碳纳米管之间的空间可以储存更多的锂离子。但是，由于碳纳米管的结构缺陷和电压滞后作用，在充放电循环过程中不可逆容量增加，造成库伦效率低下，严重影响锂离子电池的电化学性能。通过改变碳纳米管壁厚度、孔直径和形状（竹子或四棱柱状），电化学性能得到了很大的改善。而且，大量研究发现对碳纳米管进行掺杂和表面活化（KOH和 $ZnCl_2$ 刻蚀）均能改善碳纳米管的储锂性能。

7.1.4　石墨烯

石墨烯是一种石墨的原子薄层，具有优异的电子电导率，机械强度和大的表面积。事实上，石墨烯因其单层结构能存储的锂的总量很小，但几个石墨烯层加起来，理论比容量比石墨大得多。如果锂能被存储在石墨烯的两侧，比容量可达780mA·h/g。尽管石墨烯的首次比容量比石墨大，但是随着循环容量严重衰减。例如，还原的氧化石墨烯纳米带第一次循环的放电比容量是820mA·h/g，但是在第15次循环时放电比容量已经减少到550mA·h/g。

掺杂有利于提升石墨烯负极的性能，氮（N）有5个价电子，并且与C原子大小相近，常被选做掺杂元素。碳和氮之间会形成强共价键C—N从而破坏碳之间的中性结合，在原始石墨烯蜂窝状晶格中形成缺陷，有利于阻止石墨烯随循环发生薄片叠加，而且掺杂提供了更多的电子空位给碳网络，从而提高了电子电导。如果可以把每一层石墨平面和 n 电子暴露出来，石墨烯会是理想的负极材料。这种弹性强，柔韧度高而且导电的石墨烯能够适应循环过程中离子脱嵌导致的体积变化，因此有利于复合纳米颗粒的结构稳定和循环寿命。

7.1.5　碳材料的优化

传统的碳材料作为锂离子电池首选的负极材料也有很多缺点。石墨作为锂离子电池的负极材料其理论容量仅为372mA·h/g，远远达不到我们对高性能锂离子电池的要求。同时，石墨类碳材料对电解液的组成非常敏感，在充放电过程中有时会发生溶剂化锂离子共嵌入的现象，引起结构的破坏，从而导致电池性能的破坏，这个问题是在PC基电解液中尤为严重。尽管无定形碳材料与电解液的相容性较好，而且其可逆容量得到很大的提升，但首次充放电的不可逆容量较高，输出电压较低。与此同时，无定形碳材料中一般都含有较多的H原子，导致充放电过程中存在着较大的电压滞后。为了解决上述问题，人们进行了大量的研究，其中既包括对传统碳材料的改性，也包括新型碳基材料的开发。传统的碳材料性能的改进方法包括表面处理和机械球磨等。随着人们对于碳基负极材料研究的深入，通过以下几种途径来开发新型的高性能碳基负极材料已成为研究的热点。

（1）纳米化。将电极材料纳米化可以有效的改善其性能，纳米级的电极材料可以提供更大的比表面积来增加电极材料与电解液之间的接触，使得反应活性位点增多，促进电极反应的发生，同时这也会减少充放电过程中的极化损失，提高容量。此外，纳米级的电极材料也可以大幅度地降低锂离子和电子的固态扩散距离，可以有效地改善电池的性能尤其是大电流充放电能力。纳米级的电极材料具有更多的晶粒边界，使得电极材料在充放电过程中的绝对体积变化小。最后，纳米材料还具有一定的超塑性和蠕变性，可以减轻体积变化带来的结构不稳定性。据此，很多纳米级的碳材料被提出作为锂离子电池的负极材料，并且表现出优异的性能，例如，碳纳米球、碳纳米管、碳纳米纤维和纳米石墨烯等。

（2）多孔化。首先，多孔结构的碳电极材料的比表面积得到大幅度的增加，如上所述，可以提供更多的反应活性位点促进电极反应的发生。其次，多孔碳材料中含有的大量的纳米孔和纳米腔可以提供额外的储锂位，有利于容量的提升。最后，这类碳材料作为电极时其孔隙可以作为缓冲层来抑制锂离子在插入和脱出电极材料中产生的体积膨胀（对于石墨电极而言，其体积膨胀为10%）。最近，一种新型的分级式多孔型碳作为锂离子电池的负极材料时表现出非常优异的性能，在0.2C恒流充放电过程中的首次可逆容量为900mA·h/g，同时，这种材料在大电流充放电过程中也表现出非常优异的性能，在60C的充电速率下的容量为70mA·h/g。此外，其他类型的多孔碳材料，比如介孔碳和空心碳材料也表现出很好的性能。

（3）石墨化。无定形碳材料一般具有较高的比容量，而石墨类碳材料一般具有很好的稳定性以及倍率性能。纳米级的碳材料结晶性不好，呈现出一定的无定形特征。因此，制备含有大量石墨烯片层结构的纳米碳电极材料，也就是通过提高其石墨化程度，可以汲取两者的优势，实现石墨类碳材料的高倍率性能以及无定形碳材料高比容量性能相结合。Fan制备出由纳米石墨烯片层组成的纳米碳纤维的电极材料，在0.12mA/cm^{2}电流下恒流充放电测试，其首次可逆容量达到667mA·h/g；在6mA/cm^{2}电流下仍然保持着189mA·h/g的可逆容量。

（4）官能化。造成碳负极材料实际容量低于理论容量以及循环性能较差的原因之一是碳微晶的边、面之间反应的不均匀性。对碳材料表面进行非共价键官能化、缺陷官能化、侧壁官能化等可以使其表面接枝多种官能团（羰基、羟基、羧基等），是消除碳材料表面结构缺陷的最为简单有效的方法，可以减少电解液的分解，所生成的SEI钝化膜致密，降低电池的不可逆容量，提高电池的循环寿命。同时，这种官能化的碳材料也可以改变氧化还原电位，有效地降低充放电过程中的电压滞后。氧化处理是一种对碳基材料官能化的方式，可以选择的氧化剂有HNO_3、O_3、H_2O_2等。氧化后的碳材料的表面可以形成许多不同类型的官能团，这些官能团中含有以共价键结合在碳材料表面的C—O、C—H等基团。Yang以官能化的碳纳米管作为电极材料，采用层层组装的技术将其作为电极，该电极表现出非常优异的性能，其比容量可以达到200mA · h/g(电极)。

(5) 掺杂。提高碳材料性能的另一种常用的方法是在材料中引入其他异质元素进行掺杂，这种掺杂是通过改变碳的微观结构和电子状态，从而影响碳材料的嵌锂行为。掺杂非金属元素通常是以原子形式和化合物形式两种方式引入。原子形式的引入主要是通过化学气相沉积法，化合物形式的引入则直接将掺杂元素的化合物加入到碳材料的前躯体，通过热处理，形成复合材料。可用于碳电极材料掺杂的异质元素主要包括硼、氮、硫、磷等。Tanaka 等人研究了 B 掺杂的沥青基石墨，比未掺杂 B 的样品具有更大的比容量。Schoenfelder 报道了一种磷掺杂的硬碳材料，这种材料具有高达 450mA · h/g 的理论容量。Chang 等人制备了一种 S 掺杂的无定形碳材料，有文献表明 S 的引入有利于碳材料晶面间距的增加，有利于锂离子的可逆插入，保持循环过程中结构的稳定性。

7.2　钛的氧化物

7.2.1　$Li_4Ti_5O_{12}$负极材料

目前，商品化的锂离子电池负极材料大多采用了嵌脱型碳材料，碳材料具有高安全性、优异的循环稳定性，但是碳材料仍然存在以下问题：在首次放电时，会在碳材料表面生成固体电解质膜（SEI 膜），造成可逆 Li^+ 的损失；碳电极的电位与锂的电位相接近，当电池过充时，金属锂会在负极表面析出，形成枝晶锂而引发安全问题。负极材料钛酸锂 $Li_4Ti_5O_{12}$ 具有原料来源广泛、价格便宜、易制备、无环境污染等特点，其理论比容量只有 175mA · h/g，但在锂离子嵌入脱出的过程中晶体结构能够保持高度的稳定性，从而减少了循环过程中的容量损失。此外，$Li_4Ti_5O_{12}$ 具有与尖晶石 $LiMn_2O_4$ 相似的晶体结构，Li^+ 的脱出具有三维扩散通道，在牺牲一定能量密度的前提下，$Li_4Ti_5O_{12}$ 可以替代碳负极材料以改善锂离子电池的快速充放电性能和循环稳定性能。

纯净的 $Li_4Ti_5O_{12}$ 是白色粉末状固体，其结构与尖晶石 $LiMn_2O_4$ 相似，可写为 $Li(Li_{1/3}Ti_{5/3})O_4$，具有面心立方结构，空间点群为 Fd-3m，晶胞参数 $a = 0.8357$nm，其中，O^{2-} 呈立方密堆积，位于 $32e$ 位置，3/4 的 Li^+ 位于四面体 $8a$ 位置，剩余的 Li^+ 和 Ti^{4+} 随机地占据八面体 $16d$ 位置，因此，其结构式可表示为 $[Li]_{8a}[Li_{1/3}Ti_{5/3}]_{16d}[O_4]_{32e}$。$Li_4Ti_5O_{12}$ 充放电过程中具有十分平坦的电压平台。放电时，Li^+ 嵌入到 $Li_4Ti_5O_{12}$ 晶格中，占据 $16c$ 位置，同时晶格中原来位于四面体 $8a$ 位置的锂也迁移至邻近的 $16c$ 位置，尖晶石相的 $Li(Li_{1/3}Ti_{5/3})O_4$ 转变为岩盐结构的 $[Li_2]_{16c}(Li_{1/3}Ti_{5/3})O_4$，充电时则相反。$Li_4Ti_5O_{12}$ 的脱嵌锂反应如下：

$$[Li]_{8a}[Li_{1/3}Ti_{5/3}]_{16d}[O_4]_{32e} + Li^+ + e^- \xrightarrow{\text{放电}} [Li_2]_{16c}[Li_{1/3}Ti_{5/3}]_{16d}[O_4]_{32e} \tag{7-2}$$

$$[Li_2]_{16c}[Li_{1/3}Ti_{5/3}]_{16d}[O_4]_{32e} - Li^+ \xrightarrow{\text{充电}} [Li]_{8a}[Li_{1/3}Ti_{5/3}]_{16d}[O_4]_{32e} + e^- \tag{7-3}$$

钛酸锂 $Li_4Ti_5O_{12}$ 相对于锂金属负极的电位为 1.55V(vs. Li/Li^+)，高于常用的有机电解液的还原电位（0.8V vs. Li/Li^+），因此 $Li_4Ti_5O_{12}$ 具有更高的安全性。放电过程中，1.55V 的电压平台对应生成 $Li_7Ti_5O_{12}$，只嵌入了 3 个 Li^+，部分 Ti^{4+} 被还原为 Ti^{3+}，晶胞参数增加至 0.837nm，大约引起了 2%的体积变化，被称为“零应变”材料。

目前，$Li_4Ti_5O_{12}$的主要制备方法由高温固相法、溶胶-凝胶法和水热反应法等。高温固相法通常以 TiO_2 为钛源、Li_2CO_3 和 LiOH 为锂源，通过机械混合将上述原料混合均匀，将混合物至于高温下进行烧结，制备成 $Li_4Ti_5O_{12}$。高温固相法的制备工艺和条件控制相对简单，但是在高温环境下容易造成锂的挥发，为了弥补损失的锂通常使锂源过量。此外，高温固相法制备的材料普遍存在团聚现象和粒径分布不均等问题。溶胶-凝胶法更适宜制备纳米级的 $Li_4Ti_5O_{12}$，材料颗粒粒径小、粒度分布均匀，具有更高的首次放电比容量和优异的循环性能。该方法具有以下优点：化学均匀性好，由金属盐制成的溶胶可以达到原子级均匀分布；可以精确控制化学计量比；热处理温度低；可实现材料结构的精准控制。除上述优点外，溶胶-凝胶法由于采用了有机酸作为原料，制备成本较高，同时制备工艺相对复杂。水热反应法通常借助高压反应釜，以水或醇为溶剂，在 100～200℃ 温度范围内合成 $Li_4Ti_5O_{12}$的一种方法。水热反应法具有反应温度低、合成材料粒度均匀等优点。

$Li_4Ti_5O_{12}$负极材料具有安全、绿色、廉价、循环稳定性好等优点，但是 $Li_4Ti_5O_{12}$在合成和实用化过程中也存在如下问题：振实密度较低，导致体积比能量较低；$Li_4Ti_5O_{12}$的离子电导率和电子电导率较低，固有电导率仅为 10^{-9}S/cm。在大电流放电时，材料中的电子不能及时传输，会产生极化从而限制锂离子的嵌入和脱出，严重影响材料的电化学性能。围绕 $Li_4Ti_5O_{12}$的不足，目前国内外的研究主要集中于提高振实密度和电导率：合成粒度均匀的活性材料提高体积比能量；对 $Li_4Ti_5O_{12}$进行掺杂改性（Cr^{3+}、Mg^{2+}、V^{4+}等）、表面包覆改性（C、Ag、Cu 等）或者引入不同形貌导电剂（碳纳米管）以提升电子电导。

7.2.2 二氧化钛负极材料

开放的晶体结构和钛离子灵活的电子结构，使 TiO_2 可接受外来离子的电子，并为嵌入的氧离子（Li^+、Na^+、H^+等）提供空位。TiO_2 的嵌脱锂反应可用式（7-4）表示，此反应的可逆性与电极材料的循环性能密切相关。

$$TiO_2 + xLi^+ + xe^- \underset{\text{充电}}{\overset{\text{放电}}{\rightleftharpoons}} Li_xTiO_2 \tag{7-4}$$

式中，x 为嵌锂系数，x 值的大小与电极材料的形貌状态、微结构、表面缺陷等有关。嵌锂过程中，材料从 TiO_2 四方结构转变为 Li_xTiO_2 正交晶系。

TiO_2 用于锂离子电池的优势在于其嵌锂电位比碳高，约为 1.75V，可解决锂在负极产生枝晶的问题；在有机电解液中的溶解度较小，嵌脱锂过程中的结构变化较小，可避免嵌脱锂过程中材料的体积变化引起的结构破坏，提高材料的循环性能和使用寿命。

TiO_2 的结构可分为锐钛矿 TiO_2、金红石 TiO_2 和 B 型 TiO_2。锐钛矿 TiO_2 属四方晶系，以 TiO_6 八面体为基础，[TiO_6] 八面体互相以两对相向的棱共用而联结。锐钛矿 TiO_2 存在沿 a 轴和 b 轴的双向间隙通道，在室温下的嵌锂容量较高。伴随着 Li^+的嵌入，逐渐形成了具有四方晶格结构的贫锂相 $Li_{0.01}TiO_2$ 和具有正交晶格结构的富锂相 $Li_{0.6}TiO_2$，在电极中形成了两相平衡，使 Li^+可在两相之间流动，嵌锂电位保持恒定。锐钛矿 TiO_2 的理论嵌锂比容量为 330mA · h/g，实际比容量通常仅为理论值的一半。当嵌锂量大于 0.5 后，TiO_2 晶格中会发生强烈的 Li—Li 相互作用，阻碍 Li^+的进一步嵌入。Li^+嵌入到晶格的过程中会不可避免地使晶体结构发生变化，导致 TiO_2 容量衰减。在放电过程中，Li^+不能够完全脱出，有部分 Li^+残留在材料晶体结构中，这是该材料首次充放电效率不高的原因。此外，颗粒大小对 TiO_2 电化学性能具有明显的影响。一般而言，较小颗粒的 TiO_2 具有更高的放电比容量，这主要是因为小颗粒具有更大的比表面积，使得表面层原子嵌脱锂的可逆性增强。因此，可以通过控制合成方法，制备不同形貌的 TiO_2 以提升其电化学性能。总体而言，Li^+嵌入锐钛矿 TiO_2 的过程可分为三步：首先，少量的 Li^+（嵌锂量约为 0.06）在 1.78V(vs. Li/Li^+) 之前嵌入 TiO_2，但较小尺寸的纳米颗粒在首次放电过程中的嵌锂可达 0.22；然后，Li^+嵌入 TiO_2 纳米微晶的体相晶格八面体间隙中，该过程发生在 1.78V 平台区，是一个经典的法拉第过程；最后，当所有能够到达的八面体间隙填满后，Li^+在外电场力的作用下进一步嵌入到表层，因此出现了一个较宽的电位斜坡区（1.78~1.0V）。作为锂离子电池负极材料，TiO_2 具有较好的电化学性能，但是其电导率较低，如能提高其电导率，可以有利于电子传输，减小充放电过程中的极化现象，提高电化学性能，因此，提高其电导性是改进 TiO_2 性能的一个重要方向。

金红石 TiO_2 属于四方晶系，氧呈六方最紧密堆积，钛原子占据一半的八面体间隙，构成 TiO_6 八面体配位，Li^+占据剩余的一半八面体间隙，TiO_6 配位八面体沿 c 轴呈链状排列，并与上下的 TiO_6 配位八面体各共用一条棱，链间由配位八面体共顶点相连。尽管 TiO_6 八面体通过共棱相连，形成平行于 c 轴的链，但沿 c 轴的间隙通道很窄，八面体空位的半径为 4nm，Li^+的半径为 6nm，因此，室温下仅有少量的 Li^+可嵌入。在聚合物电解质电池中，Li^+在 120℃下嵌入金红石 TiO_2 有很好的可逆性。金红石 TiO_2 在较高温度下的可逆容量高，室温下的可逆容量较低。有人认为这是因为金红石独特的堆积方式使它具有较高的密度，使 Li^+的扩散过程受限制。但这种解释不能令人信服，因为金红石 RuO_2 有相似的堆积方式和密度，却有较好的嵌脱锂性能。金红石 TiO_2 的粒度同样影响其电化学性能。当其粒径变小时，锂嵌入的活性增加。在纳米结构的金红石中，约 0.8 的 Li 可以嵌入，而如果金红石 TiO_2 为微米结构，仅有 0.1~0.25 的锂可以嵌入。锂离子嵌入纳米金红石 TiO_2 的过程中，由于 ab 面的体积膨胀，金红石经过一个不可逆地相转变形成了具有电化学活性的 $LiTiO_2$，随后的循环是锂离子在 $LiTiO_2$ 中的脱出和嵌入。通过溶胶-凝胶法和低温表面活性剂法都可以制备纳米级的金红石 TiO_2。

B 型 TiO_2 是一种不同于锐钛矿 TiO_2、金红石 TiO_2 的晶型，属于单斜晶系，TiO_2-B 晶胞的结构可看成以 TiO_6 八面体为基础。TiO_2-B 的密度为 3.6g/cm^3，在 a、b 和 c 轴方向均有更开放的空间通道，有利于 Li^+的嵌入和脱出。一维 TiO_2-B 纳米材料如纳米线和纳米管可以通过水热法制备，例如，直径为 20~40nm 的 TiO_2-B 纳米线，首次放电比容量达 305mA · h/g，几乎是锐钛矿的 2 倍。TiO_2-B 纳米管和纳米线的嵌锂行为不同，纳米线在脱锂过程中电位变化不大，为 1.5~1.6V；尽管纳米管的容量稍高，但存在明显的电位滞后，嵌锂电位分离明显，说明纳米管的可逆性比纳米线差。这可能是由于纳米管具有较高的比面积，易吸收空气中的水，附着于纳米管内壁上的水难以有效去除，在电极反应中引起了较多的副反应。

7.3 锡基负极材料

锡的简单氧化物包括 SnO 和 SnO_2。SnO_2 的理论比容量为 782mA·h/g，远远高于碳材料的理论比容量，但是硅氧化物负极的首次不可逆容量较大、循环性能不理想。目前，关于锡氧化物的储锂机理分为两种：一种为合金型储锂；另一种为离子型储锂。离子型储锂过程如下：

$$xLi + SnO_2(SnO) \rightleftharpoons Li_xSnO_2(Li_xSnO) \tag{7-5}$$

合金型储锂过程如下：

$$xLi + SnO_2(SnO) \longrightarrow Li_2O + Sn \tag{7-6}$$

$$xLi + Sn \rightleftharpoons Li_xSn(0 < x < 4.4) \tag{7-7}$$

即锂先与锡的氧化物发生氧化还原反应，生成金属锡和氧化锂，这一步反应是不可逆的，从而造成了首次不可逆容量。但是，近年来有不少文献报道该反应存在部分可逆。接下来，锂与生成的金属锡反应生成合金。锡氧化物负极的主要不足在于首次不可逆容量较大以及循环稳定性较差。在充放电过程中，材料体积反复膨胀（SnO_2、Sn、Li 的密度分别为 6.999g/cm^3、7.29g/cm^3 和 2.56g/cm^3，反应前后材料的体积变化极大）会引起材料的粉化、破裂和脱离，严重影响了该类材料的循环稳定性。为了抑制锡氧化物的体积膨胀问题，许多研究通过优化制备工艺合成了具有纳米级或特殊纳米结构（中空结构、纳米棒、纳米纤维）的 SnO/SnO_2 颗粒。

7.4 硅基负极材料

7.4.1 纳米硅与 SiO_x

硅一般以晶体和无定形两种形式存在，在地球上储量丰富，成本较低，无环境污染。硅与锂可以反应形成 $Li_{12}Si_7$、Li_2Si、$Li_{13}Si_4$、Li_7Si_3、Li_4Si、$Li_{21}Si_5$ 和 $Li_{22}Si_5$ 等，$Li_{22}Si_5$ 的理论比容量可高达 4200mA·h/g，是碳基负极材料的 11 倍，可作为锂离子电池负极材料，极具发展潜力。硅作为锂离子电池材料具有以下特点：具有其他高容量材料（除金属锂外）无法匹敌的容量优势；其微观结构在首次储锂后即转变成无定形态，并且在随后的循环过程中始终保持无定形态，从这一角度出发硅具有相对结构稳定性；放电平台略高于碳基材料，因此不易在电极表面产生锂枝晶。硅作为负极材料时还存在一个明显的先天不足，在储存和释放锂过程中，硅负极的体积变化较大（体积膨胀约 400%），这将导致硅材料在循环过程中发生粉化和破碎，最终引起材料内部结构坍塌、电极材料剥落，严重影响锂离子电池的循环稳定性能。除了体积膨胀的变化，硅负极材料的首次效率也较低，这些缺点就限制了硅在锂离子电池中的实际应用。目前，硅基负极材料的研究基本是围绕缓冲硅材料的体积变化和提高其电导率上。

在硅中引入氧可以缓解硅的体积效应，提高材料的循环性能。但是对于锂离子电池而言，在嵌锂过程中由于 Li^+ 与 O 有良好的化学亲和性，易生成电化学不可逆相 Li_2O，从而导致材料的首次不可逆容量。因此，在硅负极材料的制备和改性中，一般应避免引入过多的含氧材料。

SiO_x 材料的氧含量介于 0~2 之间，是一种具有可逆储锂的无定形硅氧二元化合物。研究表明，随着硅氧化物中氧含量的增加，电池比容量有所降低，但是其循环性能显著提高。对于 SiO_x 材料的嵌锂机理目前存在两种观点：一种认为，在嵌锂过程中，SiO 与 Li^+ 生成 Li_xSiO；另一种观点则认为在较高的电位下，Li 首先与 SiO_x 分子中的 O 反应生成不可逆的化合物 Li_2O，随着嵌锂过程的进行，再在更低的电位下与硅形成锂的硅化物。

有研究指出，减小微粒的尺寸在首次的循环中对于观测到的不可逆的容量损失没有显著的作用，但是在之后的几次循环中对于容量保持能力有所提高。事实上，这种观点太片面了，容量的变化应该决定于很多的因素。纳米结构电极更容易承受张力而抑制体积的改变，从而可以避免破裂。若没有给定的几何形状，体积变化取决于微粒的几何形状，例如，准球形的或者是柱形的颗粒体积变化小。同时，脱锂时更小的微粒更容易与基底保持接触，减少了不可逆容量的损失，并且增加了容量保持能力。并且，Si 不是一个良好的导体，在纳米粒子里具有更短的电子和离子的迁移路径。

另一方面，纳米粒子也存在着缺点，比如说高的制造成本和处理难度大。并且与电解质接触的更大的表面将会导致与电解质副反应的增加。当电极对应 Li/Li^+ 的电势低于 1V，电解液的有机溶剂被还原分解所得到的不溶性产物附着在电极表面就构成了固体电解质界面膜（SEI）。在硅颗粒上固体电解质界面膜的组成主要是碳酸锂、烷基酯锂、LiF、Li_2O 和一些绝缘的聚合物。固体电解质界面膜的密度大，性质稳定，有利于防止副反应的发生。因为材料体积的改变会使其与固体电解质的界面膜破坏，所以材料颗粒大体积的改变使其难以形成稳定的固体电解质界面膜。随后硅产生的新鲜表面会暴露在电解液中，导致固体电解质界面膜在循环时变得越来越薄。这个结果会影响到循环次数和使用寿命。所以在致力于研究硅电极时，将研究重点集中放在不同几何形状纳米微粒的综合体上，同时防止硅微粒与电解质溶液发生副反应也很重要。

需要注意的是，可以通过限制电压的范围使材料循环寿命更长。在低于 50mV 时，锂化无定形硅将会转变成晶体 $Li_{15}S_4$，这会导致电池容量的退化和高的内应力，缩短电池的循环寿命。沉积物为 $Li_{12}Si_7$ 的临界值电压是 0.1V，Bridel 等人说明当微粒硅没有完全进行转化时不会发生破裂（锂化过程停止材料转化为 $Li_{12}Si_7$，不再转化成 $Li_{22}Si_5$）。另一方面，它们在锂化过程中破裂使得组成更进一步的接近于 $Li_{22}Si_5$。事实上，将放电截止电压从 0V 改变到 0.2V 可以将无定形硅电极的循环寿命从 20 次循环提高到 400 次循环。这个改变的缺点是，比容量会从 3000mA · h/g 下降到 400mA · h/g。

7.4.2 硅薄膜

晶体硅在锂化时的膨胀是各向异性的，主要体现在<110>方向。膨胀在每个方向的不同会引起材料的压力或者张力的增加，由于无定形硅（a-si）在锂化时是各向同性的，所以在连续膜中无定形硅（a-si）比晶体 Si(c-si) 性能更好，这个观点在薄膜实验中已经被证实。需要注意的是，即使开始反应的时候是晶体 Si(c-si)，晶体 Si(c-si) 也会在第一次循环之后就转变成无定形硅（a-si）；然而，开始时用无定形硅（a-si）比开始时用晶体 Si(c-si)更好，因为开始的时候用无定形硅（a-si）可以减少在第一次循环时候的不可逆容量损失。

硅薄膜已经实现了卓越的循环特性。一个50nm厚的Si膜会持续循环200次，在一个30μm厚的Ni箔上以2*C*的充放电倍率沉积，释放的电量为3500mA·h/g，而一个150nm厚的膜会以1*C*的倍率循环200次，放电量接近于2200mA/g。通过对综合参数的优化，比如说对Si的沉积倍率的优化，用磷对硅进行n型掺杂来提高电导率，50nm厚的n型半导体Si将以12*C*的倍率释放出超过3000mA·h/g的容量，并且可以持续循环1000次。在30*C*倍率重负载的情况下，甚至是在循环了3000次以后，虽然其容量在循环时存在一些浮动，其可逆容量仍然可以超过2000mA·h/g。

用电子束将多分子层的Fe—Si薄膜在Cu基底上沉积，会顺序沉积出Fe（非活性）和Si（活性），热处理后可以得到长期循环也稳定的Fe—Si相，并且可以作为硅和锂合金化反应的缓冲机体，在30℃，电压0~1.2V，恒定的30A/cm^2充放直流电下，超过300次循环试验，其容量稳定在3000mA·h/cm^3。这个结果说明了硅薄膜的性能更多地取决于附着力，沉积速率，沉积温度，薄膜厚度以及退火处理，同时也说明了使用物理气相沉积或磁控管溅射制备的硅膜也可以达到3000次循环寿命。

7.5 转换反应型负极材料 M_3O_4

负极材料M_3O_4(M=Co，Fe或Mn）具有尖晶石结构，基于转换反应的储锂机制，锂离子参与氧化还原反应的数目不再受到宿主基质的结构限制，因此材料呈现高的放电比容量，具体地，Co_3O_4的理论比容量是890mA·h/g，Fe_3O_4和Mn_3O_4的理论比容量分别是928mA·h/g和936mA·h/g。但是，这类转换反应型的负极材料在循环中都会出现大的体积变化，例如Fe_3O_4的体积变化达到200%，导致材料的容量随循环衰减严重。因此，对于转换反应型负极材料M_3O_4的主要研究集中在以下方面：（1）制备不同微观形貌的纳米颗粒。例如，Co_3O_4纳米线、纳米管、纳米带、纳米胶囊、纳米片，这些材料呈现出不同的首次放电和充电容量。以Co-基普鲁士蓝类分子在550℃热分解制备的Co_3O_4纳米颗粒在50mA/g下30次循环可逆容量达到970mA·h/g。这种实际释放的容量高于理论比容量的现象在纳米级负极材料上常常发生，可能原因是纳米颗粒的表面具有可逆的存储释放锂离子的活性反应位点，或者更具体的，Co-基负极材料的表面聚合物层贡献了额外的可逆容量。目前，可以实现Co_3O_4基负极材料的比容量在100~200次循环中保持1000mA·h/g高容量，同时一些制备方法具有放大实现规模化生产的前景，因此从性能上来看，Co_3O_4是未来锂离子电池的候选负极材料之一。（2）负极材料M_3O_4与碳的复合，提高材料的循环稳定性，与高容量优势相结合，开发综合性能优异的负极材料。Fe_3O_4在自然界以磁铁矿形式存在，储量丰富，无毒、低成本和高抗侵蚀性，下面以Fe_3O_4为例介绍转换反应型负极材料M_3O_4的研究进展。

首先，去除杂质制备Fe_3O_4高纯材料比较困难，由于Fe^{2+}和Fe^{3+}的存在，尤其是三价铁更稳定，因此，Fe_3O_4中会含有部分Fe_2O_3，制备$LiFePO_4$材料也遇到了同样的问题。Fe_2O_3本身也是高容量的电化学活性材料，在充放电中也会发生离子氧化还原和转换反应，Fe_2O_3的存在对Fe_3O_4的电化学性能的影响不显著。目前，主要的工作是合成具有不同形貌的Fe_3O_4以及碳复合Fe_3O_4。碳包覆以及碳复合Fe_3O_4成为促进电荷转移和抑制材料容量严重衰减的有效措施。无碳覆盖的 Fe_3O_4 纳米颗粒（200nm）的比容量高达 1000mA·h/g，但是只能循环 40 次。自组装方法制备的碳包覆介孔 Fe_3O_4 纳米颗粒（11~12nm）在超过 100 次循环过程中保持可逆容量 800mA·h/g，但是在增大电流密度时，仍然会出现比较明显的容量下降现象。

在 Fe_3O_4 的设计合成中，将中空结构、多孔特性以及具有高离子导电作用的石墨烯复合结合在一起，利用中空结构缓冲材料在循环过程中的体积变化，多孔结构增加了电极与电解液的接触面积便于电荷转移，材料在 0.01~3V 电压范围与 100mA/g、200mA/g 和 500mA/g 的电流密度下，50 次循环中未观察到容量衰减的情况发生，比容量分别保持在 1400mA·h/g、940mA·h/g 和 660mA·h/g。Fe_3O_4 纳米颗粒在石墨烯上的复合往往需要使用表面活性剂和溶剂以防止颗粒团聚，这些物质的引入造成固液相分离变得更加复杂。最近一个新的合成石墨烯复合 Fe_3O_4 材料的方法被提出，首先在溶解氧化石墨烯的临近超临界状态的 CO_2 与乙醇混合溶液中分解硝酸铁制备前躯体，然后在氮气的气氛下热处理前躯体合成了 Fe_3O_4 与石墨烯的复合材料，Fe_3O_4 均匀地高载量地分布在石墨烯表面。含有 25%（质量分数）石墨烯的 Fe_3O_4-石墨烯复合材料，在 1A/g 的电流密度下，经过了 100 次循环仍具有 826mA·h/g 比容量，并且在前两次循环之后比容量几乎保持不变。即使在大电流密度 5A/g 下，复合材料释放比容量达到 460mA·h/g。还有，使用 Fe_3O_4 包裹铜纳米带而得到的特殊纳米构造材料作为负极材料呈现出优异的性能。这里，CuO 纳米带阵列通过在碱性溶液中一步氧化铜片法制备，接着电化学还原 CuO 纳米带阵列合成在铜基板上的铜纳米带阵列，最后在铜纳米带阵列上电沉积 Fe_3O_4 纳米颗粒制备三维纳米结构的 Fe_3O_4。作为负极时，该材料在 385mA/g(0.42*C*) 电流密度下，经过 280 次循环可逆容量高达 879mA·h/g。即使在 9*C* 倍率条件下，仍然能够释放 231mA·h/g 的比容量。

思考题与习题

7-1 从电极电位的角度，分析目前存在的锂离子电池负极材料的优缺点。

7-2 石墨化程度对碳负极材料的性能存在什么影响？

7-3 简述碳负极表面 SEI 膜的形成原因及正面作用。

7-4 锂离子电池在不同领域的推广应用，为软碳和硬碳作为负极材料提供了更多的机会。试分析软碳和硬碳作为负极材料的优缺点。

7-5 阐述硅基材料的特点，以及作为锂离子电池负极存在的问题。

参考文献

[1] J R Dahn, T Zheng, Y Liu, et al. Mechanisms for lithium insertion in carbonaceous materials [J]. Science, 1995, 270: 590~593.

[2] Han Fudong, Bai Yujun, Liu Rui, et al. Template-free synthesis of interconnected hollow carbon nanospheres for high performance anode material in lithium ion batteries [J]. Advanced Energy Materials, 2011, 1 (5): 798~801.

[3] Goriparti S, Miele E, Angelis F De, et al. Review on recent progress of nanostructured anode materials for Li-ion batteries [J]. Journal of Power Sources, 2014, 257: 421~443.

[4] Bruce P G, Scrosati B, Tarascon J M. Nanomaterials for rechargeable lithium batteries [J]. Angewandte

Chemie International Edition, 2008, 47: 2930~2946.

[5] Baughman R H, Zakhidov A A, Heer W A de. Carbon nanotubes-the route toward applications [J]. Science, 2002, 297: 787~792.

[6] Zhang J, Terrones M, Park C R, et al. Carbon science in 2016: status, challenges and perspectives [J]. Carbon, 2016, 98: 708~732.

[7] Wang G, Wang B, Wang X. Sn/graphene nanocomposite with 3D architecture for enhanced reversible lithium storage in lithium ion batteries [J]. Journal of Materials Chemistry, 2009, 19 (44): 8378~8384.

[8] Paek S M, Yoo E, Honma I. Enhanced Cyclic Performance and Lithium Storage Capacity of SnO_2/Graphene Nanoporous Electrodes with Three-Dimensionally Delaminated Flexible Structure [J]. Nano Letters, 2008, 9 (1): 72~75.

[9] 崔清伟，李建军，戴仲葭，等. 锂离子电池硅基负极材料研究进展 [J]. 化工新型材料，2013，6: 18~20.

[10] 鲁豪祺，林少雄，陈伟伦，等. 锂离子电池负极硅碳复合材料的研究进展 [J]. 储能科学与技术，2018，7 (4): 595~606.

[11] Wang W, Kumta P N. Nanostructured Hybrid Silicon/Carbon Nanotube Heterostructures: Reversible High-Capacity Lithium-Ion Anodes [J]. Acs Nano, 2010, 4 (4): 2233~2241.

[12] Zhang R Y, Du Y J, Li D, et al. Highly Reversible and Large Lithium Storage in Mesoporous Si/C Nanocomposite Anodes with Silicon Nanoparticles Embedded in a Carbon Framework [J]. Advanced Materials, 2014, 26 (39): 6749~6755.

[13] Kim I S, Kumta R N. High capacity Si/C nanocomposite anodes for Li-ion batteries [J]. Journal of Power Sources, 2004, 136 (1): 145~149.

[14] Li X L, Meduri P, Chen X L, et al. Hollow core—shell structured porous Si—C nanocomposites for Li-ion battery anodes [J]. Journal of Materials Chemistry, 2012, 22 (22): 11014~11017.

[15] Ciampi S, Harper J B, Gooding J J. Wet chemical routes to the assembly of organic monolayers on silicon surfaces via the formation of Si—C bonds: surface preparation, passivation and functionalization [J]. Chemical Society Reviews, 2010, 39 (6): 2158~2183.

[16] Huang S, Wen Z, Zhu X. Preparation and electrochemical performance of Ag doped $Li_4Ti_5O_{12}$ [J]. Electrochemistry Communications, 2004, 6: 1093~1097.

8 锂离子电池隔膜

隔膜是一种由非电子导体材料成型的微孔膜，位于电池正负极之间，其作用是阻止正负极直接接触，防止电子通过，但是锂离子可以通过其中的电解质传输。作为锂电池的关键材料，隔膜对于保障电池的安全运行也至关重要。在特殊情况下，如事故，刺穿、电池滥用等，隔膜发生局部破损从而造成正负极的直接接触，引发剧烈的电池反应造成电池起火爆炸。锂离子电池隔膜在电池中有第三“电极材料”之称，尽管隔膜不参与任何电池反应，但是它的结构和性能对电池的性能如循环寿命、体积能量密度及安全性等都有显著的影响。因此，在隔膜的制备和筛选中应充分考虑到化学稳定性、机械强度、均匀性、热稳定性、电解液润湿性、离子电导率和制备成本等因素。

电池隔膜按照成分和结构主要可以分为三类：聚合物隔膜、无机隔膜和复合隔膜。每种类型的隔膜在应用方面都有各自的优势，包括厚度、孔隙率、热性能、润湿性、力学性能和化学性能等。商业锂离子电池广泛使用微孔聚烯烃隔膜因为它们在操作、性能和安全等方面综合性能突出。通常由 PE、PP 或其组合构成，如 PE/PP、PP/PE/PP。聚烯烃隔膜厚度低，具有均匀分布的亚微米级孔径，机械强度高、化学稳定性好，部分隔膜具备自关闭效应，提高电池的安全性能。

8.1 聚烯烃隔膜

大多数商业化的聚烯烃微孔隔膜是由聚乙烯（PE）、聚丙烯（PP），以及它们的组合构成。锂离子电池多孔聚合物隔膜最广泛的制造工艺分为干法工艺、湿法工艺和倒相法。

干法工艺又称拉伸致孔法，按照制备过程又分为单相拉伸和双向拉伸工艺。干法工艺通常由加热、挤出、退火和拉伸 4 个步骤组成。总的来说，锂离子电池隔膜干法生产工艺是将聚烯烃树脂熔融、挤压、吹膜制成结晶性聚合物膜，再经过结晶化处理、退火后得到高度取向的多层结构膜，在高温（一般高于树脂的熔融温度）下进一步拉伸将结晶界面进行剥离形成多孔结构膜。在干法的过程中，熔融挤出的聚烯烃薄膜在升高的温度过程中低于聚合物熔融温度时立即退火，以诱导微晶的形成和/或增加微晶的尺寸和数量。排列整齐的微晶片在垂直于机器方向上排列成行，在低温和随后高温下单轴拉伸。通过这个过程中产生的多孔膜通常显示的特征是狭缝状孔结构，如图 8-1 所示。

湿法又称相分离法或热相分离法。湿法采用溶剂萃取的原理，将高沸点小分子作为致孔剂添加到聚烯烃中，加热熔融成均匀体系，然后降温发生相分离，拉伸后用有机溶剂萃取出小分子即可制备出相互贯通的微孔膜材料。在湿法工艺中，增塑剂（低分子量物质，例如，石蜡油和矿物油）在挤出或升高的温度吹塑成薄膜之前加入到聚合物中。然后挤压成膜，挤压至达到所需的厚度。凝固后，将增塑剂用挥发性溶剂（如二氯甲烷和三氯乙烯）从膜中提取出，留下亚微米尺寸的孔。通过湿法工艺制造的隔膜通常拉伸双轴孔径来

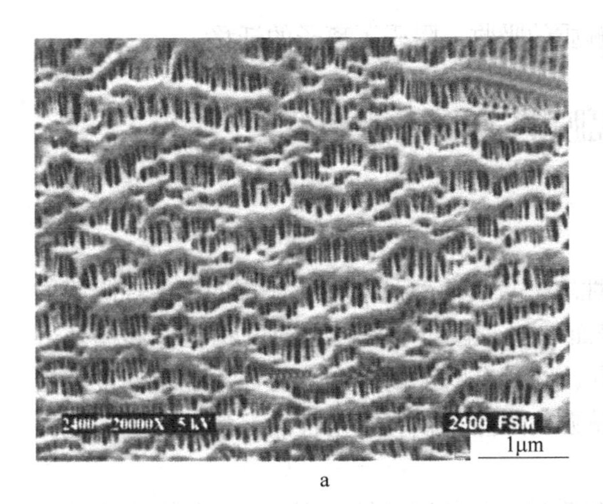

a

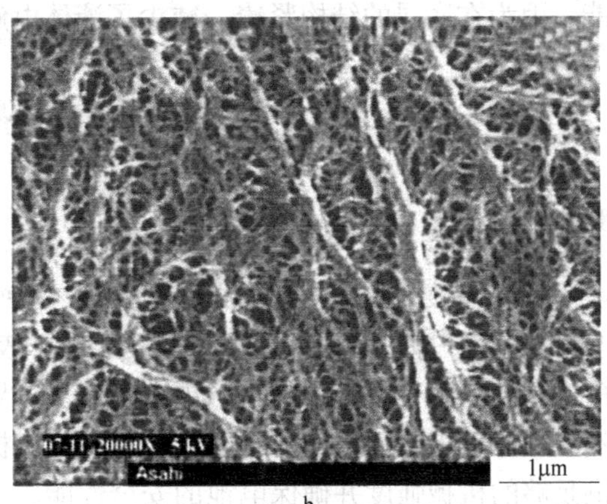

b

图 8-1 隔膜的干法（a）和湿法（b）工艺生产的隔膜 SEM 图

扩大和增加孔隙。湿法隔膜可以得到更高的孔隙率和更好的透气性，满足动力电池的大电流充放的要求。采用该法具有代表性的公司有日本 asahi（旭化成）、Toray Tonen（东燃化学）及美国 Entek 等。

由干法工艺形成的膜由于它们的开孔和直孔结构，更适合高功率密度的电池。与干法工艺相比，湿法工艺可以应用在更广泛的范围内，这是因为聚合物在半结晶结构的形成前不需要拉伸。并且通过湿法工艺制造的膜可以延长电池的循环寿命，这是因为湿法工艺制备的膜具有微孔互连且曲折的结构，可以防止充电和放电期间锂枝晶的生长。但由于湿法采用 PE 材料，熔点只有 140℃，所以热稳定性较差。不管采用哪种工艺制备隔膜，目的都是增加隔膜的孔隙率和强度。不同方法生产的隔膜见表 8-1。

表 8-1 锂离子电池隔膜产品的生产工艺及特点

制造工艺	工 艺 简 介	工 艺 特 点
干法	单向拉伸：通过生产硬弹纤维的方法制备微孔膜	微孔尺寸分布均匀、导通性好、横向拉伸强度差
	双向拉伸：加入有机结晶成核剂及纳米材料制备微孔膜	微孔尺寸分布均匀、膜厚度范围宽、横向拉伸强度好、穿刺强度高
湿法	加入高沸点烃类液体或低分子量聚合物，拉伸后用	有机溶剂萃取制备微孔膜，孔隙率和透气性可控范围大、工艺复杂、成本高、厚度薄

这两种工艺都是通过挤出机进行的，采用在一个或两个方向上拉伸以增加隔膜的孔隙率和提高抗拉强度。并且这两个过程都会使用同种低成本的聚烯烃材料，因此，大多数的隔膜成本是因制造方法的不同而不同的。在实际应用中对电池而言，这些聚烯烃膜的物理性质和化学性质相似，热稳定性差、孔隙率低及润湿性差等。

倒相法又称相转化法，是用于制造微孔膜隔膜的另一种方法。倒相是指溶剂体系为连续相的一个聚合物溶液转变为一个溶涨的三维大分子网络式凝胶的过程。当采用倒相法时，往往形成一种非对称的多孔结构，在顶部具有高度多孔的形态，但底部结构紧凑。由倒相方法制备的膜的非对称结构是受聚合物的类型和浓度，添加剂的种类和浓度，溶剂的类型，膜厚度，处理温度和时间的影响。在实际应用中，非对称结构往往限制了电池的性能，因为在底层的结构紧凑，减少了液体电解质的吸收，阻碍了离子的迁移。

8.2　锂离子电池隔膜的主要性能指标

8.2.1　厚度、孔径和孔隙率

（1）厚度。厚度是电池隔膜的最基本特性之一。目前商品电池所使用的聚烯烃隔膜的厚度都不超过25μm，而且要求厚度均一、表面平整，有助于提高电池的稳定性和循环寿命。薄的隔膜在电池中展现出更高的离子电导，同时有助于提高电池的体积能量密度。当然，一味追求更薄的隔膜可能会导致隔膜机械强度降低，影响安全性能。稍厚的隔膜能提供足够的机械强度并确保电池的安全性能。

（2）孔径大小及分布。隔膜孔径大小是隔膜的一个关键特征。锂离子电池隔膜必须具备亚微米级孔径，以阻止极片中所包含的几十至几百纳米的小颗粒通过，防止发生内部短路。隔膜孔径大小可以通过气泡法进行测试，将隔膜采用与其良好浸润的液体充分润湿，因毛细作用液体被束缚在隔膜中，液面与气相界面产生表面张力，与润湿角一同作用下产生指向气相的附加压力Δp。在隔膜的一侧施加逐渐增大的气压，当气压大于Δp时，该孔径内液体推出。孔径越小，表面张力产生附加压力越大，液体越难被推出。首先被打开的孔所对应的压力，为泡点压力，该压力所对应的孔径为最大孔径；在此过程中，实时记录压力和流量，得到压力—流量曲线；压力反映孔径大小的信息，流量反映某种孔径的孔数量的信息；然后再测试出干膜的压力—流量曲线，可根据相应的公式计算得到薄膜的最大孔径、平均孔径、最小孔径以及孔径分布。

孔径和压力的关系如Washburn公式：

$$D = \frac{4\delta\cos\theta}{\Delta p} \tag{8-1}$$

式中，D为孔隙直径；δ为液体的表面张力；θ为接触角；Δp为压差。

孔径分布的流量百分比：

$$f(D) = -\frac{\mathrm{d}(F_w/F_d)\times 100}{\mathrm{d}D} \tag{8-2}$$

式中，F_w为湿样品流量；F_d为干样品流量。均匀的孔径分布和曲折的孔通道可以抑制锂枝晶的形成并阻止颗粒穿透隔膜。

（3）孔隙率。孔隙率是指孔体积占隔膜总体积的比例，计算公式是：

$$孔隙率(\%) = (W_t - W_0)/(\rho V)\times 100\% \tag{8-3}$$

式中，W_0是薄膜的干重，g；W_t是薄膜浸润最大量的电解液后的湿重，g；ρ是电解液的密度，g/cm^3；V是隔膜的体积。

孔隙率直接影响了电解液在隔膜中的保液量。隔膜应该具有足够的孔隙用于吸收液体电解质，这对隔膜的离子电导率有极大的影响。当隔膜孔隙率低吸收电解液的量不足时，正负极之间的电解质阻抗会非常高。过高的孔隙率也会影响隔膜的机械强度和自关闭效应，高温下高孔隙率容易导致隔膜更易收缩。不均匀的孔隙分布会使电极接触隔膜不均匀的部分离子传输阻碍更大，导致不均匀的电流密度，降低电池性能。

(4) 透气度。隔膜的透气度是由隔膜的厚度、孔隙率、孔径大小和分布等多种因素决定的。即使隔膜的孔隙率相近，但由于孔的不同贯通性造成其透气度存在很大差异。电池隔膜的透气性采用空气透过率来衡量，即一定量的空气在单位压差下通过单位面积隔膜所需要的时间。通常以 Gurley 指数表示，时间越短表明透气率越高。对应具有相同厚度和孔隙率的电池隔膜，空气透过率与电阻率呈现一定的比例关系，空气透过率越小，电阻值也越小。

8.2.2 润湿性和吸液率

(1) 润湿性。隔膜的润湿性指的是电解液对隔膜的润湿程度，是电池隔膜很重要的一个条件。隔膜润湿性好，可以吸收和保留足够量的电解液，为锂离子在隔膜中迁移提供更畅通的通道，可以提高润湿隔膜的电导率。隔膜对电解液的快速吸收能在电池组装过程促进隔膜完全润湿。隔膜润湿的速度取决于隔膜的材料类型、孔隙率和孔隙大小。同时，隔膜的保液性能同样会影响电池的循环寿命和使用时间。评价隔膜与电解液润湿性的主要方法为接触角测试和吸液率、保液率测试。接触角测试是通过在隔膜上滴加一滴电解液，观察气、液、固三相交点处所作的气液界面的切线穿过液体与固液交界线之间的夹角，角度越小润湿性越好。

(2) 吸液率（U）和保液率（R）。通过下式计算：

$$\text{吸液率}\ U = \frac{W_1 - W_0}{W_0} \times 100\% \tag{8-4}$$

式中，W_0 是隔膜净重；W_1 是隔膜吸液稳定后的重量。

同时，隔膜的优异的保液性能同样会影响电池的循环寿命，延长电池的使用时间。

$$\text{保液率}\ R = \frac{W_x - W_0}{W_1 - W_0} \times 100\% \tag{8-5}$$

式中，W_0 是隔膜净重；W_1 和 W_x 分别是隔膜吸液稳定后的重量和在 50℃ 下放置过后稳定的重量。所有的测试均在氩气充满的手套箱中进行。

8.2.3 机械强度

隔膜机械强度主要考察的方向是横向的抗拉伸强度和纵向的抗穿刺强度。抗拉伸强度是通过横向的杨氏模量来考察的，主要是为了保证隔膜在电池卷绕组装的过程中有足够的强度。抗穿刺强度的定义是一定面积的针头穿透隔膜的最大负载。隔膜必须具备高抗穿刺强度以防止电极上材料的穿透。若电极上的材料穿透隔膜，可能会引起电池短路导致电池毁坏甚至引发安全问题。

8.2.4 热性能

(1) 尺寸稳定性。隔膜在吸收电解液后应该是平整的，不会产生卷曲，若是隔膜发生弯曲或者倾斜，都将影响到隔膜在电池组装中和电极之间的偏差。同时，隔膜在高温下应该保持尺寸稳定性，不收缩。常用聚烯烃隔膜在温度达到材料熔点后会严重收缩，无法起到隔绝正负极直接接触的作用，使锂离子电池在高温下存在严重安全隐患。

(2) 自关闭效应。自关闭性能主要针对在高温下会发生尺寸变化的聚合物隔膜。在锂离子电池短路的情况下电池产生高温，隔膜能够自动关闭，阻止锂离子在其中通过而导致温度继续升高，避免热失控造成火灾爆炸。这个过程通常发生在聚合物的熔点温度附近，隔膜关闭，隔膜的阻抗显著增加，离子穿梭通道受限阻止离子继续通过。自关闭效应停止了电池的电化学反应，以防继续反应引发电池爆炸。自关闭主要是通过一种隔膜的多层设计来实现，选用至少一层熔化层，它的熔化温度低于支撑层的熔点，当温度达到它的熔点时，熔化关闭支撑层孔洞，而此时支撑层还远未达到热失控温度。

（3）热稳定性。隔膜在温度升高孔关闭、孔隙率减小时，不应该产生尺寸缩小或者褶皱，以保持良好的热稳定性，避免正负极在高温条件下直接接触导致短路。干燥的隔膜在组装电池的过程中热收缩应该尽量小。一般隔膜置于90℃的真空环境下60min，尺寸收缩应该不大于5%。由于商业锂离子电池主要使用聚烯烃隔膜，隔膜热稳定性常与聚乙烯（PE）或聚丙烯（PP）隔膜作对比。PE隔膜的熔点约为130℃，PP隔膜的熔点约为160℃，隔膜到达熔点尺寸后快速收缩，根据聚烯烃熔点选择热稳定性测试温度，能有效对比实验结果。

8.2.5　化学稳定性

在锂离子电池中，隔膜必须保证化学和电化学稳定性，不与电解质及电极材料发生反应。它在电池完全充电、放电的强氧化还原环境下保持惰性。在电池充放电的过程中，隔膜不会降低机械强度或产生杂质从而影响电池的整体性能。此外，隔膜应该能承受在高温下电解液的腐蚀性。

8.3　锂离子电池隔膜的预处理方法

虽然聚烯烃材料具备高强度、耐水及耐溶剂腐蚀等优异的性能，但是其表面对电解液和水的浸润性较差，通过对其表面进行预处理，可以提高其亲水性、亲电解液性，从而使膜的导电性能得到提高。将聚烯烃膜的惰性表面激活（表面处理）然后嫁接一些官能团是提高其润湿性的基本方法。对聚烯烃膜表面的激活方法分为：化学法和物理法。化学预处理主要是对薄膜表面性能进行优化，如对其表面接枝亲水性单体，是提高隔膜浸润性的一种常见的方法。除了接枝技术，使用不同的聚合物涂覆到聚烯烃微孔膜上是改性微孔膜隔膜的另一个重要方法。锂离子电池用聚丙烯烃隔膜的表面处理及修饰改性，使改性膜材料与正极材料兼容并能复合成一体，使该膜在具有较高强度的前提下，降低了隔膜的厚度，减小了电池的体积。例如，Lee等人研究了在聚烯烃微孔隔膜表面涂上了聚多巴胺（PDA）的涂层，改变了表面润湿性、电解液吸收率及热稳定性等性质。隔膜的孔隙率和透气度值并没有受到PDA涂层的影响，但是接触角显著下降，离子电导率增加了。

物理表面激活的处理方法有等离子体、电子束和激光照射等方法，这些方法广泛用于聚烯烃隔膜表面的预处理。例如，Kim等人用等离子体处理技术制备丙烯腈单体的改性聚烯烃膜。等离子体诱导使得聚烯烃膜表面的亲水性提高，并改善了电解质的润湿性和保液性。电子束照射是另一个修改微孔聚烯烃膜的表面亲水性常用的方法。Gineste等人通过使用电子束单体（EGDMA）接枝丙烯酸和二甘醇—二甲基创建亲水性表面。改性后的聚烯烃膜与未改性的聚烯烃膜相比，改善了电解液的吸液率、离子电导率以及循环寿命。甲基丙烯酸缩水甘油酯（GMA）和甲基丙烯酸甲酯（MMA）也可通过使用电子束照射接枝到聚乙烯膜的表面上。聚烯烃膜表面上接枝的单体增加了电解质的吸收和保留，从而改善了锂离子电池的电化学性能。Lee 等人通过利用电子束辐照接枝聚（乙二醇）硼酸酯（PEG）和硅氧烷改性聚烯烃膜。研究发现，随着辐照剂量的增加，接枝率的增加，改性膜的孔隙率降低。Kim 等人研究了 Y 射线辐照对聚乙烯薄膜的形态、热学和电化学性能的影响。改性后的膜在 Y 射线辐照下表现出聚烯烃聚合物链交联的形态变化，膜的孔隙度和孔径大小随辐照剂量降低。此外，改性的膜相比非辐照的膜表现出更强的热稳定性。对聚烯烃隔膜进行表面处理，提高隔膜的吸液性能，将是提高隔膜性能的一个重要方法。

对其表面进行亲水性改性后，用聚丙烯腈、聚环氧乙烯、聚甲基丙烯酸甲酯、橡胶等改性。通过使用 PDA 涂层聚烯烃隔膜组装出的电池由于表面亲水性的综合影响，增强了锂离子电池的循环寿命、倍率性能、提高了电解液的吸收率、抑制了锂枝晶的生长。在另一项研究中，也研究出 PDA 涂层工艺可以提高电解质润湿、电解质吸收和离子导电性，从而提高倍率性能和动力性能。例如，用聚乙二醇链结合 PDA 涂层改性聚丙烯隔膜和电解质的吸收增加，降低界面热阻，提高循环稳定性。通过使用 PDA 涂层和的二氧化硅涂层进行涂覆，不仅提高了聚烯烃隔膜对电解液的润湿性，也提高了锂离子电池的能量密度和安全性。由此方法生产的隔膜，改善了电解质溶液的吸收率和离子的导电性，同时也提高了倍率和循环性能。Song 等人浸涂聚酰亚胺到聚乙烯隔膜上，在未改变其电化学性能的前提下，增加了隔膜的热稳定性。总之，聚烯烃微孔隔膜的表面改性带来了其机械特性、润湿性，以及离子导电性的离子电导率的改进。此外，利用表面改性的聚烯烃微孔膜隔膜，可以提高锂离子电池的电化学性能，尤其是提高其倍率性能。

提高电池隔膜的物理化学性质其他的重要方法还有引入无机粒子，形成复合膜。研究表明纳米尺寸的无机粒子，例如，氧化铝（Al_2O_3），二氧化硅（SiO_2）和二氧化钛（TiO_2）可以显著提高机械强度，热稳定性，以及聚合物电解质的离子导电性，在聚合物膜中加入无机颗粒，可以降低其结晶度并促进锂离子的迁移。由于其表面的无机颗粒填充复合隔膜具有高亲水性和高表面积，可以产生良好的润湿性。复合隔膜可以分为无机颗粒包覆复合隔膜和无机颗粒填充复合隔膜。其中，对于无机颗粒包覆复合隔膜，为了提高热稳定性、微孔聚烯烃膜的润湿性，纳米无机颗粒通过使用亲水性聚合物作为黏合剂涂敷在膜表面。少量的金属氧化物颗粒，包括氧化铝、二氧化硅和氧化锌被分散到聚烯烃膜上，让它们有效地从膜材料中吸附杂质，从而提高电池循环性能。此外，这些无机粒子提高膜的润湿性，增强电解液的保液率。在上述的这些例子中，聚合物充当黏结剂来黏结聚烯烃膜基材表面上的无机粒子，所得到的复合膜，由于其表面有大面积的无机粒子的存在，因此表现出良好的热稳定性和极好的电解液润湿性。总体来说，就是用这些复合膜组装的锂离子电池表现出良好的容量保持能力。无机颗粒填充复合隔膜：除了用无机颗粒涂覆聚烯烃微孔膜，另一种简单的方法是将无机粒子直接掺入聚合物基材中来制备复合膜。这些选定的无机粒子按一定的比例首先被分散到聚合物溶液中，然后无机颗粒与聚合物溶液按一定的比例分散，制备形成微孔复合隔膜。对含有填充物颗粒的膜的电化学稳定性和离子电导率进行了研究，这些膜整体性能上比普通膜均得到了改善。

商业化隔膜（如聚乙烯（PE）膜、聚丙烯（PP）膜、PP/PE/PP 三层膜或无纺布等）的表面通过涂覆无机纳米粒子或静电纺丝聚合物等手段形成三维网络结构，然后直接浸渍锂离子电池电解液可形成凝胶电解质。在此过程中，隔膜同样作为锂离子电池的重要组成部分，能够起到隔离正负极，防止短路，在充放电过程中提供离子传输通道的作用；隔膜的性能不仅决定电池的界面结构和内阻，还直接影响锂离子电池的充放电容量、循环稳定性以及安全性能。

思考题与习题

8-1 针对锂离子电池隔膜的主要性能要求，目前有哪些测试表征方法？

8-2 阐述聚烯烃隔膜的性能优势，对比聚乙烯（PE）、聚丙烯（PP）两种聚合物的特点，并分析其作为隔膜材料的优缺点。

8-3 除聚烯烃体系之外，还有什么材料能够满足对锂离子电池隔膜的主要性能要求？

8-4 如何在固态电池的设计开发中协作发挥隔膜与电解质的功能一体化？

参 考 文 献

[1] Zhang S S，A review on the separators of liquid electrolyte Li-ion batteries，together with the manufacturing processes [J]. Journal of Power Sources，2007，164：351~357.

[2] 崔光磊 . 动力锂电池中聚合物关键材料 [M]. 北京：科学出版社，2018：23~32.

[3] 肖伟，巩亚群，王红，等 . 锂离子电池隔膜技术进展 [J]. 储能科学与技术，2016，5：188~192.

[4] Venugopal G，Moore J，Howard J，et al. Characterization of microporous separators for lithium-ion batteries [J]. Journal of Power Sources，1999，77：34~41.

[5] Fergus J W. Ceramic and polymeric solid electrolytes for lithium-ion batteries [J]. Journal of Power Sources，2010，195：4554~4569.

[6] Lee H，Yanilmaz M，Toprakci O，et al. A review of recent developments in membrane separators for rechargeable lithium-ion batteries [J]. Energy & Environmental Science，2014，7：3857~3863.

[7] 张鹏，石川，杨娉婷，等 . 功能性隔膜的研究进展 [J]. 科学通报，2013，31：3124~3131.

[8] Lee Y，Lee H，Lee T，et al. Synergistic thermal stabilization of ceramic/co-polyimide coated polypropylene separators for lithium-ion batteries [J]. Journal of Power Sources，2015，294：537~543.

[9] Guan Hongyan，Lian Fang，Ren Yan，et al. Comparative study of different membranes as separators for rechargeable lithium-ion batteries [J]. International Journal of Minerals，Metallurgy and Materials，2013，20 (6)：1~6.

9 电解质体系

9.1 电解质种类

和任何电化学装置一样，锂离子电池的基本组成包括两个电极（正极、负极）和电解质。电解质的基本类型有液态电解质、固体电解质和熔盐，理想的电解质应当具备以下几种特质：(1) 在电极间具有良好的润湿性；(2) 很好的稳定性，不会汽化或结晶；(3) 不易燃，电化学稳定性很好；(4) 不会腐蚀电池其他成分，过度使用后仍能保持稳定；(5) 无毒，环保。

锂离子电池电解质的基本类型如图 9-1 所示。

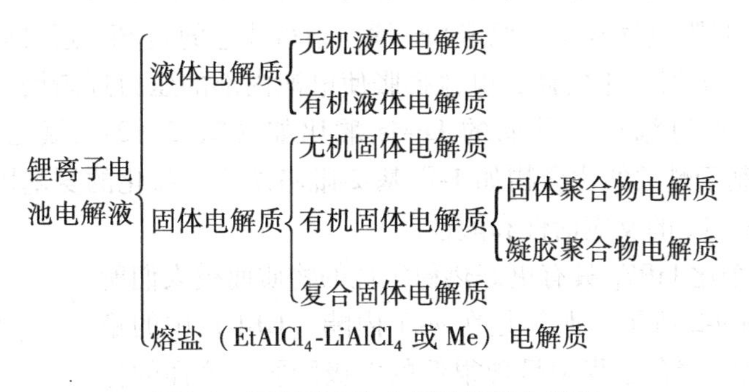

图 9-1　锂离子电池电解质的基本类型

9.2 液态电解质

目前，商品化锂离子电池所用的电解液主要由电解质锂盐和高纯有机溶剂组成，即 $LiPF_6$/碳酸乙烯酯（EC）+共溶剂，例如，1.0mol/L 的 $LiPF_6$ 溶解在 EC 与二甲基碳酸酯（DMC）的混合溶剂中（重量比 1∶1）。$LiPF_6$-EC 基电解质溶液具有较高的电导率（>10mS/cm），合适的电化学稳定窗口，能够在负极材料表面形成均匀、致密的 SEI 膜，在便携式电子产品上的应用成熟。以下部分详细介绍电解液体系中电解质盐和有机溶剂的功能、基本要求、结构特征，以及目前常采用的电解质盐和有机溶剂的优化与发展。

9.2.1 电解质盐

在锂离子电池中，非质子非水溶剂的选择必须结合锂盐（溶质）以得到电解质。而对于受温度影响的可充电电池，一个理想的电解质锂盐（溶质）应满足以下要求：(1) 在高浓度溶剂中完全离解；(2) 锂阳离子在其中具有高迁移率；(3) 在正极发生氧化反应时，阴离子是稳定的；(4) 阴离子在溶剂中是惰性的；(5) 阳离子与阴离子不和电极、集流体以及电池外壳发生反应；（6）溶质应无毒，在电池过热、过度使用或短路时也能保持稳定。

电解质中的锂盐在电池的安全性方面有一定的影响力。大容量车用锂离子电池沿用 $LiPF_6$ 基电解质体系就突显出了一些问题：（1）PF_6^- 离子是强氧化剂，当与锂化石墨和脱锂的金属氧化物接触时发生热失控的几率增大。（2）$LiPF_6$ 的热稳定性不好，在高温下分解为 PF_5 和 LiF 的反应加速。PF_5 是一种很强的路易斯酸，与质子型杂质（如 H_2O）反应敏感易生成 HF，HF 的存在对电极表面的化学性质，尤其是石墨表面的钝化膜性能影响不利，且加速了过渡金属离子在电解液中的溶解，大大降低了电池的使用寿命。因此，锂离子电池安全使用温度只能局限在小于 40℃ 的条件下。（3）$LiPF_6$ 通常与 EC 合用配成电解液才能在负极形成有效 SEI 膜，但是 EC 的熔点较高（37℃），限制了电池的低温使用性能，无法达到锂离子动力电池 -30~52℃ 的工作温度要求。因此，寻找新型锂盐、优化电解质体系成为改善电池循环效率、工作电压、操作温度以及储存期限等的重要途径，是开发锂离子动力电池的关键技术之一。最典型的化合物三（五氟苯酚）硼烷（TPFPB）既可以在 $LiFP_6$ 电解质中也可以在 $LiBF_4$ 电解质中溶解 LiF，但是，同时释放出高活性的 PF_5。为解决这种负面影响，可以使电解质溶剂中的 PF_5 失效，而且可以通过在石墨微粒的表面反应、化学吸附氧气基团来稳定 SEI 膜。值得注意的是 PF_5 还可以通过相互反应使 SEI 的稳定性下降。同时产生气体，电池膨胀使电池内部的压力逐渐增加，从而让电池的安全性受到威胁。通过添加一种弱的 Lewis 酸比如（2，2，2-三氟乙基）三亚磷酸酯（TTFP），或者是基于酰胺的化合物如 1-甲基-2-吡咯烷酮，氟化的氨基甲酯酸和六甲基磷酸酰胺都可以弱化 PF_5 的反应活性和酸性。

$LiBF_4$ 作为一个比 $LiPF_6$ 具有更好热稳定性的物质而被人们所熟知，结构式如图 9-2 所示。尤其是在 γ-丁内酯（GBL）中的稳定性确保电池在高温储存过程中呈现很低的电极膨胀，这样的稳定性提高了 $LiCoO_2$ 正极的安全性，也包括 $LiFePO_4$ 在内。更早之前的工作也推动了用双三氟甲烷磺酰亚胺锂（LiTFSI）替代 $LiBF_4$ 的选择。双三氟甲烷磺酰亚胺锂（LiTFSI）电解质的电导率大概在 8×10^{-3} S/cm，而且它的分子量只有 287.08。但是，在 GBL-EC 混合物中，$LiBF_4$ 比 LiTFSI 更好是因为它是唯一允许石墨负极进行完全充放电循环的盐类，同时 GBL 因为它的高燃点，高沸点，低蒸汽压和低温下高导电性而成为令人关注的溶剂。

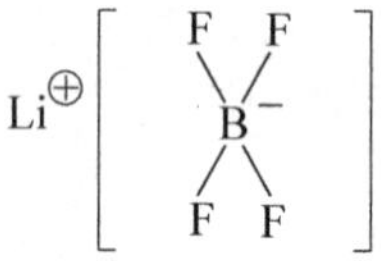

图 9-2 $LiBF_4$ 的结构示意图

氟烷基磷酸锂的化合物是用含有吸电子全氟化烷基基团来替代 $LiPF_6$ 中一个或更多的氟原子来稳定 P—F 键，使其具有抵抗水解作用的稳定性和优异的热稳定性。全氟化烷基基团可以防止磷的水解作用，而且这种新的化合物和 $LiPF_6$ 相比具有更优异的导电性。Oesten 等人发现 $LiPF_3(C_2F_5)_3$(LiFAP) 将阻燃部分，全氟化的衍生物以及含磷的基团组合在了一起。Gnanaral 等人对 $LiPF_6$ 和 LiFAP 混合物的 EC-DEC-DMC 溶液进行了研究，发现尽管 LiFAP 溶液的自生热率非常高，但是他们的热反应起始温度仍高于 200℃。

9.2.1.1 双草酸硼酸锂

双草酸硼酸锂（LiBOB）最初被研究是作为一种可供选择的盐类，提高锂离子电池的高温性能，同时它在电池长期循环过程中保障 SEI 的稳定性起到了很重要的作用，其结构示意图如图 9-3 所示。Jiang 和 Dahn 利用加速量热仪（ARC）系统地研究了二草酸硼酸锂材料的安全特性。而且，与 $LiPF_6$ 相比，二草酸硼酸锂（LiBOB）在过充情况下是一个很有效的保护物质，将二草酸硼酸锂（LiBOB）直接添加在 1mol/L $LiPF_6$ 或者 1mol/L $LiBF_4$ 基 PC-EC 电解质中效果也非常显著。草酸二氟硼酸锂（LiODFB）也有同样的特性，而且在低温下有更好的性能。在含氟的锂盐组成的电解液尽管会引起安全问题，但是同时也存在有益的作用，例如，它可以在铝箔集流体上形成一层 AlF_3 表面钝化膜，防止铝集流体被腐蚀。然而，铝的钝化在没有氟的参与下也可以实现：草酸二氟硼酸锂（LiODFB）和二草酸硼酸锂（LiBOB）都可以在 PC-DEC 和 EC-DMC 电解质中抑制铝的腐蚀。这是因为阴离子 O—B 键被打破，不断地和铝离子结合从而形成一种非常稳定的钝化膜。尽管如此，二草酸硼酸锂的应用也有一些问题：它在恒定电介质溶剂中的低溶解度和 $LiPF_6$ 相比之下具有更低的导电性，在典型的碳酸酯混合物中容易水解。

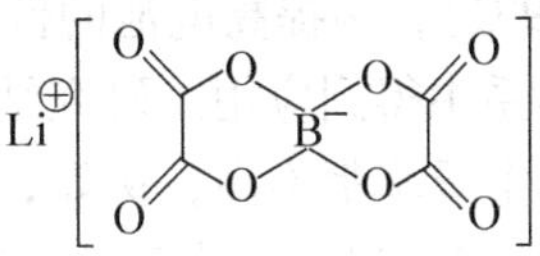

图 9-3 LiBOB 的结构示意图

锂离子电池 $LiPF_6$ 基电解液一般采用碳酸酯作为溶剂，主要包括环状碳酸酯和链状碳酸酯两类。常采用的 EC 属于环状碳酸酯，熔点高、介电常数高（锂盐在介电常数高的溶剂中易解离）。电池在第一次充电过程中，EC 能够在碳负极表面形成有效的 SEI 膜，保证了锂离子电池有很好的可逆充放电性能，几乎成为电解液中必不可少的组分。但是，由于 EC 具有很高的熔点、在常温下呈固态，且溶解后黏度较大、锂离子在其中的扩散速度较慢，导致导电性差，故常将 EC 与黏度较小的线性碳酸酯如 DMC，二乙基碳酸酯（DEC）和碳酸甲乙酯（EMC）混合使用。目前，LiBOB 基电解液大多沿用了 $LiPF_6$ 基电解液的有机溶剂配方，但研究发现 EC+线性碳酸酯作为 LiBOB 的溶剂体系出现了一些问题：

（1）LiBOB 在线状碳酸酯中的溶解度比 $LiPF_6$ 小。尽管 LiBOB 在某些单组分溶剂中的溶解度较高，但试验发现 LiBOB 在 EC + DMC（3：7）的混合溶剂中的最大溶解度只有 0.8mol/L。目前，通过减小 LiBOB 晶粒尺寸以及提高 EC 的含量，可适当提高 LiBOB 在 EC+线性碳酸酯体系中的溶解度。但环状碳酸酯 EC 的增多，使电解液黏度增大、对隔膜和电极的润湿性下降，造成电池的低温性能和倍率性能下降。

（2）在室温下 LiBOB 在碳酸酯类溶剂中的电导率比 $LiPF_6$ 低。文献报道的 LiBOB/PC+DEC+EMC（1：1：1）在 25℃时的电导率仅为 5mS/cm。在 EC 和线性碳酸酯组成的电解质体系中，LiBOB 的溶解性及电导率都低于 $LiPF_6$，造成 LiBOB/EC+线性碳酸酯电池的大电流放电性能恶化。

（3）LiBOB 与碳酸酯类有机溶剂配合组成的电解液在高温使用时会产生大量的 CO_2 和 O_2，造成电池产生气胀现象，影响了电池的使用安全。

由此可见，LiBOB 与 EC+线性碳酸酯的溶剂体系不匹配，无法达到锂离子动力电池对高倍率和安全性能的更高要求。有机溶剂是锂离子电池电解液的主体部分，承担着溶解锂盐的重要作用，并且在很大程度上决定了奠基表面 SEI 膜的形成反应和膜组成。因此，寻找合适的溶剂、改变溶剂的配比，拓宽工作温度范围、增大电导率、提高化学稳定性成为最大限度发挥 LiBOB 的优点、解决应用问题的关键。

由于 BOB^- 能够在石墨负极形成有效的 SEI 膜，LiBOB 能够在碳酸丙烯酯（PC）中稳定石墨负极（如图 9-4 所示），避免了 $LiPF_6$ 体系出现 PC 与锂共同插入石墨层间，导致石墨负极的剥落，造成电池无法有效充电的现象。而且，与 EC 相比，PC 具有较低熔点

(-49℃)，为提高电池的低温使用性能提供了可能，因此PC有望替代EC在LiBOB电解液体系中得到应用。研究结果表明，由于PC的介电常数较EC略低，LiBOB在其中的溶解度和电导率都不高，例如，0.5mol/L LiBOB/PC + DEC（3∶7）电解液在25℃时的电导率仅为4.0mS/cm。将PC和EC混合之后再加入线性碳酸酯，配成多元电解液LiBOB/PC + EC+线性碳酸酯，电解液的电导率的提高效果不明显，即使增加EC的含量，电解液的电导率仍变化不明显。

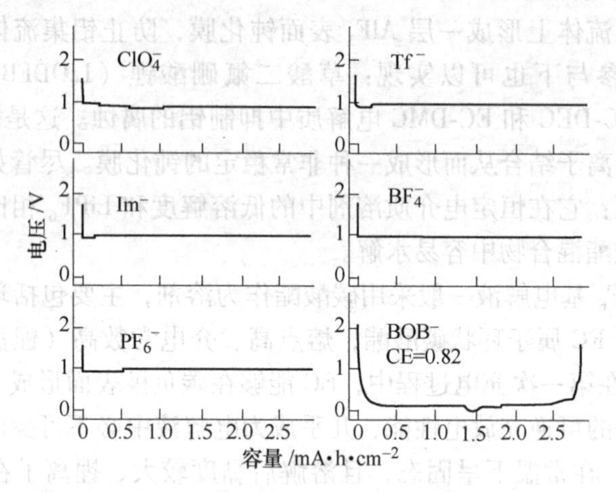

图9-4 Li/C半电池中的充放电曲线（在PC中配制成1mol/L的电解液）

线性羧酸酯的凝固点平均比碳酸酯低20~30℃，且黏度较小、介电常数高，如醋酸乙烯酯（EA）。因此，在PC替代EC所组成的电解质体系中，如具有更低沸点及更高介电常数的（EA）代替DEC等线性碳酸酯，降低电解液的黏度提高体系电导率。0.7mol/L LiBOB溶解于PC∶EA=4∶6（质量比）的有机溶液中，在室温下可以获得10mS/cm的电导率。Schweiger等人通过简单算法预测的LiBOB-EC/PC/DMC/EMC/EA混合溶剂在25℃时的最大电导率是12.27mS/cm。但是线状羧酸酯的沸点、闪点温度较低，液程范围比DEC等线性碳酸酯有机溶剂的小。同时，线性羧酸酯较为活泼，在金属锂负极上稳定性较差，高温下还可能与共存的碳酸酯类溶剂发生反应。

针对LiBOB在碳酸酯电解质中存在的以上问题，近期的研究重点向以γ-丁内酯（GBL）为代表的环状羧酸酯等新型电解质溶剂体系转移。GBL结构式如图9-5所示，作为溶剂GBL的优势在于：(1) 熔点和沸点分别为-43.53℃和204℃，GBL的液程温度范围宽。(2) GBL的熔点低于室温有利于提高低温下电解质的性能。(3) 与EC不同的结构特征，研究发现GBL更易于聚集在溶质分子周围，从而形成配位、发生溶剂化作用、将溶质锂盐解离，这可能与GBL的构向可调性相关。(4) LiBOB在GBL中的溶解度可提高到2.5mol/L，电解液的电导率也由3mS/cm增加到8mS/cm以上。

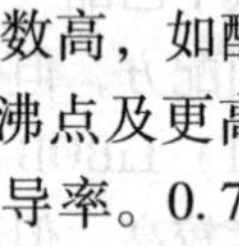

图9-5 γ-丁内酯（GBL）的分子式

以GBL为添加剂，加入到LiBOB基电解液中的试验发现，0.7mol/L LiBOB/ EC+DMC+GBL+乙酸乙酯(EA)(1∶1∶3∶5) 电解液在室温下电导率提高到11mS/cm。配方为LiBOB-GBL-低黏度溶剂（如腈，醚，线性碳酸酯，线性羧酸酯）的电解液，适用于石墨作为负极的锂离子电池中，可减小电池的极化，提高电导率和放电比容量。研究结果显示，

LiBOB-GBL/DMC 体系和 LiBOB-GBL/EA/EC 体系的电导率较高，电化学稳定性较好，电解液的体电阻较小。电解液为 1.0mol/L LiBOB-GBL：DMC（1：1，质量比）的 Li/$LiFePO_4$ 半电池在室温 0.5*C* 充放电时，放电比容量能够达到约 115mA·h/g；在高温 0.5*C* 充放电时，半电池的放电比容量在 135～140mA·h/g 范围内。目前，LiBOB/$LiPF_6$ 混合锂盐电解质体系在锂离子电池中已开始小批量使用，成为 LiBOB 应用的重要方式。

锂离子电池的电化学性能与电极表面 SEI 膜紧密相关，而电解质对 SEI 膜的形成和化学组成举足轻重。由于负极表面的 SEI 膜能有效地防止溶剂分子的共嵌入，大大提高电池的循环性能，因此负极材料与电解质的相容性问题一直倍受重视。近年来，一些新型锂离子电池正极材料如 $LiMn_2O_4$、$LiFePO_4$ 的研发与实际应用将电解质与正极材料的相容性问题推到了风口浪尖。尤其在高温或电池过充时，正极材料不能在电解质中稳定存在将导致电池性能恶化、循环寿命下降，严重时电池可能发生爆炸和着火现象。与负极材料不同，正极材料在电化学过程中不存在溶剂分子嵌入晶格内部的问题，而电解液组分在电极表面尤其是高电压下的氧化分解和电极集流体的腐蚀是正极材料电化学过程中的主要副反应的形式。

9.2.1.2　二氟草酸硼酸锂

二氟草酸硼酸锂（LiODFB），其结构如图 9-6 所示。结构上是 LiBOB 和 $LiBF_4$ 的结合，而性能也同样结合了二者的优点：与 LiBOB 相比，LiODFB 在碳酸酯类有机溶剂中更易溶解，电解液黏度降低，提高了电池的低温性能和倍率性能；而与 $LiBF_4$ 相比，LiODFB 具有更好的 SEI 成膜性能，在宽的温度范围内具有合适的离子电导率，与集流体具有好的相容性。因此，LiODFB 是一种新型的、具有良好发展前景的电解质锂盐，得到了广泛的研究和关注。

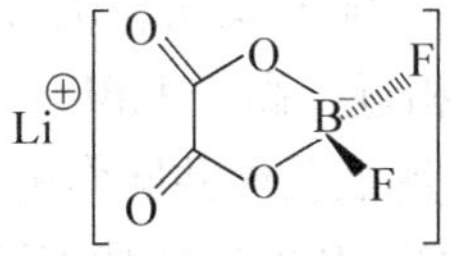

图 9-6　LiODFB 的结构示意图

LiODFB 属于 Cmcm 空间群，具有正交结构（晶格参数：$a=0.62623(8)$ nm，$b=1.14366(14)$ nm，$c=0.63002(7)$ nm）。与 LiBOB 相似，LiODFB 的 Li 为不稳定的五重配位结构：Li^+ 与 2 个 $ODFB^-$ 中的 2 个 F 原子配位，并与分属于 3 个 $ODFB^-$ 的 4 个氧原子相互作用，形成层状晶体结构，而层间是由 F 与 Li^+ 之间形成的配位键连接。

LiODFB 的热分解温度高于 240℃，如图 9-7 所示。虽然没有 $LiBF_4$ 和 LiBOB 的热稳定性好，但是仍比 $LiPF_6$ 高 40℃左右，且 LiODFB 的气体热分解产物可以在电池发生热失控之前打开安全通路，保护电池。LiBOB 在较高湿度下（约 1%，质量分数）易吸潮发生水解反应，产物主要有 $B(C_2O_4)(OH)$ 和 $LiB(C_2O_4)(OH)_2$，且不溶于碳酸酯类有机溶剂，会严重影响电池的性能。为了探索水分对 LiODFB 的影响，Sandra 等人利用 NMR 的 ^{11}B 谱和 ^{19}F 谱随水解时间的变化推测出 LiODFB 的水解产物主要包括：$[BF(OH)_3]^-$、$[BF_3OH]^-$、$[BF_4]^-$、$[BF_2(OH)_2]^-$、BOB^- 以及 H_3BO_3，并且产物中没有 HF 存在。另有研究表明，随 B—F 配位键含量的增多，水解的速率常数会减小，换言之，相同条件下的水解程度存在 LiBOB>LiODFB>$LiBF_4$ 的关系，这与 B—F 键比 B—O 键更加稳定有关。周宏明等人发现 LiODFB 在温度为 25℃和湿度为 50%下暴露 2h 会吸潮，形成 LiODFB·H_2O；随暴露时间延长，LiODFB·H_2O 会进一步发生水解反应变成 $LiBF_4·H_2O$、LiBOB、$LiBO_2$、$LiBF(OH)_3$、HBO_3 和 LiOOCCOOH 等；而 $LiPF_6$ 在温度为 25℃、湿度为 50%下暴

露会迅速反应，生成 LiF、Li_3PO_4、P_2O_5 等，同时有白色 HF 烟雾产生。

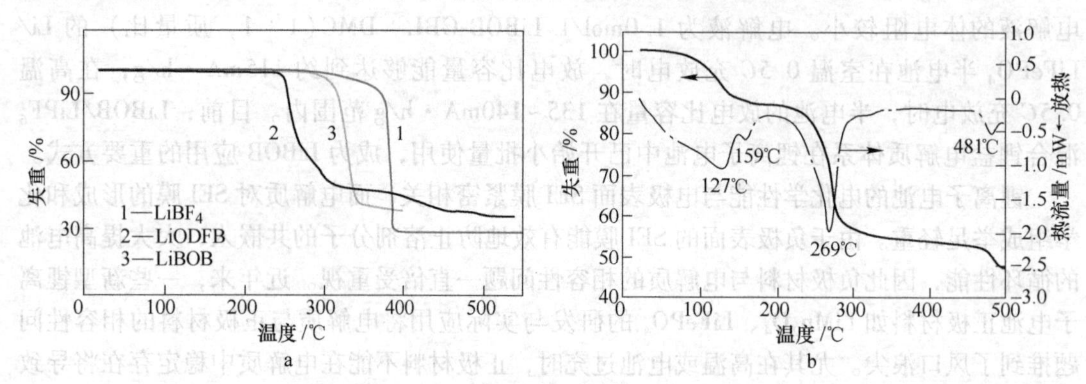

图 9-7　$LiBF_4$、LiODFB 以及 LiBOB 的 TG 曲线（a）和 LiODFB 的 TG-DTA 曲线（b）

LiODFB 在常见的碳酸酯类有机溶剂中的溶解度大于 LiBOB，但是小于 $LiBF_4$，如 LiODFB在 DMC 中的室温溶解度为 7.77g，而 $LiBF_4$ 为 16.49g。LiODFB 基电解液可在较宽的温度范围内保持较高的电导率：在 EC/PC/EMC(1∶1∶3 质量分数）混合溶剂中，温度在-50～100℃均可溶解 1mol/L 的 LiODFB，在较高温度时，LiODFB 基电解液电导率与 LiBOB相近，高于 $LiBF_4$；低温时，其电导率与 $LiBF_4$ 相近，而高于 LiBOB。这是锂盐解离度与电解液黏度共同作用的结果。

LiODFB 的碳酸酯溶液相对于其他锂盐类的碳酸酯溶液对水不太敏感，即使电解液中混有少量水分，在核磁共振谱中也未发现锂盐的水解。溶剂相同的条件下，如 EC/DEC (3/7 质量分数)，电导率 $LiBF_4$<LiBOB<LiODFB，对 Pt 的电化学稳定窗口 $LiBF_4$>LiBOB> LiODFB（5V 左右）。LiODFB 与其他电解质盐混合使用可以更好地发挥各自的优点，提高电解液的整体性能。LiODFB 基电解液电导率偏低，$LiPF_6$ 与 LiODFB 混合使用，可以提高电解液的电导率，如图 9-8 所示。研究发现，LiODFB/$LiPF_6$摩尔比为 4∶1(0.8M∶0.2M) 时，可以改善 AG/$LiFePO_4$ 电池的放电容量和容量保持率。LiODFB 作为添加剂在锂离子电池中的应用主要有两个方面：成膜添加剂、改善电池热稳定性及高温性能添加剂。提高热稳定性以及高温性能的最有效方法是：利用成膜添加剂控制电极/电解质界面；加入 Lewis 酸性基质抑制 $LiPF_6$ 的高温分解。

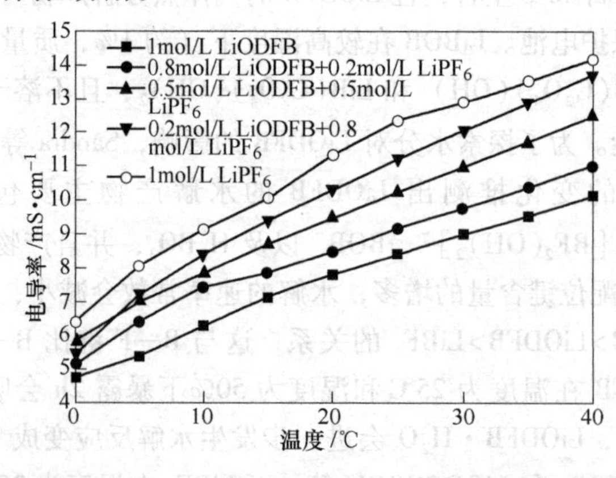

图 9-8　不同比例 LiODFB/$LiPF_6$-EC + PC +DMC(1∶1∶3) 电解液在 0~40℃的电导率对比图

Hu 等人研究了 LiODFB 作为电解液 1mol/L $LiPF_6$-EC + PC +EMC(1∶1∶3) 添加剂对高电压 $LiCoPO_4$ 材料的影响。CV 结果显示，首次循环中，LiODFB 在 4.35V(vs. Li/Li^+) 发生分解钝化正极表面，未添加 LiODFB 的电解液没有 4.35V 的氧化峰。之后的循环中，4.35V 的氧化峰消失，说明钝化膜阻止了过渡金属离子催化电解液分解反应的进一步发生。

将 Li/MCMB 分别匹配添加和未添加 LiODFB 的电解液 1.2mol/L $LiPF_6$-EC/DEC(3/7，质量分数)，循环后放电至 1mV，测试 MCMB 电极极片的 DSC 曲线，100℃左右的峰代表 SEI 膜开始分解，至 250℃时的峰为 SEI 膜不断形成/分解，250℃以上的峰代表 MCMB 与电解液的反应，LiODFB 的加入使得以上几个峰提高了，从另一个侧面反映了 LiODFB 形成的 SEI 膜阻止了 MCMB 与电解液的进一步反应。同样的，LiODFB 的加入也可以提高充电状态下正极材料 $Li_{1.1-x}[Mn_{1/3}Ni_{1/3}Co_{1/3}]_{0.9}O_2$ 的热稳定性。LiODFB 的加入抑制了 $LiPF_6$ 基电解液在高温下的催化分解，酸性的—C_2O_4 配位体抑制了 PF_5 的产生，从而提高了电池的容量保持率。

9.2.2 电解液体系的有机溶剂

9.2.2.1 有机溶剂基础

有机溶剂的种类很多，从酸碱性的角度来考虑，有机溶剂可以分成质子给予与接受的两性溶剂和不参与质子给受的非质子性溶剂两大类；非质子性溶剂根据极性大小可以分成双极性非质子溶剂和无极性的活泼溶剂。两性溶剂是指非质子溶剂以外的溶剂，如下面式 (9-1) 和式 (9-2) 中所表示的 HS，在遇到酸 (HA) 的情况下表现为碱性，在遇到碱 (B) 的情况下表现为酸性。两性溶剂和非质子溶剂的区别在于两个方面：(1) 是否放出质子；(2) 溶剂的阴离子是否能稳定存在。式 (9-3) 所示，通常认为溶剂本身的质子电离常数在 30 以下的是两性溶剂。

$$HS+HA \longrightarrow H_2S^+ + A^- \tag{9-1}$$

$$HS+B \longrightarrow S^- + HB^+ \tag{9-2}$$

$$2HS \longrightarrow H_2S^+ + S^- \tag{9-3}$$

锂电池和锂离子电池中所用的有机溶剂应为不与锂反应的非质子溶剂，为了保证锂盐的溶解和离子传导，要求溶剂有足够大的极性。锂电池中常用的非质子溶剂的物理化学性质见表 9-1。锂盐的电导率用下式表示：

$$\gamma = ne\mu \tag{9-4}$$

式中，γ 为电导率；n 为电解液中承担电荷传输的离子数；μ 为离子迁移速率；e 为电子电量。

因此，希望锂盐在有机溶剂中有足够大的溶解度。一般非质子性溶剂中阴离子的溶剂化很困难，锂离子的溶剂化显得更重要。离子的溶剂化自由能变化 (ΔG_s) 见式 (9-5)。

$$\Delta G_s = -[N(Z_ie)^2/8\pi\varepsilon_0 r_i](1 - 1/\varepsilon_r) \tag{9-5}$$

式中，N 为阿伏伽德罗常数；Z_ie 为离子的电荷；ε_0、ε_r 分别是真空介电常数和溶剂的比介电常数；r_i 为离子半径。

表 9-1　非质子溶剂的物理化学性质（25℃）

参数 溶剂	结构	M	ε_r	ρ/g·cm^{-3}	η_0/CP	DN	AN	t_{mp}/℃	t_{tp}/℃	φ_{red}/V(vs. SCE)	φ_{0x}	γ/mS·cm^{-1}
碳酸乙烯酯（EC）Ethylene Carbonate		88.6	90（40℃）	1.32	1.9	16.4	—	37	238	-3.0	3.2	13.1
碳酸丙烯酯（PC）Propylene Carbonate		102	65	1.2	2.5	15.1	18.9	-49	242	-3.0	3.6	10.6
碳酸乙丙酯（EPC）		132.2	—	0.95	1.1	6.4	2.4	—	145			
碳酸乙异丙酯（EIPC）		132.2	—	0.93		8.2	4.8		167			
丁烯碳酸酯（BC）			53		3.2			-53	240	-3.0	4.2	7.5
碳酸甲丁酯（MBC）		132.21	—	0.96	1.1	8.4	2.5	—	151			
碳酸乙丁酯（EBC）		146.2	—	0.94	1.3	7.7	2.3	—	167			
碳酸二丙酯（DPC）		146.2	—	0.94	1.4	78.0	—	—	168			
碳酸二异丙酯（DIPC）		146.2	—	0.91	1.3	7.6	2.1	—	146			
碳酸二丁酯		174.3		0.92	2.0		3.8	—	207			
γ-丁丙酸（γ-BL）γ-Butyrolactone			42		1.7	18		-44	204	-3.0	5.2	14.3
γ-戊丙酸（γ-VL）			34		2.0			-31	208	-3.0	5.2	10.3
二甲氧甲烷			2.7		0.33			-105	41			
1，2-二甲氧乙烷（DME）Dimethoxycthane			7.2		0.46	20		-58	84	-3.0	2.1	3.0
四氢呋喃（THF）Tetrahydrofuran			7.4		0.46	20	8.0	-109	66	-3.0	2.2	2.7

续表 9-1

溶剂 \ 参数	结构	M	ε_r	ρ/g·cm^{-3}	η_0/CP	DN	AN	t_{mp}/℃	t_{tp}/℃	φ_{red} /V(vs. SCE)	φ_{0x}	γ/mS·cm^{-1}
2-甲基四氢呋喃 (2Me-THF) 2-Methyl-Tetrahydrofuran	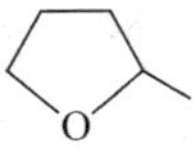		6.2	0.47	18		−137	80	−3.0	2.2	0.8	
1，3-二氧环戊烷 (DOL) Dioxilane	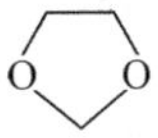		7.1		0.59			−95	78	−3.0	2.2	5.0
4-甲基-1，3-二氧环戊烷 (4MeDOL) 4-methy1，3-dioxolane	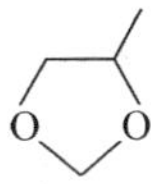		6.8		0.6			−125	85	−3.0	2.2	2.1
碳酸甲乙酯 (MEC)		104.1	2.9	1.01	0.7	6.5	3.2	−54	107			
碳酸甲历酯 (MPC)		118.1	2.8	0.98	0.9	7.8	2.7	−43	131			
碳酸甲异丙酯 (MIPC)		118.1	2.9	1.01	0.7	7.4	5.3	−55	118			
碳酸1，2丁烯酯 (1，2-BC) Butylene Carbonate		116.1	—	1.15	4.8	11.2	18.3	−51	240			
甲基甲酸酯 (MF) Methylformate	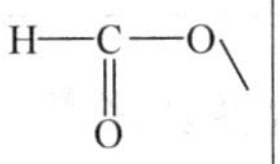		8.5		0.33			−99	32	−2.5	2.4	9.2
甲基乙酸酯 (MA) Methyl Acetate	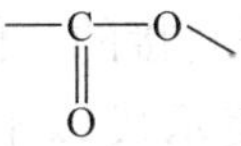		6.7		0.37		16.5	−98	58	2.9	3.4	3.6
甲基丙酸酯 (MP) Methyl Propionate	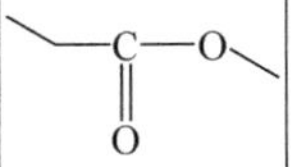		6.2		0.43			−88	79	−2.9	3.4	1.9
二甲基碳酸酯 (DMC) Dimethyl Carbonate	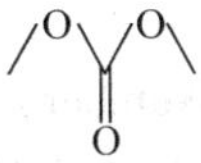	90.1	3.1	1.07	0.59	8.7	3.6	3	90	−3.0	3.7	2.0
乙基甲基碳酸酯 (EMC)	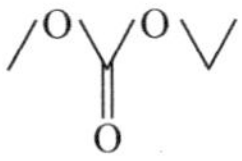		2.9		0.65			−55	108	−3.0	3.7	1.1
二乙基碳酸酯 (DEC) Diethyl Carbonate	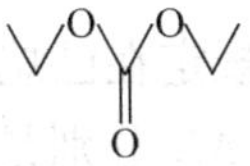	118.1	2.8	0.98	0.75	8.0	2.6	−43	127	−3.0	3.7	0.6

续表 9-1

溶剂 \ 参数	结构	M	ε_r	ρ/g · cm^{-3}	η_0 /CP	DN	AN	t_{mp} /℃	t_{tp} /℃	φ_{red} /V(vs. SCE)	φ_{0x}	γ /mS · cm^{-1}
乙腈 (AN)			36		0.34		14.1	−49	82	−2.8	3.3	49.6
环丁砜 (SL) Sulfolane	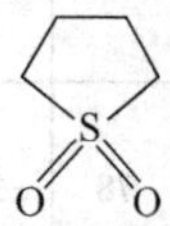		43		10.0		14.8	28	287	−3.1	3.3	2.9
3-Methylsulf oxide (3MeSL)	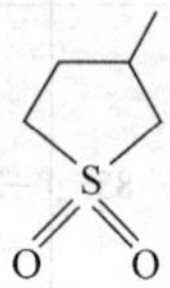		29		11.7			6	276	−3.0	3.7	1.6
二甲亚砜 (DMSO)	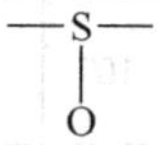		47		2.0		29.8	19	189	−2.9	1.5	13.9
二甲基甲酰胺 (DMF)	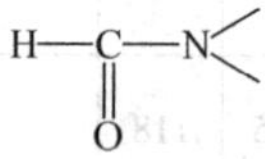		37		0.80		26.6	−61	153	−3.0	1.6	22.8
N-甲基唑 Methyloxax Olidione (NMO)	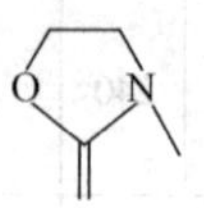		78		2.5			15	270	−3.0	1.7	10.7

式（9-5）表明 ε_r 对锂盐的解离有重要的影响。ε_r 大则锂盐容易解离，一般 ε_r 小于 20 时，锂盐的解离就很少；同时，ε_r 小则溶剂的黏度小，离子在溶剂中移动抵抗溶剂的黏性小，离子的移动速度快。溶剂的黏度对离子的移动速率的影响是直接的，假设离子在稀薄溶液中是刚性球体，离子迁移率（$\mu_{0,i}$）和溶剂的黏度可以表示成以下的定量关系式（Stokes 公式）：

$$\mu_{0,i} = \frac{\lambda_{0,i}}{|Z_i Ne|} = \frac{|Z_i| e}{6\pi\eta_0 r_i} \tag{9-6}$$

式中，$\lambda_{0,i}$ 为离子的极限摩尔电导率；r_i 为 i 离子半径；η_0 为黏度。

溶剂对离子的溶剂化的影响，Gutmann 定义了 DN(Donicity Number) 和 AN(Acceptor Number) 两个参数，DN 值是指在 1，2-二氧乙烷中按照下式反应的焓的变化值（$-\Delta H$，kJ/mol）。

$$D + SbCl_5 \longrightarrow DsbCl_5 \tag{9-7}$$

式中，D 是溶剂。

AN 值是指在溶剂中 Et_3PO 的 ^{31}P-NMR 的化学位移值，一般规定在己烷中的值为 0，在 1，2-二氯乙烷中的值为 100，其他的溶剂用相对值表示。DN 和 AN 分别是溶剂-阳离子和溶剂-阴离子相互作用的量度，DN 值越大，锂盐越易在其中溶解。

从溶剂角度来看，要获得良好的电解质溶液，溶剂必须是非质子溶剂，以保证在足够负的电位下的稳定性（不与金属锂反应），而在极性溶剂中溶解锂盐可提高锂离子电导率；溶剂的熔点、沸点和电池体系的工作温度是直接相关的，要使电池体系有尽可能宽的工作温度范围，则要求溶剂有低的熔点和高的沸点，同时蒸汽压要低。从以上的分析可以看出，溶剂的比介电常数和黏度是决定电解液的离子电导率的两个重要参数，而 DN 和 AN 数则分别表示了溶剂-阳离子和溶剂-阴离子之间的相互作用。

9.2.2.2 电解质的溶剂

电池中的电解质很少是使用单一的溶剂作为配方，大多拥有两个或更多溶剂，而这些溶剂中含有两种或以上的锂盐。混合溶剂为出现的矛盾需求提供了解决方法，例如，高介电常数和高流动性，因此，常把不同性质的溶剂放在一起，使电池具有各种功能。总的来说，凝胶聚合物电解质更像是溶液型电解质，高聚合物的一小部分提供了机械矩阵，它们有的浸泡在液体电解质中，有的则充满了液体电解质。然而，离子液体（常温下的熔融盐）在原理上是完全不同的：盐在没有溶剂的情况下只能通过加热分解为带相反电荷的离子晶格（熔融态）。

理想溶剂应具有以下几点特征：（1）高介电常数，使其能够溶解高浓度的盐；（2）高流动性（低黏度），能让离子轻易迁移；（3）不腐蚀任何部件；（4）在很宽的温度范围内为液体，低熔点；（5）安全（高闪点），无毒并且廉价。大多数理想的溶剂都有活泼的质子（如水和乙醇），但它们都不适用于金属锂电池，这是由于负极（金属锂或含锂很高的碳）会产生剧烈还原反应，而正极（过渡金属氧化物）具有强氧化性，所以必须使用非质子性溶剂，当然，这些溶剂必须能够溶解大量锂盐，只有极性基团如碳氧键，碳氮键和硫氧键才能胜任。表 9-1 为常用有机溶剂性质汇总。常见的有机溶剂可以分为三类：（1）两性溶剂，如乙醇、甲醇、乙酸等；（2）极性非质子溶剂，如碳酸酯、醚类、砜类、乙腈等；（3）惰性溶剂，如四氯化碳等。用于电解液的有机溶剂繁多，普遍使用的有机溶剂包括：烷基碳酸酯溶剂、氟代溶剂、砜类溶剂和腈类溶剂。

（1）烷基碳酸酯溶剂。烷基碳酸酯主要包括环状碳酸酯和链状碳酸酯两类，碳酸酯类溶剂具有较好的电化学稳定性、较高的闪点和较低的熔点而在锂离子电池中得到广泛的应用，在已商品化的锂离子电池中基本上都采用碳酸酯作为电解液的溶剂。环状碳酸酯的熔点和介电常数高，在介电常数高的溶剂中，电解质容易解离，例如，碳酸亚乙酯（EC）、碳酸丙烯酯（PC）；但是它们的黏度大，因此锂离子在其中的扩散速度较慢，使得电池的高倍率性能较差。常用的线状碳酸酯主要为碳酸二甲酯（DMC）、碳酸甲乙酯（EMC）和碳酸二乙酯（DEC）等，它们的介电常数低，但黏度也很低，锂离子在其中可以自由运动。在实际应用中，通常是将这两种碳酸酯混合在一起使用，以期达到一个更好的综合性能。因此，一般采用 EC 与低黏度的链状碳酸酯的混合物作为溶剂。

（2）氟代溶剂。由于氟原子具有强电负性和弱极性，致使氟代有机溶剂具有较高的电化学稳定性。目前，氟代溶剂大多作为共溶剂或添加剂用在锂离子电池液态电解液。Smart 等人通过研究一系列的部分被氟取代或完全被氟取代的有机碳酸酯溶剂，例如，氟代碳酸乙烯酯（FEC）、乙基-2,2,2-三氟乙基碳酸酯（ETFEC）、三氟甲基乙烯（F3C-EC），证实了有机溶剂在引入氟元素之后，其物理性质发生了很大的变化，如溶剂的凝固点降低、抗氧化的稳定性提高、有利于在碳负极表面形成 SEI 膜。但是 $LiPF_6$ 在氟代溶剂的溶解性较差，含一个—CF_3 的氟代溶剂最多只能溶解 0.5mol/L $LiPF_6$，当三氟甲基—CF_3 增至两个或以上时，$LiPF_6$ 基本上不能溶解于该溶剂中。

（3）砜类溶剂。砜类溶剂具有较宽的电化学窗口（>5.8V vs. Li^+/Li），部分砜类能作为功能性电解液添加剂使用。大部分的砜类室温下为固体，只有与其他溶剂混合才能构成液体电解质。Abourimrane 等人研究表明，1mol/L $LiPF_6$-四甲基硅烷（TMS）/碳酸甲乙酯（EMC）(1∶1) 电解液能够满足 $Li_4Ti_5O_{12}/LiNi_{0.5}Mn_{1.5}O_4$ 全电池 2C 下充放电循环使用，1000 次循环后电池容量没有明显衰减，但 TMS 易在金属锂负极上还原分解（$E_{red} \approx 0.35$V vs. Li^+/Li），导致其与锂负极的相容性较差。因此，提高与负极相容性是砜类作为电解液溶剂使用过程需要解决的问题。将成膜添加剂 VC 等引入砜类电解液体系，利用添加剂在石墨表面生成稳定 SEI 膜来改善砜类电解液与石墨负极相容性，提高电池循环性能。

（4）腈类溶剂。乙腈是最常见最简单的腈类有机溶剂，但其氧化电位仅为 3.8V（vs. Li^+/Li），不能满足锂离子电池的使用要求。戊二腈（$CN[CH_2]_3CN$，GLN）在众多二腈基溶剂中表现出最佳的热稳定性、低黏度和高介电常数等优点。但是，腈类溶剂与锂离子电池的石墨或金属锂等低电位负极相容性较差，极易在负极表面发生聚合反应，聚合产物会阻止 Li^+的脱嵌。添加适量的 EC 或 LiBOB 可以改善此类溶剂与低电位负极的相容性。

9.2.2.3 氟代溶剂

氟原子（F）具有强电负性和弱极性，因此，氟代溶剂具有较高的电化学稳定性。F 原子的引入使得溶剂熔点降低，应用温度范围变宽；闪点升高，有利于改善电解液的低温性能和安全性能；并且稳定性好，抗氧化性能提高；有利于形成稳定的 SEI 膜。

应用于锂离子电池的氟代溶剂最典型的例子是氟代碳酸乙烯酯（Fluoroethylene Carbonate，FEC）和三氟代碳酸丙烯酯（3,3,3-trifluoropropylene carbonate，TFPC），主要性质见表 9-2。这些溶剂均具有优良的成膜功能，在 PC 存在的情况下，也能在负极表面生成稳定致密的 SEI 膜，保护电极。

表 9-2 氟代溶剂与普通碳酸酯类溶剂性质对比

溶剂	结构	M. W_t	T_m/℃	T_b/℃	T_f/℃	η/cp(25℃)	ε(25℃)
EC	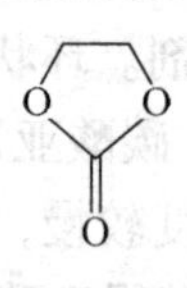 五元环碳酸酯（O, O, C=O）	88	36.4	248	160	1.90（40℃）	89.78
FEC	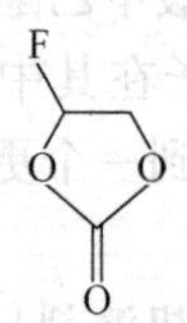 五元环碳酸酯，F 取代（O, O, C=O, F）	96	17.3	210	—	4.1	107
PC	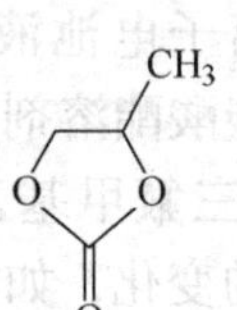 五元环碳酸酯，CH_3 取代（O, O, C=O, CH_3）	102	−48.8	242	132	2.53	64.92

续表 9-2

溶剂	结构	M. W_t	T_m/℃	T_b/℃	T_f/℃	η/cp(25℃)	ε (25℃)
TFPC	CF_3 O O O	156	-4	120	134	4.6	62.5

FEC 的氧化稳定性至少与 EC/DMC 溶液相当，C/$LiCoO_2$ 电池匹配 1mol/L $LiPF_6$ FEC/PC/EC（体积比 1/3.5/3.5）电解液具有很好的容量保持率，库伦效率均高于 99.5%。C 包覆的 $LiCoPO_4$ 在 1mol/L $LiPF_6$ FEC/DMC（1/4）中具有较好的循环稳定性，XPS 结果显示，FEC 循环性能好的电极表面 F 含量高，而 Co 的含量低，说明电极材料表面形成了一层良好的正极表面膜，主要成分为 PO_xF_y、PF_x 和 CF，不含 LiF。

TFPC 具有较高的介电常数（略低于 PC），熔点低于 EC，较高的氧化电位（6.5V，高于 PC），在正极表面具有好的氧化稳定性，1mol/L $LiPF_6$ TFPC/DMC = 1/1 较 1mol/L $LiPF_6$ PC/DMC = 1/1 在半电池 Li/$LiCoO_2$ 中具有更好的循环性能。TFPC 黏度较高，导致电导率稍低于 PC（PC 电导率为 7.6mS/cm，TFPC 电导率为 10.7mS/cm），但在可用范围内。Arai 等人研究表明，TFPC 具有高的闪点，不易燃，用作锂离子电池的共溶剂可以改善电池安全性，TFPC 的加入使得 Li/石墨和 Li/$Li_{1+x}Mn_2O_4$ 半电池的首次不可逆容量降低，提高循环性能。Wang 等人认为 PC 之所以不能在负极表面形成稳定的 SEI 膜是由于 PC 的还原涉及开环反应，甲基作为电子授体使得环上电子密度增加，阻碍了还原反应的进行。用高电负性的 F 替换甲基上的 H 就可以改变电子空间分布，提高 SEI 膜的形成能力，因此得到成膜能力顺序 TFPC>EC>MFPC≫PC 的结论。

γ-丁内酯具有适宜的介电常数和黏度，且液程宽，因此考虑将 GBL 氟化，生成的氟代γ-丁内酯（α-Fluoro-γ-BL，α-F-γ-BL）熔点较高（26.5℃），说明 F 原子的引入使得 GBL 芳香环的稳定性提高，同时抗氧化能力也得到提高，抗还原能力有所下降。一般而言，F 原子的进入会使有机溶剂的 LUMO 和 IIOMO 值均下降，即氧化电位提高，还原电位下降。氟代的 GBL 的电导率较 GBL 低，这与氟代后溶剂黏度增大有关。F-γ-BL/EC 在 Ni 电极的循环稳定性较高，与电极表面形成的表面膜相关。

Smart 等人报道了一系列部分或全部氟代的线性碳酸酯类作为共溶剂，包括 MTFEC、ETMEC 等，发现此类氟代溶剂的加入使得 Li/MCMB 半电池以及 MCMB/$LiNiCoO_2$ 全电池的常温和低温（-20℃）性能都有所提高。这主要是由于在电极表面形成了稳定的 SEI 膜，大大降低了电解质和电极接触界面的膜阻抗和电荷转移电阻，减小了极化作用，这种作用在低温下尤为明显。同时发现此类溶剂可以提高电池在高温下的可逆容量，而且可以减少自放电的产生。

利用直接氟代法合成了一系列氟代碳酸二甲酯（MFDMC、DFDMC、TFDMC），研究表明，电化学稳定窗口 DFDMC>MFDMC>DMC，介电常数 DFDMC（室温下为 13 左右）>MFDMC（室温下为 8 左右）>DMC，DFDMC 和 MFDMC（与水相当）黏度高于 DMC。1mol/L $LiPF_6$ EC/DFDMC 循环稳定性最好，1mol/L $LiPF_6$ EC/MFDMC 在电极表面可以形成均匀致密的膜。

9.2.3 电解液安全问题

商业化应用最广泛的负极材料是碳基材料或碳基复合材料，这些材料与电解液相互作用会在负极表面生成一层膜物质，被称为固体电解质膜（Solid Electrolyte Interface），亦称为SEI膜。SEI膜的形成与电极材料（石墨、锂合金）和电解液的成分具有直接关系，并对锂离子电池的电化学性能具有很大的影响，如首次不可逆容量、倍率性能、循环寿命等。

1970年Dey发现金属锂浸泡在有机溶剂中会在表面形成一层膜。Peled发现在非水电池中碱金属及碱土金属与电解液接触时会形成一层表面膜，是金属与电解液的一个中间相，具有电解质的特点。在SEI膜中，靠近电极材料的为无机物层，主要成分为Li_2CO_3、LiF、Li_2O等。中间层为有机物层，主要包括$ROCO_2Li$、ROLi、$RCOO_2Li$（R为有机基团）等。最外层为聚合物层，如PEO-Li等。Peled在研究SEI膜阻抗时发现其成分中微观颗粒间的晶界阻抗R_{gb}要比体相的离子电阻大，由此提出SEI膜各成分颗粒是相互堆砌而成，类似马赛克结构（Masaic Model）。

通常情况下锂离子电池的工作电位范围为2~4.3V。其中，石墨类负极的工作电位范围为0~1.0V(vs. Li/Li^+)，而商用电解液氧化还原的电化学窗口一般为1.2~3.7V(vs. Li/Li^+)。因此，在高于嵌锂反应电位下，电解液中的锂盐（$LiPF_6$、LiBOB、$LiClO_4$、$LiBF_4$等）和有机碳酸盐溶剂（DMC、EMC、PC等）会在负极表面发生分解，产生的物质中不能溶解的部分将沉积覆盖在负极和正极表面上。这些沉积物质通常都含有Li^+，可以保证Li^+的传输，但对电子绝缘。如果SEI膜不能致密覆盖在电极表面，或者SEI膜不是电子绝缘体，那么锂盐和有机碳酸溶剂将继续在负极表面发生分解，并消耗正极的锂源，降低充放电效率。如果SEI膜能够阻止循环过程中锂盐和有机溶剂的继续分解，具有钝化膜的性能，也被称为表面钝化膜（Surface Passivating Film）。为了保持锂离子电池的性能稳定，理想的SEI膜往往需要具备以下特征：

（1）在SEI膜厚度超过电子隧穿长度时表现出完全的电子绝缘性；

（2）具有高离子电导性，保证Li^+快速传输；

（3）形貌及化学结构具有稳定性，不随电池循环而发生变化；

（4）能够适应充放电过程中电极材料的体积变化；

（5）电化学稳定性与热稳定性好，不发生分解。

在有机碳酸盐溶剂存在的情况下，电解质在电极表面发生分解形成各种还原产物。EC是商业化应用最多的碱基溶剂，在EC/DEC混合溶剂中通常生成Li_2O，而在EC/DMC混合溶剂中通常生成LiOH，这些反应主要和Li与溶剂中痕量的H_2O有关。溶剂DMC很容易在水中发生水解生成甲醇和CO_2；相反，DEC是不溶于水的。因此，选择两相、三相或四相共溶剂有助于提升电极/电解液的界面稳定性。电解质盐除了在电极表面沉积还原产物，还会产生CO_2、CO等气体，如含有EC的电解液会生成CO_2和C_2H_4，含有DEC的电解液会生成CO和C_2H_6，在DMC存在条件下会生成CO和CH_4。如果产生的气体溶解在电解液中将引起电解液成分的变化，在电解液中产生一个较强的浓度梯度，这将影响电解液的一些物理性能。

SEI膜的形成可以说是电极材料、电解质盐、有机碳酸盐溶剂的共同作用。SEI膜的钝化一般遵循经典的极限扩散过程，此外也受到电解液添加剂及其电化学窗口的影响，大多数高纯度的电解质溶剂在4.6~4.9V以上都存在一个分解电压。溶剂的还原过程可以是电极与溶剂分子之间的单电子或者双电子反应，而锂盐的还原是由负极极化导致的。如电解质盐 $LiClO_4$ 和 LiTFSI 能够形成多孔和海绵状的形貌；而 LiBOB 会形成一个无序的基体和一个类胶体组成的结构；电解质盐 $LiCF_3SO_3$、$LiBF_4$、$LiN(SO_2CF_3)_2$ 可形成一种有漏隙的 SEI 膜，这种结构将导致可逆 Li^+ 被消耗。当电极表面的 Li^+ 与 EC 还原产物的 CO_2 发生反应时将生成 Li_2CO_3，它能够将分离的富锂和贫锂区域连接起来，从而改善了这种有漏隙的 SEI 膜的性能。SEI 膜的生长一般受到电解质流动速率、电解质成分、充电电流、电压和温度等因素的影响，它与时间的平方根呈线性关系。在高温和深度放电的条件下会形成较厚的 SEI 膜。Li^+ 在电极和电解液界面之间的迁移受到了 SEI 膜结构的影响，较厚的 SEI 膜使得 Li^+ 在界面层之间的迁移阻抗增加。

构成 SEI 膜的一些化学成分会与痕量的 H_2O 发生反应生成 POF_2OR，这是一个自催化物质，它能加速盐的分解，改变 SEI 膜的成分并且使其结构发生扭曲。SEI 膜结构的变化会降低其电导率，在高温或者电流较大条件下，SEI 膜可发生完全的结构破坏。为了稳定 SEI 膜的结构，很多有机碳酸盐电解液都使用了碳酸亚乙烯酯（Vinylene Carbonate，VC）添加剂，它在电极表面发生还原反应生成 $CHOCO_2Li$ 和 $(CH=CHOCO_2Li)_2$，能够促进 Li^+ 在电极/电解液界面的传输。VC 与溶剂 EC、PC 和 DMC 相比具有较高的负的还原电位，可逆在这些溶剂之间发生还原，溶剂化程度小。VC 还能够明显减小有机碳酸盐在正极上分解产生乙烯、丙烯和氢等。其他 VC 基化合物如 2-氰基呋喃（2-cyanofuran，2CF）和乙基异氰酸脂（Ethyl isocyanates）也能在石墨表面形成良好的钝化层以避免石墨在 PC 基溶剂中发生剥层。

9.3 凝胶聚合物电解质

凝胶聚合物电解质（GPE）兼顾聚合物良好加工性能和液体电解质的高离子电导率，改善了使用液态电解质的锂离子电池可能出现的漏液、易燃和爆炸等问题，且电池的外形设计灵活，可连续生产。但凝胶聚合物电解质目前在商业化锂离子电池中的应用还存在一定的问题，如室温离子电导率低尚不满足锂离子电池大功率充放电的要求、机械强度还不能达到装配和使用过程中的要求。本节详细介绍了凝胶聚合物电解质的主要种类、改性技术及其发展。

9.3.1 凝胶聚合物电解质种类

目前，凝胶聚合物电解质主要研究体系有：聚氧化乙烯（PEO）、聚丙烯腈（PAN）、聚甲基丙烯酸甲酯（PMMA）、聚偏氟乙烯（PVdF）、聚偏氟乙烯-六氟丙烯（PVdF-HFP）、聚乙烯醇缩醛（PVB/PVFM）等。

1973年，Fenton 等人首次报道合成了聚氧乙烯（PEO）和碱金属盐双组分复合物。这种电解质质量较轻，并具有橡胶状弹性和良好的机械加工性能，可制成很薄的薄膜，为锂离子电池向全固态、超薄化发展提供了有利条件。但是 PEO 与碱金属盐复合物在室温下的离子电导率只有 10^{-7}~10^{-8}S/cm，目前主要研究集中于利用接枝、嵌段、交联、共混等方法抑制 PEO 结晶并降低玻璃化转变温度。

PAN 是一种化学稳定性好、耐热及阻燃的聚合物，具有良好的成膜特性，且能形成电导率接近液体电解质的凝胶聚合物电解质。由于其分子链中不含氧原子，所含氮原子与锂离子作用力较小，锂离子迁移数比 PEO 基大，可达 0.5。PAN 大分子链上含有强极性基团—CN，制得的凝胶聚合物膜与锂电极界面钝化现象严重；同时，随增塑剂含量增大，力学性能下降较为严重。对其改性研究主要侧重于 PAN/聚合物复合和 PAN/无机物复合两种。

PMMA 体系大分子链上的羰基侧基与碳酸酯类增塑剂中的氧能发生较强的相互作用，具有很好的相容性。但是该体系电解质表面液体电解液渗出的现象严重，可能是乙烯链段与 EC 或 PC 等增塑剂相容性较差所致。将丙烯腈和甲基丙烯酸甲酯发生共聚制备 P(MMA-AN) 基凝胶体系，其力学性能和电极的相容性都有明显提高，界面稳定性也有所提高。PVdF 大分子链上含有很强的推电子基（$—CF_2$），且介电常数较高（$\varepsilon=8.4$），有利于促进锂盐更充分的溶解，增加载流子浓度。聚偏二氟乙烯及其共聚物不溶解于碳酸酯类有机溶剂，形成的多孔聚合物网络比较稳定，同时可以降低 PVdF 结晶度，是较好的凝胶聚合物电解质基体和隔膜。目前，针对 P(VdF-HFP) 基凝胶聚合物电解质的研究方法有聚合物共混改性、聚合物交联改性、加入无机填料改性、聚合物微孔改善等。

PVA 及其衍生聚合物作为聚合物基体与 PEO 或 PVdF 聚合物复合形成网络结构，其改性处理后用于锂离子电池凝胶聚合物电解质的研究也有一些报道。日本 Sony 公司成功利用 PVA 系衍生物聚乙烯醇缩甲醛（PVFM）作为聚合物基体，采用原位聚合法制备得到果冻状的凝胶聚合物电解质。

除以上聚合物电解质体系外，其他类型的凝胶聚合物电解质主要在于聚合物本体结构的变化和改变增塑剂，或者采用单离子导体聚合物为基体制备凝胶聚合物电解质。

凝胶聚合物电解质的导电机理与聚合物/盐型电解质并不完全相同，目前仍没有明确成熟的理论，但有如螺旋隧道模型和非晶层导电模型予以解释。凝胶聚合物电解质中溶剂的引入，使体系的玻璃化转变温度降低，聚合物链段的运动能力增强，这有助于提高离子在体系中的迁移速度。即凝胶型聚合物电解质中锂离子的传递过程既有聚合物链段运动对锂离子的传递，又有凝胶中锂离子在富增塑剂微相中的迁移。因此，金属离子与溶剂之间的溶剂化作用成为凝胶电解质电导率提高的重要原因。

9.3.2 凝胶聚合物电解质制备方法

浇注法主要是成膜过程中在聚合物骨架体系中混入与其相容性好的第二相，第二相由于高沸点等原因留存在体系中，成膜后再将第二相抽提出去，但是传统浇注法制备的凝胶聚合物电解质室温电导率较低。复旦大学的 H. P. Zhang 等人利用水杨酸作为发泡剂，加入到 PVdF 溶液中流延成膜制备得到多孔凝胶聚合物膜，浸入 1mol/L $LiPF_6$/EC∶DMC∶DEC＝1∶1∶1(in vol) 电解液中形成多孔凝胶聚合物电解质，其 30℃ 离子电导率为 4.8×10^{-3}S/cm，100 次循环仍能保持初始容量的 90%。M. Deka 采用有机改性后的蒙脱土（MMT）作为无机纳米粒子，DMSO 作溶剂利用浇注成膜法制备了 PVdF 基纳米复合聚合物膜，在电解液 1mol/L $LiClO_4$/PC∶DEC＝1∶1(in vol) 中浸润后得到凝胶聚合物电解质。实验表明，当 MMT＝4%（质量分数）时达到最佳值，电导率可达 2.3×10^{-3}S/cm，且电化学性能与界面性能比复合前均有所提高。

相反转法是基于在聚合物溶液中引入非溶剂形成热力学不稳定体系，通过溶剂和非溶剂的不断交换或者溶剂的逸出而发生液-液相分离，形成聚合物的贫相和富相，聚合物富相发生固化形成聚合物骨架，贫相则形成多孔，形成多孔的聚合物膜后再采用液体电解质进行凝胶化。该法主要用于 PVdF 及其共聚物体系，例如，Y. M. Lee 等人采用相转移法在聚对苯二甲酸乙二醇酯（PET）基无纺布的表面涂覆 PVdF/NMP 溶液，在去离子水中浸渍后真空干燥得到多孔聚合物膜，在电解液 1mol/L $LiPF_6$/EC：DEC：PC=35：60：5(in wt)中浸润吸液量可达 290%，室温离子电导率达到 10^{-3}S/cm，电化学稳定窗口达 4.5V。

膜支撑法是指采用商业化隔膜直接浸渍或通过涂覆、电热纺丝等手段将聚合物黏附在聚乙烯、聚丙烯多孔膜或无纺布上，组装电池后浸润液态电解质得到凝胶聚合物电解质。直接浸渍法得到的凝胶聚合物电解质由于极性较高而具有较好的保液能力，可以克服普通隔膜对液体有机溶剂（PC、EC、DMC 等）浸润能力较差，电极和隔膜之间的界面电阻较高等缺陷。利用静电纺丝技术制得的纳米纤维直径可达 5~500nm，由于聚合物纳米纤维具有高的比表面积、大的孔隙率及良好的力学性能，从而在锂离子电池聚合物电解质领域具有广泛的应用前景。高淑德、黄再波等人用高压静电纺丝技术制备了具有微孔结构的偏氟乙烯-六氟丙烯共聚物 P(VdF-HFP) 无纺布膜，吸附离子液体 3-乙基-1-甲基咪唑鎓四氟硼酸盐（$EMIBF_4$）后形成的凝胶聚合物电解质兼具离子液体和聚合物的优点，其室温离子电导率达到 8.43×10^{-3}S/cm。

原位聚合法是在电解液中加入一定比例的单体和引发剂，组成混合电解质溶液，在一定条件下单体和引发剂发生聚合化学反应，生长出二维和三维聚合物网络，并与电解液产生化学作用，形成凝胶聚合物电解质。常用的原位聚合技术有室温现场聚合法、热聚合法、电化学引发聚合和原位辐照聚合等。热引发工艺制备的锂离子电池凝胶聚合物电解质固化电解液含量高，电解质离子电导率高；同时单体与正负极片黏结紧密使得电极与电解质界面化学性质很稳定。电引发最大的优点是聚合物电解质的电聚合反应是在电池的化成工艺中完成的，一个工序完成化成和聚合两个任务。辐照引发可以直接引发聚合反应，避免了添加引发剂而引入的杂质，同时相比于热聚合引发反应彻底，能量消耗低，但是投资成本高。

9.3.3 凝胶聚合物电解质改性

（1）聚合物调控。聚合物电解质的性能常通过对聚合物接枝、共混、嵌段等方式进行调控。Takahito Itoh 等人采用具有刚性的 3，5-二醇-苯甲酸为枝化单元对 PEO 基聚合物进行接枝聚合，但交联后离子电导率较非交联的要低。这说明虽然分子量不显著影响离子电导率，但分子量分布对离子电导率影响较大，且随分子量分布变宽而下降，如端基的进一步枝化会导致电导率的下降。聚合物共混可以抑制结晶，提高链段运动能力，改善电导率和力学性能。美国阿贡实验室的 Z. H. Chen 等人研究了共混改性的 P(EO/EM/AGE) 体系凝胶聚合物电解质，室温离子电导率最高可达 5.9×10^{-3}S/cm，与相应的液态电解质相比具有较好的循环性能和倍率性能。

采用水解甲基丙烯酰氧基丙基三甲氧基硅烷（MAPTMS）与二丙烯酸聚乙二醇 400 酯（$PEGDMA_{400}$）的共混物对 PVdF 进行改性得到多孔聚合物膜。由于该共混物能略溶于去离子水，真空烘干后其所在位置成为较大孔隙，微孔扩大有利于液体电解液的浸渍吸附而凝胶化。在共聚物与 PVdF 质量比为 3∶7 时得到力学性能优异、室温离子电导率达 6.28×10^{-3}S/cm，电化学稳定窗口在 4.5V(vs. Li/Li^{+}) 的多孔凝胶聚合物电解质。

（2）加入无机填料。无机纳米填料可以与聚合物链段形成以填料为中心的物理交联网络体系，增强聚合物分散应力的能力，提高聚合物电解质的力学性能及热稳定性。常用的无机填料有 SiO_2、Al_2O_3、沸石、r-$AlLiO_2$、TiO_2、ZnO_2 等。

加入无机填料后凝胶聚合物电解质的电导率由三部分贡献，即本体电导、分散的无机填料的电导、分散的无机填料表面的高电导覆盖层的电导。Monika Osińska 研究了亚微细 SiO_2 陶瓷填料对 PVdF/HFP 体系多孔复合凝胶聚合物电解质性能的影响。结果发现，当陶瓷填料的含量达到聚合物基体的 50%时，体系具有最高的离子电导率。此类凝胶聚合物电解质中，锂离子的传导不仅取决于液态电解质的吸附量，SiO_2 填料表面的空间电荷层同样可以产生电荷传递通道而有利于体系电导率的提高。

同时，由于纳米离子具有较高的比表面积，在聚合物体系中易于团聚。有些学者研究了通过对纳米粒子进行表面改性对无机纳米粒子与聚合物相容性的影响，如通过十六烷基三甲基铵盐对层状蒙脱土（MMT）进行改性，使其表面性质由亲水性变为疏水性，并增大蒙脱土的层间距，改善其在聚合物中的分散性能，从而提高体系的离子电导率。

（3）复合离子液体。离子液体具有非挥发特性、导电性良好、电化学窗口稳定、较宽的温度稳定范围、无着火点、无可燃性等特点，有望与聚合物电解质的优点完美结合在一起得到具有安全性高、性能优良的锂离子二次电池，因此近年来成为人们关注的热点。

目前，应用于锂离子电池电解质的离子液体主要有咪唑类、季铵盐类、吡唑类和哌啶类等。利用 PVdF-HFP 微孔膜与胍基离子液体复合制备得到 PVdF-HFP/1g13TFSI-LiTFSI 凝胶聚合物电解质，25℃和 50℃离子电导率分别为 3.16×10^{-4}S/cm 和 8.32×10^{-4}S/cm，电解质分解电压分别达到 5.3V 和 4.6V(vs. Li/Li^{+})，与 $LiFePO_4$ 正极匹配前 100 次循环没有明显的放电容量损失。利用咪唑类离子液体 EMITF 修饰 PEO 基 Li 系和 Mg 系双电层电容器聚合物电解质，其室温离子电导率约为 10^{-4}S/cm，循环伏安测试其电化学稳定窗口为 4V，具有较好的界面性能和循环性能。

合成改性后的离子液体/聚合物复合电解质具有传统电解质所无法比拟的优点，但是电导率还有待进一步提高。目前，凝胶聚合物电解质尚处于研究阶段，应用在电池上的性能仍需要进一步完善，尚未实现商业化。随着锂离子电池应用范围的拓宽，对凝胶聚合物电解质的力学性能、界面稳定性、安全性能等要求也越来越高。在未来的研究工作中，一方面通过对聚合物基体和凝胶体系的改性处理提高凝胶聚合物电解质的电化学性能和安全性能；另一方面深入研究完善凝胶聚合物电解质的导电机理十分必要，从而在理论上指导开发新的聚合物体系达到应用性能的要求。

9.4　固态聚合物电解质

9.4.1　液态电解质存在的主要问题

目前，商用锂离子电池一般采用有机液态电解质。但是对于能量密度越来越高的采用液态电解质的锂离子电池，尽管从材料、电极、电芯、模组、电源管理、热管理、系统设计等各个层面采取了多种改进措施，安全性问题依然很突出，热失控难以彻底避免。除此之外，液态电解质锂离子电池面临以下主要问题：

（1）电解液在高电压和高氧化活性条件下的氧化分解。为了提高正极材料容量，需要充电至高电压以便脱出更多的锂，目前针对钴酸锂的电解质溶液可以充电到4.45V，三元材料可以充电到4.35V，继续充到更高电压，电解质会氧化分解，正极表面也会发生不可逆相变。对于高容量的层状氧化物，在充电至较高电压时，正极晶格中的氧容易失去电子，以游离氧的形式从晶格析出，并与电解液发生氧化反应，导致热失控。

（2）电极/电解质界面膜（Solid-Electrolyte Interface，SEI）持续生长造成电解液损耗。如果SEI膜不致密，SEI膜部分组分溶解在电解液里，导致正负极表面的SEI膜持续生长，引起活性锂的减少，电解液持续耗尽，内阻、内压不断提高，电极体积膨胀。一些正负极材料在循环过程中存在较大的体积膨胀收缩，如高容量的硅负极，不断出现电极/电解液新的界面，SEI生长和电解液的持续分解。对于层状及尖晶石结构氧化物正极材料来说，正极在充电态下处于高氧化态，容易发生还原相变，骨架中的过渡金属离子与电解质中的溶剂相互作用后析出到电解液，并扩散到负极，催化SEI膜进一步生长，内阻增加，可逆容量损失。

（3）与金属锂负极的匹配存在严重问题。从热力学角度分析，金属锂与碳酸酯基液态电解质是不稳定的，高活性的金属锂与液体电解质直接发生还原反应，使得电解质和负极中的活性物质被消耗。随着锂的沉积/剥落，金属锂负极出现较大的体积变化，导致具有脆性的SEI破裂，裸露出新鲜的界面，继续与电解液反应，消耗金属锂和电解液。而且，金属锂不均匀沉积，导致锂枝晶生长，造成微短路。

固态电池技术有望解决现有液态电解质锂离子电池应用中存在的安全和寿命等问题，并有望进一步提高电池体系的能量密度。例如，全固态金属锂电池的能量密度可达到现有锂离子电池的2~5倍，且循环性和服役寿命更长，倍率性能更高。固态电池作为动力电池的发展，成为解决新能源汽车的安全性和续航能力等瓶颈问题的关键。但是，固态电解质替代液态电解质的应用还存在诸多的技术障碍。首先，固态电解质的室温电导率仍需要继续提升；其次，固态电解质与电极及其活性材料的界面问题导致锂离子的扩散动力学条件比液态电解质电池体系相差许多。液态电解质离子电导率较高，并具有流动性和较好浸润性，与多孔正极的相容性好，液态电解质锂离子电池中电极的实际电化学反应面积是几何面积的几十到几百倍，接触电阻相对较低，电芯的内阻在10~15mΩ/(A·h)。因此，固态电解质和金属锂负极的技术进步直接决定了固态电池的发展，本节对固体电解质的种类、技术要求和挑战进行深入介绍。

9.4.2　固态聚合物电解质种类

理想的固态电解质应符合如下一些基本要求：电导率应接近或达到10^{-5}~10^{-2}S/cm；锂离子迁移数应尽可能地接近1；电化学窗口>4.5V，与电极之间不发生不必要的副反应；在电池工作温度（-40 ~ 150℃）内，应具有良好的热稳定性，可实现电池批量生产。法国博洛雷（Bolloré）的子公司——法国BatScap推出了实用化的全固体二次电池，负极材料采用金属锂，电解质采用聚合物薄膜，该产品又被称为金属锂聚合物电池（LMP）。与传统的隔膜+电解质的体系相比，使用聚合物电解质可以避免传统液态锂离子电池的漏液问题，作为固体电解质基质的聚合物充当了隔膜和电解质的角色，提高电池的安全性能和能量密度，并可实现电池的薄型化、轻便化和形状可变等优点。

固态聚合物电解质的基本类别如下：

（1）聚合物-盐络合物（salt-in-polymer）：盐溶解于极性高分子基体中。

（2）离子橡胶（ionic rubber，polymer-in-salt）：该类电解质含有低温熔融盐和少量高分子聚合物，从结构角度来说，该体系聚合物电解质与胶体电解质类似。

（3）单离子导电聚合物电解质（single-ion conducting polymer）特别是惰性骨架上嫁接阴离子基团的聚电解质，一个思路是将锂盐阴离子通过聚合的方法固定在聚合物链上，只有锂离子的迁移。该体系通常需要合适的溶剂或增塑剂来获得高的电导率并实现最初的解离获得其质子导电形式。

按照体系各自的特征，固体聚合物电解质又可分类为："耦合"体系、"解耦合"体系、"单离子"体系三类。耦合体系的离子传导主要发生在耦合物基体的非晶区，并且和聚合物的链段运动能力密切相关，聚合物-盐络合物就属于耦合体系。解耦合体系设计的思路是让锂离子在聚合物中有更大的运动空间，可通过形成盐溶聚合物（Polymer in salt）、液晶聚合物等途径实现。其中，以耦合体系的聚合物-锂盐络合物研究得最广泛和深入。

9.4.3 聚合物-锂盐络合体系

由于稳定的物理化学性质，聚合物-锂盐络合电解质受到广泛关注并不断发展，这些聚合物的单体中往往包含 N、O、F、Cl 等带有孤对电子的元素，并且通过这些孤对电子与 Li^+形成络合物。表 9-3 列出了几种在聚合物电解质中常用的聚合物骨架材料的分子式、熔点与玻璃化温度。

表 9-3 部分聚合物基体的分子式、玻璃化温度和熔点

聚合物基体	重复单元	玻璃化温度 T_g/℃	熔点 T_m/℃
聚氧乙烯	$-(CH_2CH_2O)_n-$	-64	65
聚氧丙烯	$[CH(CH_3)CH_2O]$	-60	无（无定形态）
聚二甲基硅氧烷	$[SiO(CH_3)_2]_n$	-127	-40
聚丙烯腈	$-CH_2CH-(CN)_n-$	125	317
聚甲基丙烯酸甲酯	$-[CH_2C-(CH_3)-(COOCH_3)]_n-$	105	无（无定形态）
聚氯乙烯	$(CH_2CHCl)_n$	82	无（无定形态）
聚偏二氟乙烯	$-(CH_2CF_2)_n-$	-40	171
聚偏二氟乙烯-六氟丙烯	$-(CH_2CF_2)_n-[CF_2\ CF(CH_3)]_n-$	-65	135

形成聚合物-锂盐络合的电解质体系的首要条件是锂盐易于在高分子固体中解离，因此体系选用的锂盐具有较低的晶格点阵能或离子解离能、聚合物高分子具有较高的溶剂化作用能（离子-偶极相互作用）和较高的介电常数。一般而言，离子半径小的阳离子（硬酸）与电荷基本上离域且离子半径大的阴离子（软碱）所组成的离子对具有较低的点阵能，因此固态聚合物电解质采用的聚合物基体主要是聚合物链上具有配位能力强而空间位置适当的给电子极性基团，如醚、酯、硅氧等基团。这些基团能帮助聚合物基体与锂盐形

成络合物，这其中以聚氧乙烯（又可称为聚环氧乙烷，PEO）为代表。PEO 对阳离子和阴离子的溶剂化作用能分别与高分子的给体数目和受体数目有关。聚醚（如聚氧乙烯）的受体数少（10.8，甘醇二甲醚）而给体数多（22，甘醇二甲醚），高于水的给体数（16.4），因而聚醚优先使阳离子成为溶剂化物。与其他高分子聚合物相比，PEO 的介电常数较高（晶相和无定形相共存时 PEO 的介电常数为 4，而无定形相材料约为 8），但与有机溶剂如碳酸丙烯酯（64.4）相比，却要低得多，这类低介电常数聚合物中存在的严重问题就是形成了大量的离子簇，离子簇存在的状态包括单离子、离子对和三离子缔合体以及进一步的聚集状态。而具有—C—C—O—重复单元的聚醚结构能使同一个高分子中的几个醚氧原子与一个阳离子发生配位作用，从而有效地使盐解离，故溶剂化作用是多个醚氧原子的配位能之和，使得材料的介电常数虽然低，但盐的解离度仍相对较高。因此，PEO 的分子结构和空间结构决定了它既能提供足够高的给电子基团密度，又具有柔性聚醚链段，从而能有效地溶解阳离子，被认为是最好的一种聚合物类型盐溶剂。

目前，聚合物电解质研究的重点仍是在满足一般力学性能要求的同时尽可能地提高其室温导电性能。为了提高室温电导率，聚合物除应满足以上的基本要求之外，聚合物还应具有较低的键旋转能垒和高的柔顺性，以利于其链段的运动和适应配位作用发生时聚合物链段构象的变化；参与配位的杂原子（如聚醚中的氧原子）应有适度的间距；聚合物和阳离子间发生复合作用时，应具有较小的空间位阻等。玻璃化转变温度（T_g）是聚合物链段运动开始的温度，T_g越低，链段运动能力越强，但同时较低的 T_g会影响聚合物基体的热稳定性及力学性能。因此，对该种体系的改性主要采取共聚、共混、无机填料、交联、接枝等，通过一种或多种方法同时运用以达到抑制结晶、提高链段能力，提高载离子浓度的目标。

9.4.4 聚氧乙烯 PEO 基电解质

本节主要对以聚氧乙烯为主的聚醚体系的分子结构和空间结构对锂离子解离和迁移的影响进行深入分析。

9.4.4.1 PEO 的结构特征

聚氧乙烯（PEO）也叫聚环氧乙烷，分子式为—$(CH_2CH_2O)_n$—，具有单斜和三斜两种结构。其中单斜晶系的 PEO 属于 $P2_1/a(C_{2h}^5)$ 空间群；点阵常数为 $a=0.805$nm，$b=1.304$nm，$c=1.948$nm，$\beta=125.4°$；每个晶胞中分子链数为 4 个，为螺旋结构（72），晶体密度为 1.228g/cm^3。而三斜晶系的 PEO 属于 P1(C) 空间群；点阵常数为 $a=0.471$nm，$b=44.4$nm，$c=0.712$nm，$\alpha=62.8°$，$\beta=93.2°$，$\gamma=111.4°$；每个晶胞分子链数为 1 个，为平面锯齿结构，晶体密度为 1.197g/cm^3。通常 PEO 以单斜晶系形式存在，常温下 PEO 的结晶度约为 85%，玻璃化温度约为-64℃。研究结果表明，离子的迁移主要发生在聚合物中的无定形相。因此，具有完全无定形相的聚氧丙烯（PPO）常被用作对比研究，但是 PPO 中甲基的空间位阻效应对聚合物-Li^+相互作用及离子电导率均有负面影响。

在 PEO-盐络合物中，PEO 链段上氧的孤对电子通过库仑作用与 Li^+发生配位，使得锂盐的阴、阳离子解离，通过该过程可将锂盐“溶解”在 PEO 基体中，这与盐在溶剂中的溶解过程相似，而不同之处在于在盐溶液中离子能在溶液中自由移动，而在 PEO-盐络合物中由于聚合物链的尺寸较大，离子的自由移动几乎是不可能的。因此，聚合物中离子的迁移需要 PEO 链段的伸展运动，即短链段的运动导致阳离子–聚合物配位键松弛断裂，阳离子在局部电场作用下扩散跃迁。这种阳离子扩散运动可以在一条链上不同的配位点之间进行，也可以在不同链的配位点之间进行。其基本原理如图 9-9 所示。

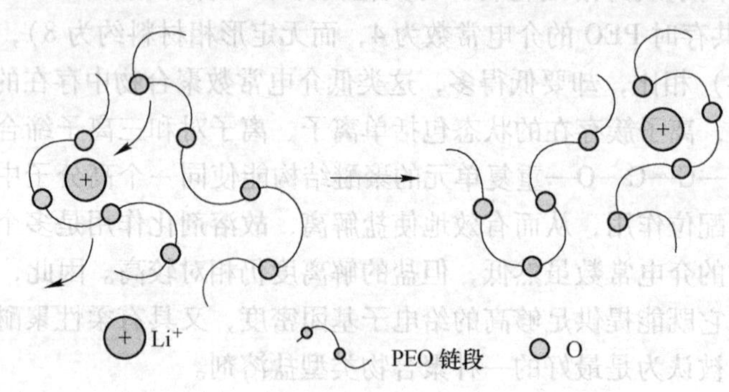

图 9-9 PEO-盐络合离子迁移示意图

相图是理解物质不同物相之间的相互转化及其相关物理、化学特性变化的一个重要途径。对于聚合物–盐体系而言，所得到的相图一般比较复杂，其中包括复合物晶相、聚合物晶相以及溶有无机盐的聚合物无定形相。对于含有小的单价阳离子（如 Li^+）的体系，络合物的化学计量比是 $P(EO)_3$-MX；而对于更大一些的阳离子如 K^+、NH_4^+ 等，计量比为 $P(EO)_4$-MX，而相组成则丰富得多。图 9-10 所示是 PEO-LiTFSI 的相图，PEO-LiTFSI 与 PEO-$LiCO_4$ 类似，当 EO：Li≥6：1 时，尽管存在晶相，但聚合物链之间的相互作用弱，因此 PEO-盐晶相络合物的熔点最低。

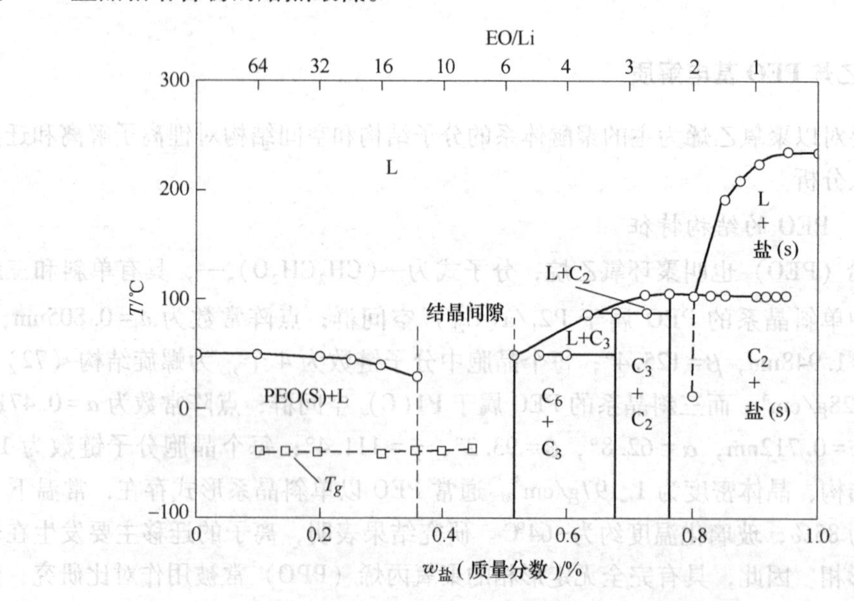

图 9-10 PEO- LiTFSI 对应不同 EO：Li 配比的相图

众所周知，物质或物相的结构与性能密切相关，因此对聚合物性能改善的前提建立在对聚合物电解质结构深入了解的基础上。Bruce 课题组先后获得了 $P(EO)_3$-$LiCF_3SO_3$、

$P(EO)_3$-$LiN(CF_3SO_2)_2$、$P(EO)_6$-$LiAsF_6$、PEO-$NaCF_3SO_3$ 和 $P(EO)_4$-KSCN 等的空间结构信息，结果表明，当阳离子离子半径从 Li^+(0.076nm) 增大到 Rb^+(15.2nm) 时，PEO-盐络合物的结构均是两条 PEO 分子链弯曲缠绕形成螺旋链结构，阳离子位于 PEO 螺旋结构中而阴离子位于链外，如图 9-11 所示。PEO-盐络合物从晶态到无定形态，虽然聚合物的长程有序遭到破坏，但结构的大部分得以保留。在阳离子聚合物的次级结构得以保留的情况下，阳离子优先在该短程有序的螺旋结构中发生迁移，而阳离子在螺旋结构之间的迁移是控制步骤。

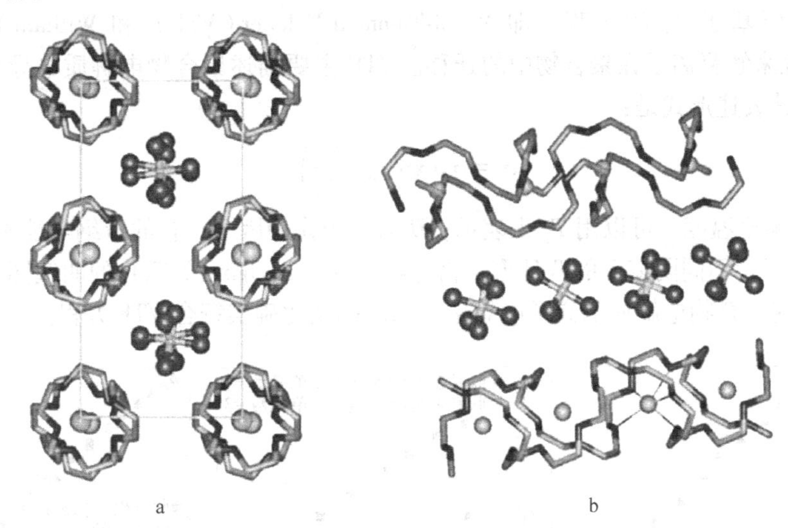

图 9-11 $P(EO)_6$-$LiAsF_6$ 的结构图

a—沿 a 轴方向所看到的结构，Li^+、AsF_6^- 分别夹杂在聚合物链的中间；

b—聚合物链构像及其成键示意图（其中细线为 Li^+ 与周围氧原子的配位键）

9.4.4.2 PEO 中离子的输运机理

稳态条件下，离子传导率 σ 可以用以下公式表示：

$$\sigma = F\sum_i n_i Z_i \mu_i \tag{9-8}$$

式中，F 为 Faraday 常数；n_i 为可游离离子的电荷数；Z_i 为电荷数；μ_i 为离子的迁移数（迁移速度或淌度）。因此，对于 PEO-盐络合物而言，当盐浓度较高时，所形成的紧密结合的离子对及离子簇数目多，从而导致可移动的离子浓度降低。因此，依据式（9-8）实现聚合物电解质高的导电性，要增大可移动离子浓度 n 和离子的迁移速度 μ。不过除了上述稳态条件下的物理因素影响外，降低离子传输程的活化能或提供合适传导的离子传输也是应该考虑的因素。根据聚合物自由体积理论，聚合物中离子传导率的表达式如下：

$$\sigma = \sigma_o \exp[(-\gamma V_i^* / V_f) - (E_j + W/2\varepsilon)/kT] \tag{9-9}$$

式中，E_j为高分子中离子迁移的活化能；W 为高分子中盐的解离能；ε 为高分子的介电常数；γ 为与离子运动的自由体积相关的一个数学因子；V_i^* 为离子迁移要求的最小空穴尺寸，产生于自由体积的热涨落；V_f 为在高于玻璃化温度（T_g）的温度（T）下每个离子自由体积的平均值。

$$V_f = V_g[f_g + a(T - T_g)] \tag{9-10}$$

式中，V_f、f_g 和 a 分别为 T_g 温度下的相对体积、T_g 温度下每个扩散单元的平均自由体积分数和线膨胀系数。由式（9-10）可见，当含有无机盐的高分子基质中存在高介电环境和足够大的自由体积时，其自由体积对体系离子传导率的贡献就已经很低了，甚至可以忽略不计。

若考虑聚合物电解质中离子电导率与温度之间的关系，虽然经典的 Arrhenius 理论仍然是解释聚合物中链段运动导致的离子迁移的温度关系的重要理论，但是在聚合物中典型的 $\lg\sigma$ 通常用基于 T_g 的方程，即 Vogel-Tamman-Fulcher（VTF）和 William-Landel-Ferry（WLF）方程来解释离子在聚合物中的迁移。VTF 主要描述聚合物电解质电导率与温度之间的关系，其表述形式是：

$$\sigma = \sigma_0 \exp\left(\frac{-B}{T - T_0}\right) \tag{9-11}$$

式中，T_0 为参比温度，可以用 T_g 来表示；B 为一个作用因子，它的量纲与能量量纲相同。图 9-12 给出了含不同阴离子的两种聚合物电解质 $\lg\sigma$-T、$\lg\sigma$-$(T-T_0)$ 的曲线图。从图中可以看出，这些聚合物电解质的离子电导率随温度的变化确实符合 VTF 方程。

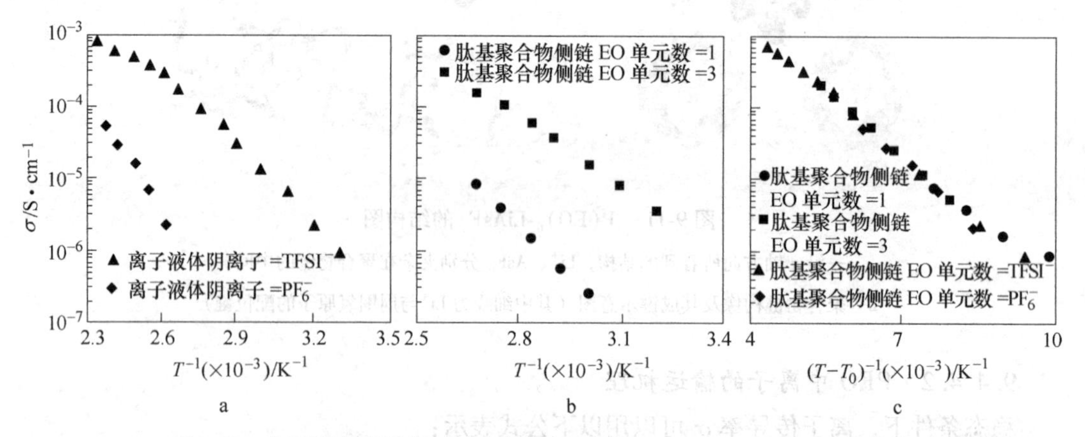

图 9-12 含不同阴离子的两种聚合物电解质的 $\lg\sigma$-T、$\lg\sigma$-$(T-T_0)$ 的曲线

a—带不同阴离子聚合物离子液体（IPL）电导率的 Arrhenius 曲线；b—带不同长度 EO 侧链的肽基聚合物电解质电导率的 Arrhenius 曲线；c—部分聚合物电解质电导率的 VTF 曲线

由于 VTF 方程是建立在盐在聚合物中能够完全溶解，且离子的运输是依赖于聚合物链段的半随机运动提供的自由体积，从而使离子在电场作用下发生移动的假设基础上的，因此通常也可通过 Stokes-Einstein 方程将扩散系数与 VTF 方程联系起来。然而该模型并未考虑离子之间的相互作用及其对电导率机理的影响，若仅考虑聚合物分子链段对离子电导率的贡献，也可以从 VTF 方程推论出在室温条件下玻璃化温度低的聚合物电解质的离子电导率也较高。

在对 PEO 和 PPO 盐络合物研究的基础上，无定形体系中聚合物分子链运动的弛豫过程，可以用 William-Landel-Ferry（WLF）方程将离子电导率与频率和温度联系起来：

$$\lg\frac{\sigma(T)}{\sigma(T_g)} = \frac{c_1(T - T_g)}{c_2 + (T - T_g)} \tag{9-12}$$

式中，$\sigma(T_g)$ 为温度 T_g 下相关离子的电导率；c_1 和 c_2 分别为离子迁移的自由体积方程中的 WLF 参数。从 WLF 方程可以看出，聚合物电解质的离子电导率主要发生在玻璃化温度 T_g 以上。而在玻璃化温度 T_g 之下，电导率则会快速下降。

基于上述理论可以较好地理解 PEO-盐络合物的导电机理：一方面，PEO 具有比较高的结晶度，能够有效传输离子的无定形相所占比例不高，降低了离子的迁移速率；另一方面，PEO 的介电常数较低，部分盐以离子对形式存在，降低了体系的载流子数目和浓度。因而纯固态 PEO 基聚合物电解质的室温离子电导率非常低，如 PEO-$LiClO_4$ 在室温下的离子电导率仅在 10^{-7}S/cm 数量级。

PEO 基聚合物电解质的离子电导率除了与上述因素有关外，研究中还发现 PEO 链段的摩尔质量也会对其离子电导率有显著的影响。图 9-13 所示为每摩尔 EO 单元含有 (0.093±0.008)mol Li^+ 且在熔点（约 76℃）附近时，PEO/LiTFSI 体系的离子电导率随 PEO 链段摩尔质量大小变化而变化的关系曲线。从该图可以看出，链段摩尔质量在 10^2 ~ 10^3g/mol 时其离子电导率最高，可达 4×10^{-3}S/cm。

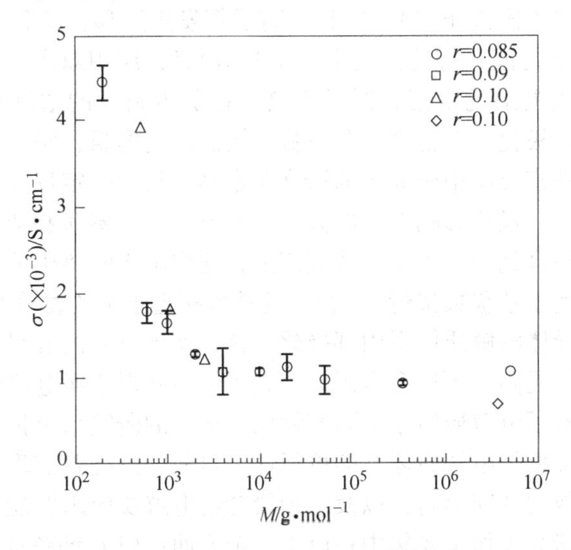

图 9-13 PEO/LiTFSI 在 (76±1)℃不同盐浓度下 PEO 摩尔质量 M 与电导率之间的关系

9.4.5 离子橡胶

1993 年，在研究锂盐浓度与电导率关系的基础上，Angle 等人提出了 “polymer-in-salt” 的概念，就是将少量聚合物掺杂到低共熔盐中组成的新型聚合物电解质体系，例如 $LiClO_3$-$LiClO_4$/PEO 聚合物电解质体系，其电导率随盐浓度的变化规律如图 9-14 所示。该类聚合物电解质在锂盐含量为 10%时出现一个电导率峰值，而后逐渐下降并在 30%时达到最低值，此时若锂盐含量进一步增加，则体系进入了 “polymer-in-salt” 的区域，离子电导率又随锂盐含量增加而逐渐提高，达到了 10^{-4}S/cm。这种新型聚合物电解质的出现预示了在一定条件下可使离子长程传输，而不再依赖于聚合物链段的弛豫过程，同时材料体系又具有聚合物的弹性特征。

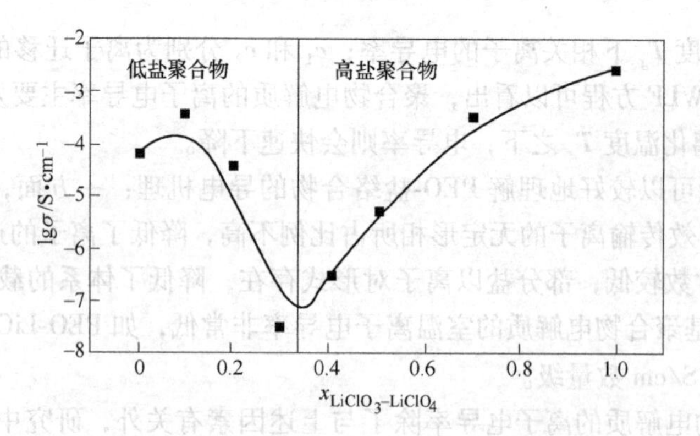

图 9-14 $LiClO_3$-$LiClO_4$/PEO 聚合物电解质体系电导率随锂盐含量增加的变化

9.4.6 单离子导体体系

传统的聚合物电解质通常采用盐溶聚合物的形式，与液态有机电解质一样都是双离子导体，即伴随充放电过程阳离子（Li^+）和阴离子都发生迁移，这种情况下锂离子迁移数比较低，仅在 0.2~0.5 之间，有的甚至小于 0.1。而且，应用双离子导体的电池体系，在充电过程中阴离子在正极附近富集，同时阴离子在负极附近的浓度极低，盐浓度发生改变，造成了阴离子浓差极化，会抵消部分电势，增加电池内阻，阻碍了在充放电过程中锂离子的扩散。尤其，在富集层中阴离子的浓度非常高，具有一定反应活性，可以促进或者直接参与电化学副反应，最终影响电池的大电流充电效率、寿命和能量密度。如果通过共价键将锂盐的阴离子键合到高分子主链或侧链上，这样由于阴离子分子量和体积巨大而迁移困难，从而实现锂离子迁移数接近 1。离子迁移数接近于 1 的锂单离子型聚合物电解质，可以解决以上双离子导体电解质体系内部极化问题，实现体系的容量、循环寿命、能量密度和安全性等较全面的提高，更适合全固态锂离子电池和锂金属电池体系。

锂单离子导体拓宽了电解质体系的研究领域，最近的研究结果报道也让人们进一步认识到了其作为全固态锂离子电解质体系的可行性。目前，围绕着实现锂单离子导体的离子电导率和锂离子迁移数的共同提高，以及作为聚合物电解质应用性能例如机械强度的提升等关键问题，具体的研究工作主要集中在以下三个方面：（1）调整锂离子源中聚阴离子基团；（2）改变聚合物骨架种类以及构筑共聚物结构；（3）优化锂单离子导体作为电解质应用的形态和性能。实验结果证实：锂离子源中聚阴离子基团与锂离子解离程度直接相关。全氟烷基酸锂 PCHFEM-Li（如图 9-15 所示）以羧酸基为锂离子源中的聚阴离子基团，并将烷基进行氟代，提高负电荷的离域化作用，体系的电导率约为 10^{-8}S/cm。与羧酸锂相比，磺酸基具有更低的解离能，聚对苯乙烯磺酸锂（LiPSS）单离子导体聚合物电解质，与 PEO 共混室温电导率达到 3.0×10^{-8}S/cm。进而，双（三氟甲基磺酰）亚胺阴离子（$[N(SO_2CF_3)_2]^-$，$TFSI^-$）是典型弱配位阴离子，由于其分子结构中含有两个强吸电子的三氟甲基磺酰（$CF_3SO_2^-$）基使亚胺负离子的电荷高度分散离域化，锂盐解离度高，遵循这一规律研究者设计了含有亚酰胺基的单离子导体聚合物电解质，以提高体系的离子电导率。含有双全氟烷基磺酰亚胺聚阴离子结构单元的 P[TFSI] 结构如图 9-16 所示，室温电导率约为 10^{-7}S/cm，锂源中

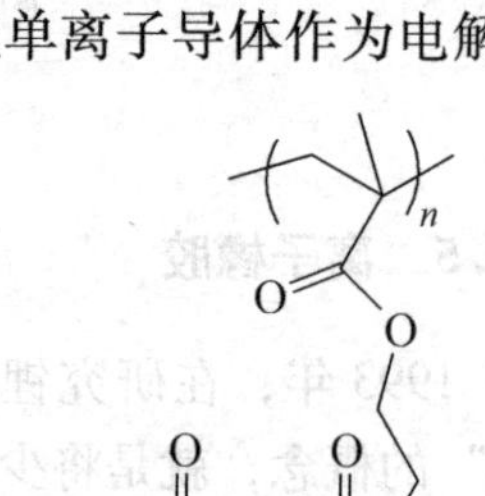

Li^+ $^-OC(F_2C)_3CO$

图 9-15 PCHFEM-Li 聚合物结构

聚阴离子的设计可以实现电导率一定程度上的提高。与氮和硫原子相比，铝和硼原子具有更低的电负性，电荷更易离域，有助于形成弱配位阴离子。Matsumi 等人将有机硼化物用苯基锂处理后得到结构如图 9-17 所示的单离子导体聚合物，锂离子迁移数达到 0.8，50℃时电导率为 10^{-6}S/cm。以铝、硼原子为中心的聚阴离子基团构建锂离子源的单离子导体电解质电导率较高，已成为目前具有发展潜力的体系，但仍存在体系分子量较低，化学稳定性和力学性能不理想、不能满足应用要求，需要结合主链单元的设计和结构的构筑完成进一步改善。

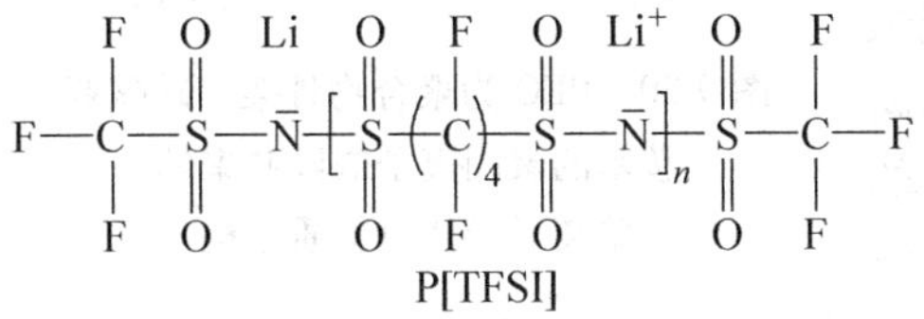

P[TFSI]

图 9-16 含有双全氟烷基磺酰亚胺聚阴离子的聚合物结构

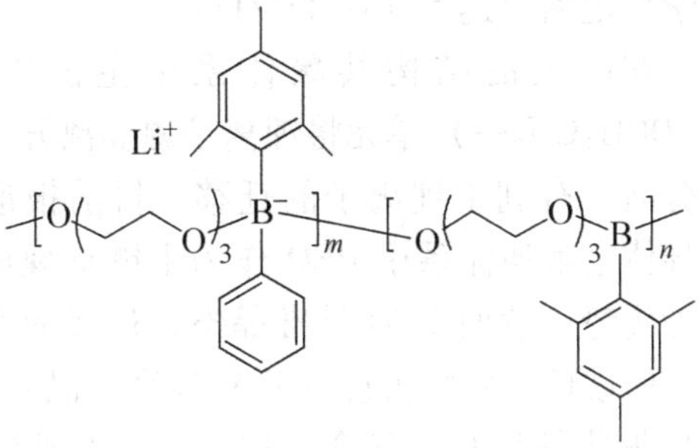

图 9-17 含有硼基聚阴离子的聚合物结构

聚合物主链、侧链以及共聚物的结构直接决定了锂离子的迁移能力，新体系的探索有望提高离子电导率的同时揭示锂离子传导机理。聚合物基体的种类繁多，而且目前聚合物大分子的种类和比例对单离子导体电解质中锂离子迁移的影响机制并无定论，大多数单离子导体电解质的设计借鉴了一般聚合物电解质体系的经验。以聚甲基丙烯酸甲酯（PMMA）为基本骨架的羧酸基锂盐均聚物结构如图 9-18 所示，随着 m 和 n 值的不同，其电导率有所不同，但其室温电导率低于 10^{-9}S/cm。该研究提出的将离子传导功能区（Ion Conduction Matrix）引入到主链结构中的设计思想对后续研究具有重要的启发。聚环乙烷 PEO 具有 2 对孤对电子和很强配位能力的醚氧原子（—O—），锂离子在其协助下可在非晶相中跳跃移动实现离子扩散。将磺酸锂基团连接到聚氧化乙烯（PEO）的两端合成了单离子导体聚合物电解质 PEO-$(SO_3Li)_2$，如图 9-19 所示，30℃电导率达到 4×10^{-6}S/cm。

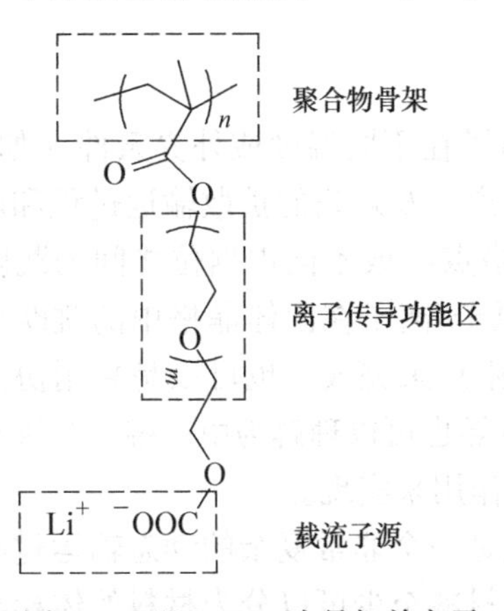

图 9-18 以 PMMA 为骨架单离子导体电解质结构

$$LiO_3SH_2CH_2C-(CH_2CH_2O)_{n-1}-CH_2CH_2SO_3Li$$

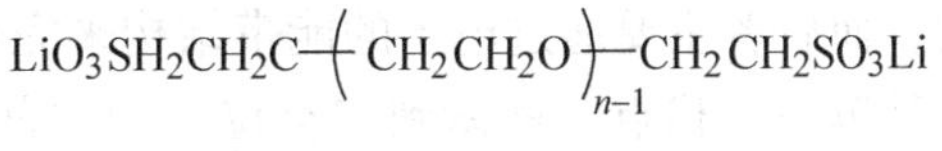

图 9-19 以 PEO 为骨架的磺酸基单离子导体电解质结构

R. Bouchet 等人设计的以 PEO 为聚合物骨架、磺酰亚胺基的聚阴离子嵌段共聚的单离子导体，如图 9-20 所示。其呈现了优异的性能，锂离子迁移数大于 0.85，具有较高的离子电导率，在 60℃时达到 1.3×10^{-5}S/cm，并且作为电解质应用其具有优异的力学性能（在 40℃，达到 10MPa），且电化学稳定窗口达 5V(vs. Li^+/Li)。

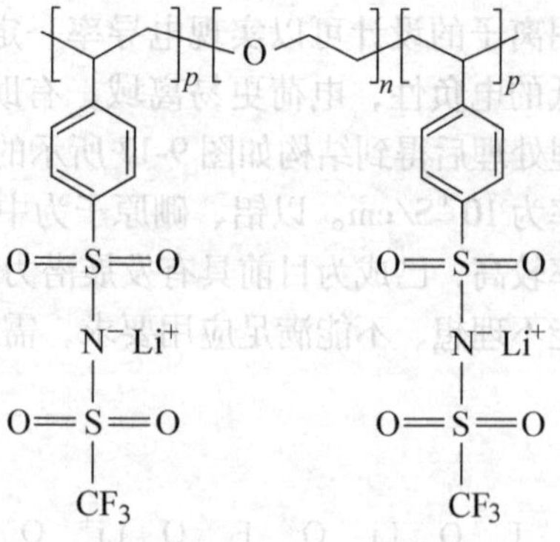

图 9-20　PEO 为聚合物骨架、磺酰亚胺基的聚阴离子嵌段共聚的单离子导体电解质结构

在以上的结构共聚体系中主链中的醚氧（—OCH_2CH_2—）单元将锂离子源隔离开，形成微相分离，有利于锂离子的迁移。目前报道的单离子导体电解质体系中 PEO 作为主链呈现出较大的性能优势，然而 PEO 是准晶态，过多的引入导致体系的玻璃化转变温度（T_g）提高，晶相的存在限制了锂离子的移动，体系电导率不高；而且非晶态 PEO 处于介稳相，在数天或数周内可能自发结晶，导致离子迁移数和电导率下降。在目前的研究中，锂单离子导体正面临着寻找新的聚合物主链、并通过结构构筑，突破作为固态电解质电导率低的瓶颈，达到离子电导率和锂离子迁移数同时提高，并兼顾聚合物的机械强度。

9.5　无机固态电解质

无机晶态固态电解质具有耐高低温性能和不易燃性，组成的全固态锂离子电池具有极高的安全性、适中的离子电导率和宽的电化学稳定窗口。无机晶态固体电解质包括钙钛矿型、钠快离子导体（NASICON）、锂快离子导体（LISICON）、硫代-锂快离子导体（Thio-LISICON）和石榴石型，进一步提高离子电导率是这类材料实用化的关键问题而受到了广泛的关注。以下将详细介绍固体中原子/离子扩散过程的基本原理，无机晶态电解质的主要类别，以及其晶体结构类型和掺杂对离子电导率的影响规律。

9.5.1　固体中原子/离子扩散过程的基本原理

简要地讲，固体扩散过程是指构成固体的原子离子在不同温度或外界条件（如电场）作用下所发生的长程迁移的过程。然而固体中原子、离子及缺陷的扩散输运过程和电子的输运过程不同，前者主要是通过离子在固体晶格“格点”或不同占据位之间的跳跃进行的，而后者主要通过电子的能带结构来完成。通常原子/离子在固体晶格中的跳跃可以是从某单一“格点”跳跃到“空位”和“间隙”（填隙）来完成，也可以是采用协同的离子（簇）迁移来实现。在晶态电解质中，宏观离子电导也可以理解为由一维、二维和三维“移动型离子亚晶格”（Mobile Ion Sublattice）的协同作用来实现。

然而仔细分析起来，固体中离子的扩散过程应该是一个非常复杂的动态输运过程，这种复杂性不仅体现在扩散类型的复杂性，例如，固态材料至少可以分为材料的体相与表面（晶界）扩散过程，而体相扩散过程又可分为单一晶相材料（即固相晶格）/非晶相材料颗粒中的扩散及颗粒-颗粒之间所存在的“微孔”扩散过程等，而且由固态材料晶相结构的丰富性（即不同的空间群结构）同样导致不同结构体系的离子运动模式的多样性，再者，固体中存在各种离子运动的相互作用以及离子空间分布的不均匀性使得实际体系的定量分析变得错综复杂。以下介绍一些相对成熟、主要针对简单材料体系中离子扩散过程的分析与描述。

从流体力学及电化学知识可知，液体中的离子输运过程至少包括离子的扩散、迁移与对流等。相对而言，固体中的输运过程理论上同样可理解为至少包括前面两个过程的多种输运模式，并且主要与离子的扩散过程有关。通常描述离子扩散过程的物理参数是扩散系数 D，其单位为 cm^2/s。通常固体中离子的扩散总会带来一系列的物理效应，这是因为离子常常携带电荷，所以它的移动必定带来电荷的移动电流效应。因此，离子扩散速率的快慢与离子导体中电流的大小密切相关。描述离子移动快慢的物理参数为离子的淌度（Ion-icmobility），其定义为单位作用力条件下某种离子的平均速度。而 $u_i = v_i/F$，即离子的淌度通常与离子的平均运动速度成正比。若考虑作用力的单位为 F，则 u 的单位为 $cm^2/(s \cdot F)$。而评价离子导体中电荷移动的参数是其离子电导率，其单位为 S/cm 或 S/m。

固体原子扩散的一个最基本的模型即原子随机行走的数学描述，类似布朗运动的实验观察，随机行走理论假定某一原子跳跃是独立的，即每次跳跃与前一次跳跃结果或其他原子的运动无关。

假定一个原子在晶体中一维随机跳跃的频率为 Γ，每一步跳跃的净距离为 a，则根据 Fick 第一定律、Fick 第二定律以及跳跃频率 Γ 满足 Arrhenius 方程：

$$\Gamma = v_0 \exp\left(-\frac{\Delta G}{K_B T}\right) \tag{9-13}$$

可得到扩散系数 D 的描述如下：

$$D^0 = \frac{\Gamma a^2}{2} \tag{9-14}$$

式中，Γ 为跳跃频率，Hz；a 为每步跳跃距离，cm；指前因子 v_0 为试跳频率（Attempt Frequency），其数值与晶格振动频率在同一数量级，为 $10^{13} \sim 10^{14}$ Hz；K_B 为 Boltzmann 常数，1.38×10^{-23} J/K；T 为热力学温度；ΔG 为原子跳跃的 Gibbs 自由能。

虽然离子在不同固体中的扩散过程可能采取多种方式，但如果把它们进行分类及归纳总结，可以大致分为下列几种基本的模式，称为扩散机制或扩散机理。下面来看文献中总结出来的几种普适性扩散机制。

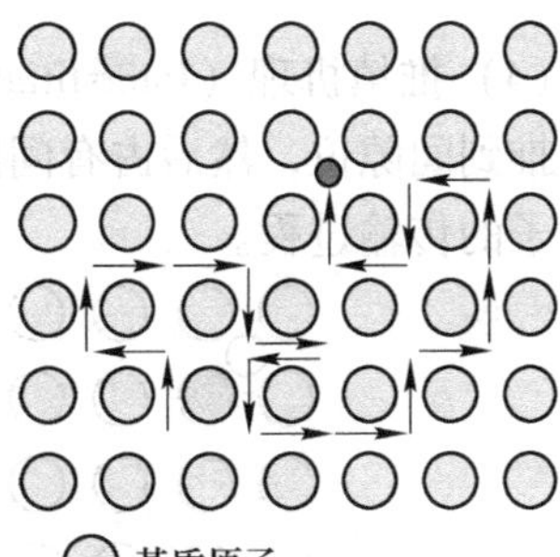

图 9-21　直接间隙扩散机理

（1）直接间隙机理（Interstitial Mechanism）（如图 9-21 所示），位于间隙位的扩散离子的传输主要是通过离子之间的间隙位来实现的，显然，构成这种间隙固溶体的骨架原子越大，或者结构越松散，间隙位的自由空间越大，离子的扩散越容易。常见的典型体系是位于金属或其他材料中的 H、Li、C、N、O 元素，它们易采用这种方式进行扩散，通常 Li^+ 在离子导体中的扩散模式也常采用这种机理。

（2）直接交换及环形机理（如图 9-22 所示），某一离子的运动将导致其相邻或周围离子的集合运动，因此离子的扩散过程应该是一个集合运动过程，而非简单的某一独立离子的扩散，采用这种离子扩散的典型体系包括 Li_3N 中离子扩散过程。

（3）空位机理（Vacancy Mechanism）（如图 9-23 和图 9-24 所示），空位机理可分为单空位与双空位机理，离子的传输主要通过其相邻的空位来进行。显而易见，已跳跃到空位的离子在其原来的位置将留下新的空隙结构，依次循环达到离子传输的目的。这是目前被认为采用最多的离子传输模式，Li_xMO_2 的材料体系，当 x 的数值显著小于 1 时，层状结构中将出现大量的空位结构，Li 的扩散过程更易采取这种扩散机制。典型的材料体系包括 Li_xCoO_2 的双空位机理。

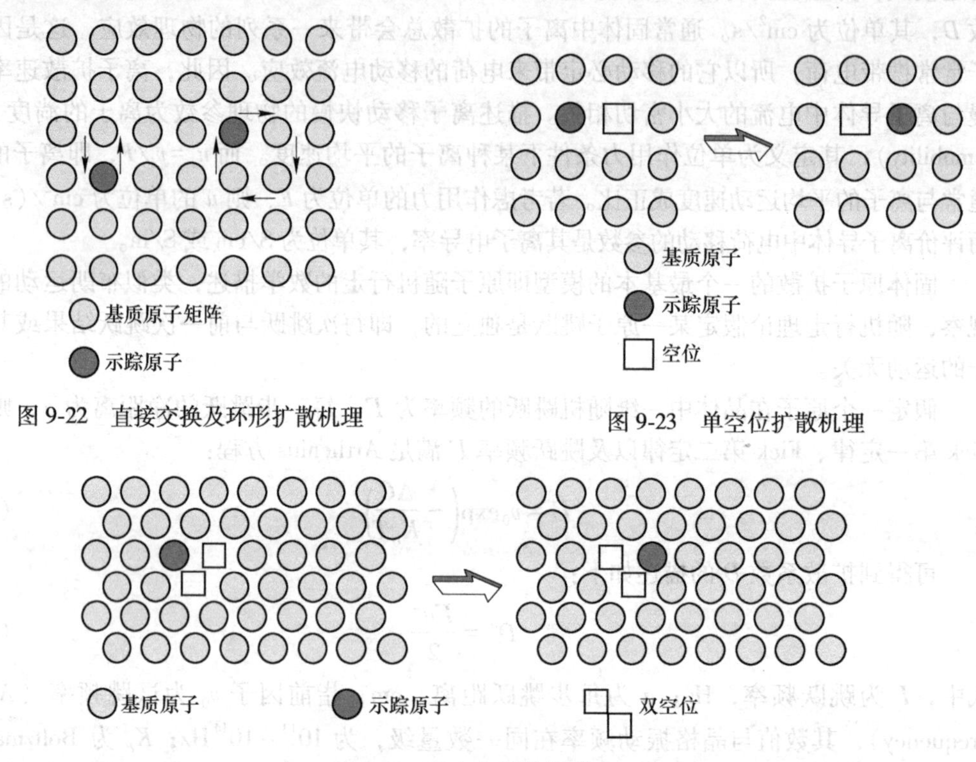

图 9-22 直接交换及环形扩散机理

图 9-23 单空位扩散机理

图 9-24 双空位扩散机理

（4）推填机理（Interstitialcy Mechanism）（如图 9-25 所示），若将原来占据晶格位的离子推到间隙位，然后占有间隙位的离子可以跳跃填入到晶格位，依次往复，则也可以推动离子的传输过程。

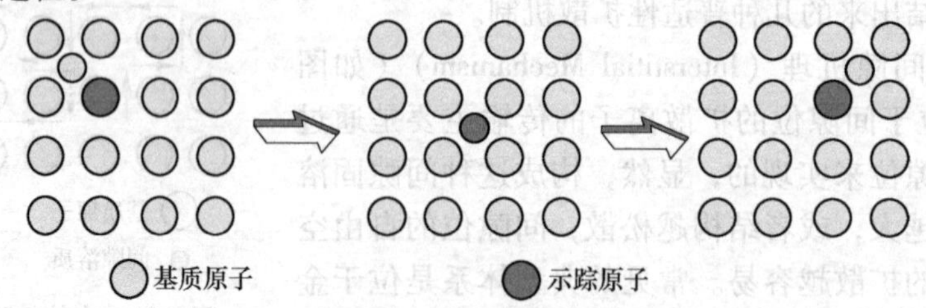

图 9-25 推填（非线性间隙）扩散机理

（5）复合机理（如间隙-取代机理，Interstitial-Substitutional Exchange Mechanism，如图 9-26 所示），这一复合机理是一个比较全面描述各种离子输运机制的集中表示，它也同时表明在实际的固体离子传输过程中，离子的传输可能是采用多模式的方式进行，其材料的传输方式取决于材料结构与外场的作用等。采用这种扩散类型的典型体系包括 Na^+在 β-Al_2O_3 中的输运过程及 Li_2CO_3 间隙位空位交换的推填机理。

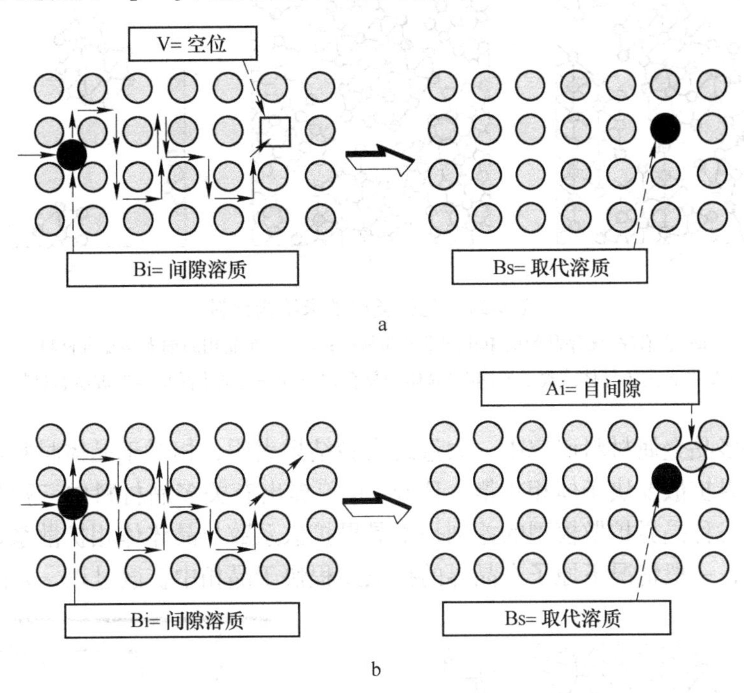

图 9-26 杂原子间隙-取代型交换扩散机理

a—离解机理；b—驱逐机理

以上所讨论的原子离子扩散过程基本上是基于单一的晶相材料体系来考虑的，然而实际材料体系往往比较复杂。例如，材料体系往往不是单一的单晶体系，最常见到的是多晶材料体系，多晶材料往往就会有多个晶粒（相）且存在多个晶相界面，考虑原子离子在该材料中的扩散行为时，除了需考虑材料体相内部的原子离子扩散过程外，还必须认识到固体表面界面的扩散，尤其是不同固固界面的扩散，与上面描述的体相扩散有显著的不同，已有大量的实验数据表明，表面或界面扩散往往要快于体相扩散过程，所以也把表面/界面扩散定义为“短路扩散”。这主要是因为固体的表面状态（如缺陷位的浓度、结构和组分的复杂性）与固体体相组分与结构有显著的不同，尤其是表面电荷大量聚集所形成的表面电荷区所带来的表面功函（Work Function）及其构建出相应的界面电场（Interfacial Field）将加速或限制界面离子的传输过程，因此在分析固体材料的扩散过程时，需将材料表面界面扩散过程单独分离出来，且归属于一类特殊的扩散过程。

考虑一个多晶构成的金属或者合金材料体系时，为了分析的方便，可将其简化成一个简单的复合纳米晶材料模型。图 9-27 中一个多晶材料颗粒可由不同的小晶粒所组成，而这种复合体系可由两种不同晶相纳米颗粒所构成，也可由分立的纳米晶体分散在非晶态基质中。如果进一步观察这些细微的结构，就可以发现往往在一个纳米晶粒的周围均存在不同的晶界或界面区，它与晶粒的成分、取向、成键状态及其接触面积均有很大的关系，甚至可能存在一定的纳孔结构（如图 9-28 所示）。

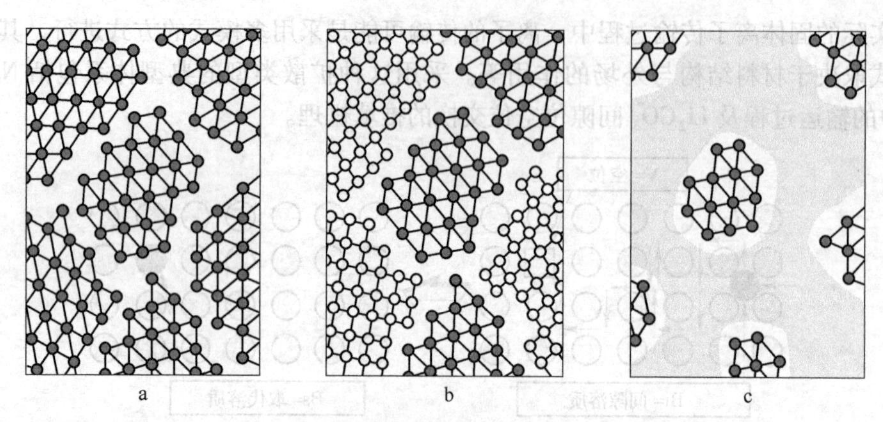

图 9-27　几种类型纳米结构材料

a—含有序/无序晶粒的单相纳米多晶材料；b—含非晶相的纳米晶复合材料（如两种离子导体或离子导体/绝缘体的复合物）；c—含纳米晶材料的玻璃态材料

在传统的多晶金属材料研究中，大量的实验结果表明，相对于晶体材料的体相扩散而言，原子的晶界扩散要快于体相扩散，Harrison 曾提出有关多晶材料中三种晶界扩散的动力学模型。这三种晶界扩散模型的差别是由晶界扩散系数与晶体体相扩散系数本身差别的尺度所决定的，一般情况下原子在晶界的扩散过程快于晶相中扩散过程，如图 9-29 所示。

图 9-28　纳米晶复合物的微观结构示意图（其中包括晶粒、晶界与部分的孔隙）

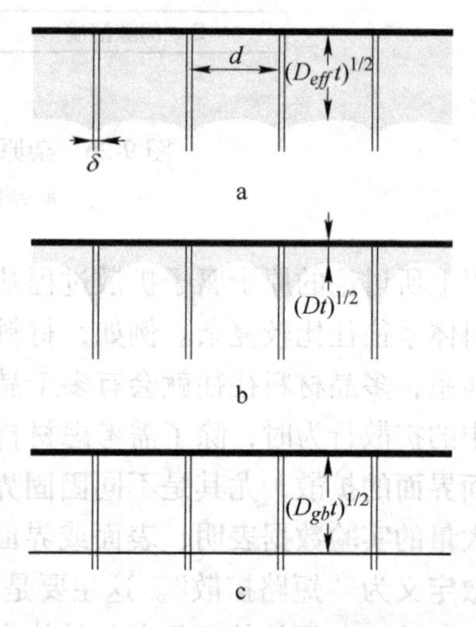

图 9-29　三种不同的晶界扩散模式示意图

a—体相与晶界的扩散系数相同；b—晶界扩散系数远大于体相扩散系数；c—仅有晶界能够发生扩散

由于材料的表面/界面的尺度范围很小，类似于一种纳米结构的材料，因此在理解固体表面界面过程时也可借鉴有关纳米结构材料的研究结果。近年来，大量结构可控的纳米材料或可控多层薄膜材料的成功制备，使得纳米材料结构及性能实验的可控性及重现性得到较大的提高。另外，大量实验结果表明，纳米材料的扩散性能优越，使得电池电极材料的倍率性能有突出的表现，这不仅因为纳米材料的粒径小，很容易完成材料体相扩散过程，而且纳米的表面原子数在材料总原子数中也占了很大比例。

对于离子导体而言，在固体表面界面的离子扩散过程，除了固体表面的空位、缺陷浓度与体相有所不同外，最主要的是由于表面缺陷位显著的带电特征及其与外围环境所构建出的空间电荷区很显然，根据材料体系本身的特点（所处的周边环境，如接触的是氧气氛、无机固态电解质、聚合物电解质或是凝胶型电解液体系等）及前期处理过程，材料表面形成的空间电荷区可能有显著的差别。

9.5.2 无机晶态固体电解质材料的结构

本节主要介绍无机固态电解质材料的种类以及晶体结构特征，以影响固体电解质材料离子电导率的主要因素为重点，着重讨论无机晶态固体电解质应用于锂离子电池的导电机理以及提高离子电导率的原则与方法，评述通过元素替换和异价元素掺杂设计和改进导电通道、提高固体电解质的离子电导率的研究。

钙钛矿型（ABO_3）无机晶态固体电解质的原型为 $CaTiO_3$，最早通过一价的 Li^+ 和三价的 La^{3+} 取代 $CaTiO_3$ 中的二价的 Ca^{2+} 得到典型的钙钛矿型固体电解质，结构通式为 $Li_{3x}La_{2/3-x}TiO_3$($0.04<x<0.17$，LLTO)。目前文献报道的 $Li_{0.33}La_{0.56}TiO_3$（即 $Li_{3x}La_{2/3-x}TiO_3$，$x=0.11$）的室温晶粒离子电导率最大可达到 10^{-3}S/cm，电导活化能为 0.3~0.4eV。钙钛矿型（ABO_3）无机晶态固体电解质由于组分的不同以及合成方法的差异会呈现不同的晶体结构，目前已发现的主要有立方、四方、正交和六方，其中立方结构的离子电导率较高，但合成困难。如图 9-30 所示，四方相 $Li_{3x}La_{2/3-x}TiO_3$ 中，[TiO_6] 八面体在 c 轴方向以顶角相连形成骨架，ab 平面内 Li^+通过 La^{3+}与周围的 4 个氧原子组成的四边形通道进行迁移扩散，温度在 200K 以下时，Li^+沿 ab 平面做二维扩散运动，温度高于 200K 时，这种运动就变成三维的。Li^+和 La^{3+}占据 A 位置，但并没有完全占满，半径较小的 Li^+通过空位机制扩散传输，占据 A 位置其他元素的原子半径大小直接决定了 Li^+的传输所需克服势垒的大小。因此，采用原子半径较大的元素替代 La 有利于 Li^+的迁移扩散，例如用半径较大的碱土金属元素 Sr^{2+}替代 La^{3+}，提高离子电导率。同时，B—O 键的键能和键长也决定了 Li^+和 O^{2-}的作用力，半径小的 B 可以增强 B—O 键，削弱了 O^{2-}对 Li^+的束缚，从而提高离子电导率。因此，少量 Al^{3+}取代 B 位上的 Ti^{4+}有利于离子电导率的提高。另外，利用 Li^+、La^{3+}和空位排列混乱造成 [TiO_6] 八面体倾斜扭曲，从而利于 Li^+的扩散、提高离子电导率。SiO_2 的掺入在无机晶态固体电解质的晶界形成无定形体，明显提高晶界电导，从而提高总的离子电导率（总离子电导率为晶界电导与晶粒电导之和）。

钠快离子导体（NASICON）最早是对固溶体 $Na_{1+x}Zr_2Si_xP_{3-x}O_{12}$($x=2$) 的简称。NASICON 型锂无机固体电解质材料的结构通式为 $LiA_2(BO_4)_3$(A=Ge，Ti，Zr，Hf，Sn；B=P，Si，Mo)，具有三维网络结构，属于菱形晶系，空间群是 R-3c，某些低温相存在更低的对称性，在这些相中，材料的结构均是由 2 个 [AO_6] 八面体和 3 个 [BO_4] 四面体共顶点（氧原子）组成 [$A_2(BO_4)_3$]$^-$骨架结构，结构中存在 2 种间隙位置 M′和 M″，Li^+在 M′和 M″之间扩散传输。$Li_3Zr_2SiP_2O_{12}$的离子电导率比母体材料 $Na_3Zr_2SiP_2O_{12}$降低了大约 3 个数量级，这主要是因为 NASICON 结构中适合于 Na^+的传输通道相对于半径较小的 Li^+来说过大，反而不利于 Li^+的扩散传输。采用离子半径较小的 Ti^{4+}做元素替换形成的化合物 $LiTi_2(PO_4)_3$，由于通道较小与 Li^+半径相匹配，适合其扩散迁移。

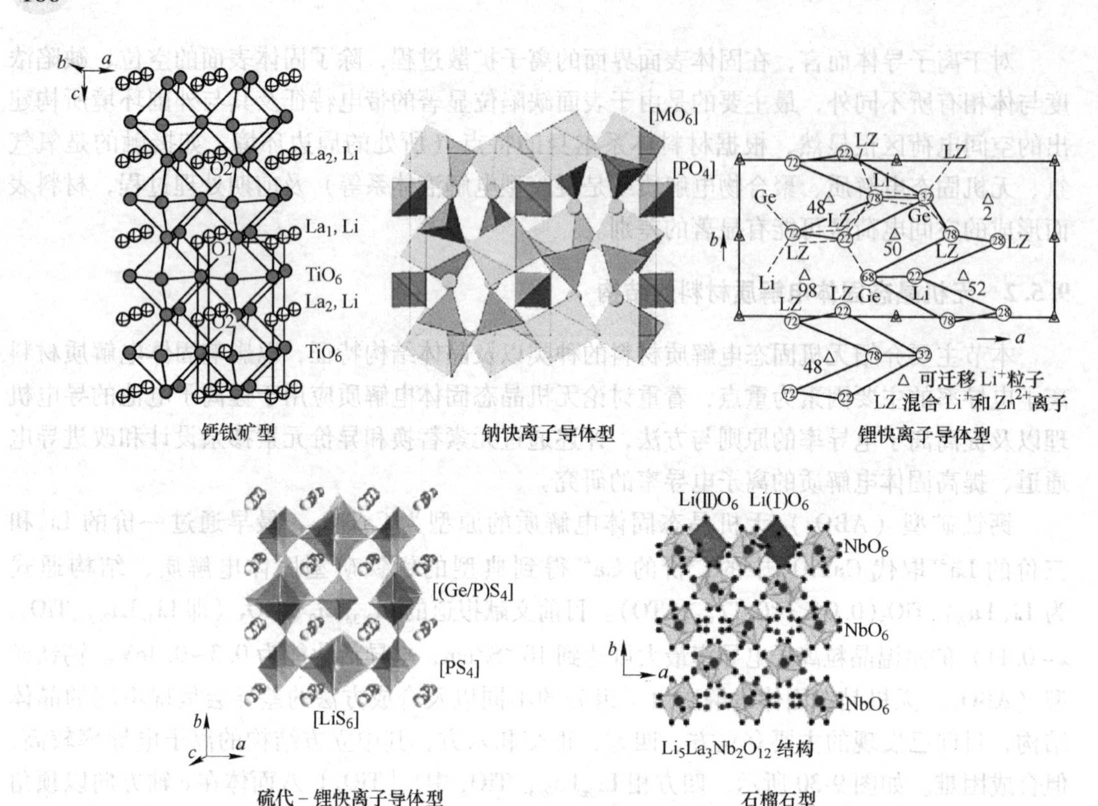

图 9-30　无机晶态固体电解质的结构

锂快离子导体型（LISICON，Lithium Superionic Conductor）的典型化合物 $Li_{14}ZnGe_4O_{16}$，是在基质材料 Li_4GeO_4 的基础上通过异价元素掺杂得到的高离子电导率物质，具有 γ-Li_3PO_4 结构，是体系 $Li_{2+2x}Zn_{1-x}GeO_4$ 中的一员。$Li_{14}ZnGe_4O_{16}$ 的结构由坚固的三维阴离子骨架 $[Li_{11}ZnGe_4O_{16}]^{3-}$ 支撑起整个结构，剩余的 3 个 Li^+ 处在间隙位置，Li^+ 的传输通道是与 ab 平面有一定夹角的四边形，传输通道的尺寸足够大适合 Li^+ 的迁移，同时 O^{2-} 与骨架阳离子结合紧密，弱化了 Li—O 键，使得 Li^+ 可以在网络结构中迁移扩散。$Li_{14}ZnGe_4O_{16}$ 的高温离子电导率比较高，300℃可达到 0.125S/cm，然而其室温离子电导率很低，约为 10^{-7}S/cm，主要是由于刚性的亚晶格结构捕获 Li^+ 的缘故，这成为这类材料在常温下应用的障碍。LISICON 作为一类固体电解质材料，其基体材料均具有 γ-Li_3PO_4 结构，属于正交晶系。硫代-锂快离子导体型材料（Thio-LISICON）是将 LISICON 中的 O^{2-} 替换成了 S^{2-}，同样具有 γ-Li_3PO_4 结构，S^{2-} 的半径较大，可以显著增加晶胞尺寸，扩大离子传输通道尺寸，且 S^{2-} 的极化作用较强，弱化了骨架了对 Li^+ 的吸引和束缚作用，使得 Thio-LISICON 的离子电导率相对于传统的 LISICON 材料有了很大程度的提高。$Li_{10}GeP_2S_{12}$ 的室温离子电导率可达 0.012S/cm，与有机电解液相当，其结构与 LISICON 有区别，属于四方晶系（$P4_2/nmc$），高的离子电导率得益于 Li^+ 的三维扩散通道，既可以在 c 轴方向上扩散，又可以在 ab 平面内扩散，而且，电化学稳定窗口在 5V 以上，与 $LiCoO_2$ 正极材料匹配，电流密度为 14mA/g 的条件下，2~8 次循环放电容量可达 120mA·h/g，有望应用于锂离子电池体系。

石榴石型的无机晶态固体电解质是由 Thangadurai 和 Weppner 等人发现比较新的一类

固体电解质，通式为 $Li_5La_3M_2O_{12}$(M=Nb，Ta)，具有立方晶体结构（199 号空间群），与理想石榴石结构相比，每个单胞多出了 16 个额外的 Li^+，晶粒离子电导率约为 10^{-6}S/cm (25℃)，活化能为 0.43eV(Nb)、0.56eV(Ta)。$Li_5La_3M_2O_{12}$(M=Nb，Ta) 晶体结构中，稀土金属离子占据了十二面体位置，Li 占据变形的八面体位置，[Li(Ⅰ)O_6] 比 [Li(Ⅱ)O_6] 畸变更加严重，[MO_6] 八面体被 6 个 [LiO_6] 八面体以及 2 个锂离子空位包围着，Li^+在三维框架中迁移，可能会从 Li(Ⅰ)O_6 位置迁移到空位处。Cussen 等人利用中子衍射的技术确定了 $Li_5La_3M_2O_{12}$(M=Nb，Ta) 具有立方对称性（Ia-3d），Li^+部分占据在四面体位置，以及与四面体共面的八面体位置上。$Li_5La_3M_2O_{12}$(M=Ta，Nb，Sb，Bi) 的晶胞参数和离子电导率的大小为：$\sigma_{Ta}<\sigma_{Nb}<\sigma_{Sb}<\sigma_{Bi}$，导电活化能的大小为：$E_{Ta}>E_{Nb}>E_{Sb}>E_{Bi}$，说明晶格的膨胀与离子电导率存在着密切的联系。$Li_6SrLa_2Sb_2O_{12}$ 是在母体 $Li_5La_3Sb_2O_{12}$的基础上 La 被 Li 和 Sr 替换得到的，Li^+在相邻的以边相连的 [LiO_6] 八面体之间的迁移与 O—O 之间的距离有关，这样的替换使得 O—O 之间的距离缩短，从 SEM 图片上也发现晶界结晶性好、均质且晶界间相连性好，这些均使得 Li^+的迁移变得更加容易，降低了晶界电阻，从而提高了离子电导率。

总结对比无机晶态固体电解质的结构和离子电导率，见表 9-4。综上所述，对于无机晶态固体电解质结构的设计原则是：迁移离子的扩散通道大小适当，利于离子的迁移；移动离子的亚晶格应处于无序状态；骨架阴离子的极化作用较强，减小迁移离子与骨架之间的键合力，从而弱化骨架对迁移离子的束缚作用。

表 9-4 几类重要的无机晶态固体电解质性质

成分和类型	对称性和空间群	晶胞参数 a，b，c/nm	电导率 (25℃) /S·cm^{-1}	激活能 /eV	在锂离子电池中应用
$Li_{3x}La_{2/3-x}TiO_3$ (x=0.11) Perovskite	Tetragonal P4/mmm	0.38741，0.38741，0.77459	10^{-3}	0.3~0.4	需要高温制备，由于 Ti^{4+} 还原，在金属锂表面不稳定，容易与 H_2O 和 CO_2 反应
$Li_{1+x}Ti_{2-x}Al_x(PO_4)_3$ (x=0.3，LATP) NASICON	Rhombohedral R-3c	8.497，8.497，20.74，	7×10^{-4}	0.3~0.5	由于 Ti^{4+} 还原，在金属锂表面不稳定
$Li_{2+2x}Zn_{1-x}GeO_4$ (x=0.75，$Li_{14}ZnGe_4O_{16}$) LISICON	Orthorhombic Pnma	10.828，6.251，5.140	10^{-7}	0.4~0.6	与金属锂、空气中 CO_2 的反应活性很高
$Li_{10}GeP_2S_{12}$ Thio-LISICON	Tetragonal $P4_2$/nmc	8.71771，8.71771，12.63452	1.2×10^{-2}	0.2~0.3	与金属锂的电化学稳定性好，电化学稳定窗口>5V
$Li_6BaLa_2Ta_2O_{12}$ Garnet	Cubic $I2_13$	12.946，12.946，12.946	4×10^{-5}	0.4	与金属锂的电化学稳定性好，在 H_2O 中稳定存在

9.5.3 掺杂对离子电导率的影响

LISICON 体系中，在基质材料 Li_4XO_4(X=Si，Ge，Ti）的基础上进行五价元素的掺杂，形成结构通式为 $Li_{4+x}Y_{1-x}X_xO_4$（Y=P，As，V，Cr）的新物质，为了平衡价态，在新元素掺入之后，随即产生了 Li^+空位，空位的产生使得 Li^+在传导过程中获得更多的利于迁移的位置，改善了迁移环境，从而提高离子电导率。其中，$Li_{3.6}Ge_{0.6}V_{0.4}O_4$ 的室温离子电导率最大可达 4×10^{-5}S/cm。在基质材料 Li_4GeO_4 的基础上进行 3 价元素的掺杂，如 Y^{3+} 即 $Li_{4-3x}Y_xGeO_4$(Y=Al^{3+}，Ga^{3+})，高温条件下 Li^+做类似于液体的无序运动，作为导电载流子运动的 Li^+的浓度降低，使得电导活化能大幅降低。与 LISICON 相类似，Thio-LISICON 在基质材料 Li_4GeS_4、Li_4SiS_4、Li_3PS_4 等的基础上进行异价元素掺杂或者元素替换，得到离子电导率更高、电导活化能更低、性能更好的新材料（见表 9-5）。这类改性方法应用不仅仅局限在以上材料体系里，比如在 Li_2ZrS_3 的基础上，通过 Zn^{2+}的掺杂产生间隙 Li^+，得到通式为 $Li_{2+2x}Zn_xZr_{1-x}S_3$ 的化合物，填充在间隙位置的 Li^+所受到的作用力小，更利于迁移，从而提高了离子电导率，当 $x=0.1$ 时，室温离子电导率最高值为 1.2×10^{-4}S/cm。

表 9-5 以 Li_4GeS_4、Li_4SiS_4、Li_3PS_4 为基质的硫代-锂快离子导体型材料

化合物	典型分子式	电导率（25℃）/S·cm^{-1}	激活能 /kJ·mol^{-1}	反应方程式
Li_4GeS_4		2.0×10^{-7}	约 51.0	
$Li_{4-x}Ge_{1-x}P_xS_4$	$Li_{3.25}Ge_{0.25}P_{0.75}S_4$	2.2×10^{-3}	20.2	$Ge^{4+}+Li^+\rightarrow P^{5+}$($Li^+$ 空位)
$Li_{4-2x}Zn_xGeS_4$	$Li_3Zn_{0.5}GeS_4$	3.0×10^{-7}	约 50.0	$2Li^+\rightarrow Zn^{2+}$(Li^+ 空位)
$Li_{4+x+\delta}Ge_{1-x-\delta'}Ga_xS_4$	$Li_{4.275}Ge_{0.61}Ga_{0.25}S_4$	6.5×10^{-5}	30.0~35.0	$Ge^{4+}\rightarrow Li^++Ga^{3+}$($Li^+$ 间隙)
Li_4SiS_4		5.0×10^{-8}	54.0~55.0	
$Li_{4-x}Si_{1-x}P_xS_4$	$Li_{3.4}Si_{0.4}P_{0.6}S_4$	6.4×10^{-4}	27.6	$Si^{4+}+Li^+\rightarrow P^{5+}$（$Li^+$空位）
$Li_{4+x}Si_{1-x}Al_xS_4$	$Li_{4.8}Si_{0.2}Al_{0.8}S_4$	2.3×10^{-7}	50.3	$Si^{4+}\rightarrow Li^++Al^{3+}$（$Li^+$间隙）
Li_3PS_4		3.0×10^{-7}	31.3	
$Li_{3+5x}P_{1-x}S_4$	$Li_{3.325}P_{0.935}S_4$	1.5×10^{-4}	30.2	$P^{5+}\rightarrow5Li^+$（Li^+间隙）

在具有 NASICON 型结构的材料 $LiTi_2(PO_4)_3$ 的基础上，用三价元素 Al，Ga，Sc，In，Y 等部分取代 Ti^{4+}，为了保持电荷平衡，间隙 Li^+浓度提高，从而提高了离子电导率，$Li_{1+x}Ti_{2-x}Al_x(PO_4)_3$($x=0.3$，LATP）室温下离子电导率最高可达 7×10^{-4}S/cm。利用碱土金属元素 Sr 和 Ba 对石榴石型材料 $Li_5La_3M_2O_{12}$ 进行掺杂，得到 $Li_6ALa_2Ta_2O_{12}$(A=Ba，Sr)，其中 $Li_6BaLa_2Ta_2O_{12}$ 在 22℃时的离子电导率可达 4×10^{-5}S/cm，电导活化能为 0.40eV，且室温晶界离子电导率比较高，与晶粒离子电导率相当。$Li_6ALa_2Ta_2O_{12}$ 电子电导率很小，室温下的电化学稳定性高（>6V/Li），且对熔融的金属锂具有化学稳定性。利用三价 In^{3+}

部分替换 Nb^{5+} 或利用 K^+ 部分替换 La^{3+} 均可以提高离子电导率，$Li_{5.5}La_3Nb_{1.75}\cdot In_{0.25}O_{12}$ 在 50℃时离子电导率达 1.8×10^{-4}S/cm，活化能为 0.51eV，且扩散系数在 $10^{-10}\sim10^{-7}cm^2/s$ 之间，可与液态电解质相比拟，而 Al、Co、Ni 替换 Nb 的结果并不理想，但随着烧结温度的提高，离子电导率会有提升的趋势。

思考题与习题

9-1 离子导体有哪些种类？各自的导电机理是什么？

9-2 试分析液态电解质体系中锂盐与有机溶剂的作用机理，以及溶剂化作用对电解质性能以及电解质/电极界面的影响。

9-3 聚合物电池的特点有哪些？聚合物电池发展的最大问题是什么？

9-4 玻璃化转变温度是决定聚合物电解质使用性能的重要参数，如何从影响玻璃化转变温度的因素考虑优化聚合物材料，从而提高其作为电解质的性能？

9-5 固态电池的设计是一个复杂工程，对固态电解质除离子电导率之外还有什么要求？

参 考 文 献

[1] 郑洪河. 锂离子电池电解质 [M]. 北京：化学工业出版社，2007：30~35.

[2] 郭炳焜，徐徽，王先友，等. 锂离子电池 [M]. 长沙：中南大学出版社，2002：190~196.

[3] 连芳，闫坤，邢桃峰，等. 双乙二酸硼酸锂基电解质在锂离子动力电池中的应用前景及关键问题 [J]. 电池，2011，41 (1)：43~46.

[4] 仇卫华，阎坤，连芳，等. 硼基锂盐电解质在锂离子电池中的应用 [J]. 化学进展，2011，23：357~365.

[5] Bannister D J, Davies G R, Ward I M, et al. Ionic conductivities for poly (ethylene oxide) complexes with lithium salts of monobasic and dibasic acids and blends of poly (ethylene oxide) with lithium salts of anionic polymers [J]. Polymer, 1984, 25 (9): 1291~1296.

[6] Chang Hyun Parka, Yang-Kook Suna, Dong-Won Kim. Blended polymer electrolytes based on poly (lithium 4-styrene sulfonate) for the rechargeable lithium polymer batteries [J]. Electrochimica Acta, 2004, 50 (2): 374~378.

[7] Zhang Hongnan, Lian Fang, Bai Lijuan, et al. Developing lithiated polyvinyl formal based single-ion conductor membrane with a significantly improved ionic conductivity as solid-state electrolyte for batteries [J]. Journal of Membrane Science, 2018, 552: 349~356.

[8] Geiculescu O E, Yang Jin, Zhou Shuang, et al. Solid polymer electrolytes from polyanionic lithium salts based on the LiTFSI anion structure [J]. Journal of the electrochemical society, 2004, 151 (9): A1363~A1368.

[9] 关红艳，连芳，仇卫华，等. 锂离子电池用凝胶聚合物电解质研究进展 [J]. 高分子材料科学与工程，2012，28 (11)：178~181.

[10] Noriyoshi Matsumi, Kazunori Sugai, Hiroyuki Ohno. Selective ion transport in organoboron polymer electrolytes bearing a mesitylboron unit [J]. Macromolecules, 2002, 35 (15): 5731~5733.

[11] Eishun Tsuchida, Hiroyuki Ohno, Norihisa Kobayashi, et al. Poly [(ι-carboxy) oligo (oxyethylene) methacrylate] as a new type of polymeric solid electrolyte for alkali-metal ion transport [J]. Macromolecules, 1989, 22 (4): 1771~1775.

[12] Kaori Ito, Naoko Nishina, Hiroyuki Ohno. High lithium ionic conductivity of poly (ethylene oxide) s havingsulfonate groups on their chain ends [J]. Journal of material chemistry, 1997, 7 (8): 1357~1362.

[13] 杨勇. 电化学丛书：固态电化学 [M]. 北京：化学工业出版社，2017：176~183，245~251.

[14] 李杨，连芳，周国治．应用于锂离子电池的无机晶态固体电解质导电性能研究进展［J］．硅酸盐学报，2013，41（7）：950~958.

[15] Renaud Bouchet，Sébastien Maria，Rachid Meziane，et al. Single-ion BAB triblock copolymers as highly efficient electrolytes for lithium-metal batteries［J］. Nature materials，2013，12：452~457.

[16] Yuji Uchida，Takahiro Endo，Tomoyuki Nakamura，et al. Polymer electrolyte and battery：USA，VS0 202918 A1［P］. 2009-08-13.

[17] 李泓．全固态锂电池：梦想照进现实［J］．储能科学与技术，2018，2：34~39.